AF455082

# TRAITÉ

DE LA

# CONSTRUCTION DES THÉATRES

# TRAITÉ

DE LA

# CONSTRUCTION DES THÉATRES

ANGERS, IMPRIMERIE A. BURDIN ET C^ie, RUE GARNIER, 4

# TRAITÉ

DE LA

# CONSTRUCTION DES THÉATRES

HISTORIQUE DE LA CONSTRUCTION DES THÉATRES
PRINCIPES GÉNÉRAUX DE LA CONSTRUCTION DES THÉATRES MODERNES
MACHINERIE, ÉCLAIRAGE, CHAUFFAGE ET VENTILATION, ACOUSTIQUE
PRÉCAUTIONS CONTRE L'INCENDIE
PARALLÈLE DES THÉATRES, THÉATRES DE SOCIÉTÉ

PAR

ALPHONSE GOSSET

ARCHITECTE A REIMS
LAURÉAT DE LA SOCIÉTÉ CENTRALE DES ARCHITECTES (1878)

PARIS
LIBRAIRIE POLYTECHNIQUE BAUDRY ET C^ie^, ÉDITEURS
15, RUE DES SAINTS-PÈRES, 15
MAISON A LIÈGE, RUE LAMBERT-LEBÈGUE, 19

1886

# TRAITÉ

DE LA

# CONSTRUCTION DES THÉATRES

## PREMIÈRE PARTIE

## HISTORIQUE DE LA CONSTRUCTION DES THÉATRES

N NE FAIT RIEN DE RIEN, dit le proverbe ; le développement de l'architecture théâtrale en est une preuve.

A ne prendre que l'époque moderne, depuis les salles banales et les cours d'auberge où, au moyen âge, ont été joués les *Mystères* et les *Farces*, jusqu'au grand Opéra de Paris, il y a eu, certes, nombre de tâtonnements et d'inventions successives.

Même pour passer de l'indécision des premiers essais aux résultats acquis à la fin du XVIII^e siècle à Milan et à Bordeaux, il a fallu le travail de plusieurs siècles, les efforts de plusieurs générations d'architectes, quelques éclairs de génie.

Ensuite sont venues : d'un côté les amplifications, de l'autre les recherches de l'art et de l'industrie, et enfin pour l'apogée, l'Opéra de Charles Garnier (1861-1874).

Une grande partie des perfectionnements que nous admirons dans les monuments où nous aimons à goûter les chefs-d'œuvre de la littérature et de la musique, est due aux architectes français. En effet, tandis que les architectes italiens, satisfaits d'avoir trouvé un type de salle favorable pour l'acoustique, négligeaient beaucoup d'autres points de l'architecture théâtrale, les architectes français abordaient de suite toutes les difficultés complexes du problème et arrivaient, surtout V. Louis à Bordeaux en 1780, à Paris en 1787, à offrir à la société française, des salles de spectacle *agréablement décorées, comme des salons*, dans des édifices complets, d'une architecture noble, digne des œuvres interprétées sur la scène.

Aussi, avant d'exposer les conditions de la construction d'un théâtre moderne, nous avons pensé qu'il ne serait pas inutile, pour l'intelligence du sujet, de rappeler d'abord l'historique de la formation de l'Architecture théâtrale.

# THÉATRES DES GRECS ET DES ROMAINS

PL. 1-2

La tradition des théâtres antiques, si simples et si grandioses, ayant exercé une influence visible sur les premiers essais de construction des salles modernes, nous ne pouvons nous dispenser d'en mentionner au moins les dispositions principales et le caractère.

Les théâtres inventés par les Grecs, chez qui les représentations dramatiques faisaient partie des cérémonies religieuses lors des fêtes de Bacchus, furent d'abord élevés en charpentes ; puis, à la suite d'accidents et d'incendies, édifiés en pierres, mais toujours en plein air. Plus tard, ils furent imités, agrandis par les Romains, qui les propagèrent avec leur civilisation, et en construisirent dans toutes les villes où ils s'établirent.

Les théâtres antiques comprenaient tous, invariablement : 1° l'amphithéâtre, ou *cavea*, pour les spectateurs; 2° à la base, un espace demi-circulaire appelé *orchestra*; 3° la scène, où était représentée l'action.

De ces trois parties, la plus importante était l'Amphithéâtre, de forme demi-circulaire (fort outrepassée chez les Grecs, suivant une proportion calculée, afin de grouper plus d'auditeurs, autour d'un vaste orchestre (1) sans élargir le diamètre, et retenir la voix), composé de gradins de pierre, étagés, divisés : 1° en secteurs dits *cunei*, par des escaliers rayonnants, puis, 2° en couronnes séparées par des paliers et des murs d'appui, appelées *précinctions*.

La dernière, destinée aux femmes, était couverte en partie par un portique circulaire, couronnant magnifiquement l'amphithéâtre, formant le cadre de l'assemblée, l'ombrageant, et retenant les ondes sonores, par conséquent, la voix.

Sous les gradins étaient aménagés les accès, les dégagements et les couloirs dits *vomitoires*.

L'*orchestra*, au bas des gradins, fut d'abord très vaste chez les Grecs, dont le mobile était, originairement, le culte de la Religion et de la Patrie; il contenait l'autel de Bacchus, devant lequel évoluaient, selon les rites sacrés, les chœurs et les danses ; il fut ensuite réduit au demi-cercle indispensable, par les Romains qui, attirés seulement par la curiosité, n'en avaient plus besoin, ayant supprimé les cérémonies religieuses; et il fut alors réservé aux magistrats et aux dignitaires civils et militaires (2).

La scène, élevée en face de l'amphithéâtre, au-dessus de l'orchestre, dont elle était séparée par un petit mur appelé *pulpitum* (3), haut de 1m,70 en moyenne, se développait sur une largeur d'environ les deux tiers du grand diamètre.

Petite et éloignée chez les Grecs (4), elle reçut plus tard de grands développements en largeur chez les Romains qui, l'ayant rapprochée, la firent servir au déploiement d'une mise en scène plus imposante et compliquée et même à des exhibitions.

1. Du Grec *orcheisthai, danser*, par dérivation, pour le lieu des danses sacrées.

2. Les plans du théâtre de Bacchus à Athènes, le plus ancien, et le plus célèbre de cette ville ; de Marcellus à Rome, le plus vaste, le plus beau type des théâtres romains, montrent clairement la différence chez les deux peuples.

Dans le premier, l'orchestre très profond, d'une surface égale à la scène, semble disposé plutôt pour être le lieu de l'action, et l'autel au milieu, l'objectif vers lequel convergent les gradins.

Dans le second, au contraire, il n'est plus qu'une plateforme rapprochée, favorisée, pour des places particulières.

Si les Romains n'avaient pas procédé par imitation, ils eussent cherché une autre disposition plus convergente vers la scène.

3. Par extension, on donnait aussi ce nom à cette partie avancée de la scène, dite aussi *proscenium*.

4. Où elle n'était primitivement qu'une estrade pour parler à l'assistance (*Logeion.*)

Elle était fermée sur trois côtés par un grand mur, plus élevé que les portiques, magnifiquement décoré de niches ornées de statues, de colonnes et de panneaux des marbres les plus riches, et percé de trois ou de cinq portes, pour les communications avec le postscenium ; celle du milieu, dite royale, était réservée aux dieux, aux héros, au maître; les deux autres, aux personnages secondaires; celles de côté, étaient supposées conduire à la campagne.

La scène du théâtre d'Orange (Vaucluse), restaurée par Caristie et exécutée en relief sous la direction de Ch. Garnier, pour la bibliothèque de l'Opéra, en est un des plus beaux spécimens; elle offre à la fois un modèle de l'architecture antique, remarquable par sa noblesse, et un curieux exemple de la liberté avec laquelle les architectes anciens savaient employer les Ordres, sans en enfreindre les principes.

Derrière la scène était le *postscenium*, ou bâtiment contenant les vestiaires, les magasins, les uns et les autres précédés de portiques.

Pour adosser ces hauts amphithéâtres, les Grecs recherchaient les collines concaves, de préférence au nord; car, outre une économie considérable dans la construction, ils y trouvaient les avantages d'un beau site.

C'est ainsi que, des portiques supérieurs, les spectateurs avaient, à Athènes, la vue de la mer; à Pompéï, celle du Vésuve; à Orange, celle de la vallée du Rhône.

La beauté du paysage rehaussait ainsi le spectacle, c'est-à dire l'action héroïque ou tragique.

Tandis que les Romains, moins artistes, guidés dans le choix des emplacements des villes, surtout par des raisons politiques ou commerciales, préférant aux collines les vallées et la proximité des rivières, furent obligés de remplacer les élévations naturelles, par des substructions monumentales dont ils firent des édifices imposants et originaux. En France même, les ruines d'Arles et de Nîmes nous en offrent de beaux exemples.

Le dessous des gradins, portés alors par des voûtes rampantes, servit à loger les escaliers rayonnants et multiples qui facilitèrent beaucoup l'accès à toutes les places, et la sortie rapide; puis, de larges couloirs de circulation, parmi lesquels ceux du pourtour, y formèrent de vastes portiques étagés, suffisants pour abriter une grande partie des spectateurs, en cas de pluie, et d'un grand effet architectural.

L'importance de ces édifices, qui semblent faits pour recevoir toute une ville, quelquefois même tout un peuple, dans les petites républiques grecques, s'explique non seulement par la curiosité des spectateurs, mais par ce fait qu'ils servaient aux assemblées populaires. Leurs divisions se prêtaient au dénombrement et au comptage des voix.

Les philosophes y donnaient aussi des conférences; les premiers chrétiens, parmi eux saint Paul, dit-on, s'en servirent quelquefois pour y exposer la nouvelle doctrine.

Sur ces scènes grandioses, les représentations théâtrales étaient très simples; l'action, concentrée dans quelques sujets empruntés à la religion ou à l'histoire, personnifiant souvent une idée, se passait sur une scène fermée sur trois côtés par des façades ornées d'une riche décoration architecturale permanente, noble et robuste, mais indépendante de l'action et ne détournant pas l'attention.

Les portes de communication avec le postscenium, avaient même une destination fixe; la porte royale étant réservée aux héros, les autres aux divers personnages, d'après leurs rangs.

Quelques décors, symboliques suivant l'action, s'appliquaient sur des prismes droits à base triangulaire; ils étaient montés sur pivots et distribués de chaque côté de la scène, à la façon de nos décors de coulisse; on les faisait tourner, pour qu'ils présentassent au public la face sur laquelle était appliquée le genre de décoration exigé par la pièce, et lui indiquassent le lieu de la scène.

Ces décors représentaient :

1° Pour la tragédie, des colonnades et des statues ;

2° Pour la comédie, un intérieur d'habitation, comme un atrium ou une entrée ;

3° Pour la satire, de la verdure, des rochers, des paysages.

En outre, pour compléter la machinerie, le plancher du proscenium, élevé comme nous venons de le dire, était en partie excavé, pour loger les machines servant à élever les nues et les divinités célestes qui dénouaient l'action (*Deus ex machinâ*), puis percé de trappes par lesquelles apparaissaient et disparaissaient les divinités infernales. Lorsque les circonstances l'exigeaient, on dressait aussi sur la scène un matériel scénique, peint ou à relief, même des colonnes. En outre, le mur du pulpitum était évidé, pour loger une sorte de paravent qu'on élevait en guise de rideau, pendant les entr'actes, pour dissimuler un instant la vue du plancher aux premiers spectateurs.

Sur cette estrade, devant ces vastes amphithéâtres, couverts de milliers de spectateurs, les acteurs, pour obvier aux inconvénients de l'éloignement, paraissaient exhaussés sur de hauts brodequins, la figure recouverte de grands masques de métal, indiquant clairement à tous le caractère du personnage représenté, et servant à enfler la voix. La déclamation rythmée donnait en outre du relief aux paroles.

Avec le caractère de la tragédie grecque, dans laquelle agissent non des individus, mais des types immortels, ces représentations essentiellement symboliques étaient avant tout destinées à saisir l'esprit, à frapper l'imagination.

Aussi s'explique-t-on cette disposition architecturale, et comprend-on la grandeur de ces immenses assemblées, dans lesquelles d'innombrables auditeurs (1), réunis par la communauté de patrie, de cité, de religion, se voyaient, éprouvaient ensemble, en entendant les chefs-d'œuvre de leur littérature, les mêmes émotions, les mêmes enthousiasmes.

Notre civilisation n'a plus de pareilles réunions ; les cirques de nos grandes villes, avec les deux, trois ou quatre mille spectateurs qu'ils contiennent, peuvent seuls nous en donner une idée affaiblie.

Mais, quelque regret que puisse laisser l'abandon de ces cérémonies grandioses, n'oublions pas que ces amphithéâtres immenses, construits à découvert, pour des spectacles de jour offerts à toute une population répandue sur une seule surface (2), *ne pouvaient servir qu'à des représentations symboliques*.

Tandis que nos goûts sont tous différents ; au symbole, qui n'a presque plus de prise sur notre esprit, nous préférons aujourd'hui l'illusion de la scène, les jeux de physionomie, les nuances infinies de la diction, les effets de costumes et, au lieu des effets d'ensemble, nous attachons une grande importance aux nuances, aux détails ; de là, la nécessité de rapprocher le plus possible les spectateurs des acteurs. En outre, au lieu du plein air et du grand jour, nous nous réunissons le soir, en toilette, de telle sorte qu'il nous faut des salles restreintes, bien closes, éclairées, chauffées, ventilées, etc.

Enfin, nos mœurs et nos habitudes de confort nous ont amené à substituer à des immenses assemblées de citoyens, des groupements par étages et par catégories financières.

Le programme de la construction des théâtres modernes est donc tout autre que celui des théâtres antiques, dont il faut cependant retenir la grandeur et la noblesse de l'architecture.

1. 8,000 à Orange, 15,000 à Rome au théâtre de Marcellus.

2. C'est-à-dire sans étage.

## EXPLICATION DE LA PLANCHE 1-2

### *Figure* 1.

Théâtre de Bacchus (Dionysios) à Athènes, d'après les fouilles de Starck en avril 1862, situé à l'angle sud-est de l'Acropole, adossé au flanc du rocher dans lequel sont taillés la plupart des gradins, en profitant d'une cavité naturelle, dominé par le Parthénon (ainsi que le montre une médaille d'Athènes) dont la majestueuse colonnade forme le couronnement de la composition.

Il passe pour avoir été construit sous l'administration de Lycurgue, 496 avant Jésus-Christ, par les architectes Democratès et Anaxagoras, à la suite d'un incendie qui avait détruit le vieux théâtre en bois.

Les fouilles de Starck ont montré les agrandissements successifs de la scène, exécutés sous Hadrien et sous Septime-Sévère, et son rapprochement des spectateurs, pour l'approprier aux spectacles romains, qui comprenaient de grands déploiements de mise en scène.

Le pourtour de l'hémicycle était occupé par les sièges de marbre des prêtres de Bacchus et les archontes, au centre desquels était celui du grand prêtre, plus riche et plus élevé.

Nous trouvant à Athènes, lors des fouilles de Starck, nous avons assisté à l'exhumation de ces vénérables fauteuils accouplés (comme les nôtres), dont nous donnons le dessin figure 7.

La dimension de l'orchestre avec l'autel du dieu au centre, s'explique par l'importance des chœurs et surtout par celle des danses cycliques, etc. (1).

Suivant la règle de Vitruve, la face du logeion est donnée par le côté du carré inscrit dans le cercle de l'hémicycle ; ce mur du proscenium élevé de 1m,70, était décoré de sculptures ; des fragments de colonnes et d'entablements retrouvés donnent une idée de la décoration de la scène, sur laquelle on appliquait aussi des décors peints.

### *Figure* 2.

Théâtre de Marcellus à Rome commencé par Jules César et terminé par Auguste ; il pouvait contenir de 15 à 16,000 spectateurs assis.

Élevé en plaine, ses gradins, à défaut d'une colline, ont dû être portés par des substructions voûtées, qui ont nécessité des constructions considérables et motivé un des plus beaux modèles de l'architecture romaine.

Son plan montre la diminution de l'orchestre au demi-cercle sur lequel on ne pouvait élever des gradins, le rapprochement de la scène et l'importance prise alors par celle-ci et ses annexes qui sont immenses. C'est qu'alors le public romain, moins spiritualiste, ne se contentait plus du symbolisme des Grecs, et réclamait des spectacles, avec de pompeux déploiements, des décorations, des défilés, et même des exhibitions d'animaux, etc., en un mot une grande mise en scène.

### *Figures* 3, 4, 5, 6.

Théâtre d'Orange (Vaucluse), plan et coupes d'après la restauration de Caristie (Paris, Didot, 1856).

Le plan atteste l'influence grecque dans le midi de la France, car l'orchestre dépasse le demi-cercle pour prendre la forme d'un fer à cheval, terme moyen entre le tracé grec et le tracé romain.

Adossé à une colline, comme on le voit par la petite figure 5, que nous empruntons également à la restauration de Caristie, il a conservé, presque intact, le mur de la scène, qui forme l'une des ruines romaines les plus imposantes que l'on connaisse ; aussi sa restauration s'appuie-t-elle sur des témoignages existants ; elle prouve quelle importance les Gallo-Romains donnaient à ces monuments (même dans une petite ville) et quels soins ils y apportaient, en même temps que leur souci de la dignité dans l'architecture monumentale, pour allier toujours le beau et l'utile.

La perspective 5 montre aussi le stade ou cirque pour les courses de chars, qui était contigu au théâtre.

La figure 8, en montrant la construction des gradins, prouve que ni leur division ni leur hauteur n'était déterminée par des règles fixes, mais par les circonstances ; elles variaient entre ces limites que l'on peut considérer comme extrêmes.

1. M. Ampère et d'autres hellénistes prétendent que la danse des Derviches Tourneurs, si grave, n'a d'autre origine que l'imitation des anciennes danses religieuses des Grecs.

# THÉATRES DES XVII$^{E}$, XVIII$^{E}$, XIX$^{E}$ SIÈCLES

## HISTORIQUE DE LEUR CONSTRUCTION

PL. 3 à 6

Lorsqu'après l'effondrement du monde romain, l'oubli de la littérature classique, la destruction ou la transformation de ces édifices, le goût du théâtre reparut au moyen âge, ce fut en même temps que l'affranchissement des communes, et il ne tarda pas à entrer dans les mœurs.

Représentation par les Confrères de la Passion, sur une des places d'Orléans.

Comme dans l'antiquité, le public fut d'abord attiré par des *Farces* plus ou moins burlesques; puis en présence de l'entraînement général, l'Église subissant le fait, s'en empara et chercha à moraliser le théâtre, pour le convertir en moyen d'action.

Elle intervint, comme puissance, ayant un droit de police, par des défenses et par des licences, pour la représentation des mystères, entr'autres ceux des *Vierges folles* et des *Vierges sages*, etc.

Alors se formèrent des confréries locales ou ambulantes, parmi lesquelles celles de la Passion sont restées célèbres.

On sait que ces confréries, munies d'un privilège, allaient de ville en ville représenter leur répertoire, tantôt en plein air, dans les cours d'auberges, alors entourées de plusieurs étages de balcons; tantôt aussi dans les salles banales louées aux hospices ou aux corporations; mais toujours sur des estrades provisoires, des tréteaux, pour les Farces; des échafaudages pour les Mystères.

Ces représentations, ces spectacles, firent aussi partie des divertissements dans les fêtes publiques.

La vue ci-jointe d'une scène à trois étages, sur une des places publiques d'Orléans, en montre bien la disposition :

1° Au centre la *maison* ou le lieu de l'action ;

2° Au-dessus, le *paradis*, pour la récompense ;

3° Au-dessous, l'*enfer*, pour le châtiment ;

Cette construction, d'une hauteur totale de 7 à 8 mètres, ne pouvait comporter une grande profondeur, ni une grande largeur, car les poutres ou les solives, chargées du poids des acteurs, ne pouvaient être soulagées par des poteaux, qui auraient caché les acteurs. Quant aux décors, il ne pouvait y en avoir d'autres que les tentures des parois, toiles peintes ou tapisseries.

Le premier théâtre fixe, en France, fut ouvert en 1402, à Paris, par les confrères de la Passion, dans la grande salle de l'hôpital de la Trinité, rue Saint-Denis, en vertu d'un privilège conféré par lettres patentes du roi Charles VI.

C'était un ancien dortoir de forme rectangulaire, dans lequel la scène fut élevée à l'extrémité, construite, suivant l'usage, à trois étages. Plus tard, après un court séjour à l'hôtel de Flandre, ces confrères achetèrent en 1548, une dépendance de l'hôtel de Bourgogne, rue Mauconseil, où ils bâtirent, avec plus de recherche, un théâtre permanent, peut-être le premier de l'Europe, qui devint bientôt célèbre sous le nom de *Théâtre de l'Hôtel de Bourgogne*.

D'après les rares indications qui nous sont parvenues, nous savons que cette salle rectangulaire était entourée sur trois côtés d'un ou de deux rangs de loges, et que la scène occupait le quatrième côté; ses dispositions primitives, étaient ou empruntées aux balcons des cours d'auberges, dans lesquelles jouaient souvent les comédiens ambulants, ou importées d'Italie, alors en avance sur nous.

Quant à la scène, simplifiée et débarrassée des trois étages qui durent disparaître définitivement avec l'abandon des mystères sacrés; elle ne fut plus qu'une estrade sur laquelle les acteurs venaient débiter leur rôle, mais elle fut entourée de décorations représentant une place publique, avec ses édifices et ses maisons, d'où semblaient sortir les acteurs, qui venaient entretenir le public, ou interloquer leur compère, sans doute par imitation de la place publique des villes, ancien Forum, lieu de rendez-vous des habitants, pour causer, plaisanter.

En 1574, un second théâtre permanent fut installé dans une dépendance de l'hôtel du *Petit-Bourbon*, dont il prit le nom.

Cette salle, de forme carrée, eut une plate-forme ou parterre, et un amphithéâtre de gradins, entouré d'au moins un rang de loges. Elle subsista jusqu'en 1659, date de sa démolition, pour faire place à la colonnade du Louvre (on sait que Molière y joua).

Lorsqu'en 1634, une petite troupe rivale, qui avait débuté sur un théâtre situé dans le Marais, à l'*Hôtel d'Argent*, et qui prospérait par le jeu des *Farces*, fusionna avec celle de l'hôtel de Bourgogne, qui avait reçu le premier privilège, cette salle reçut une décoration fixe en bois, plus confortable et mieux appropriée aux spectacles du jour.

Différents témoignages permettent de considérer la vue n° 1, planches 3 et 4, extraite d'une gravure de Chauveau, comme étant la représentation de la scène du théâtre de Bourgogne ou du Marais. D'après cette vue, elle formait une estrade très élevée, occupant toute la largeur et encadrée, comme la scène antique, sur les trois côtés, par un décor permanent représentant un édifice en pierre. On n'y accédait que par les deux portes de côté.

Restaurée et transformée plusieurs fois, cette salle, grâce à ses rajeunissements successifs, servit jusqu'au milieu du XVIIIe siècle. Un plan de Dumont, 1763, nous montre sa dernière transformation; on peut dire qu'elle fut le berceau de l'art dramatique en France.

Mais la première salle de spectacle spéciale, construite *ad hoc*, avec une installation complète, ornée et décorée architecturalement, fut celle du cardinal de Richelieu, élevée au Palais-Royal par l'architecte Lemercier, en 1640.

Une ancienne gravure la représente de forme rectangulaire, et l'historien Sauval raconte qu'elle était occupée par un amphithéâtre de vingt-sept degrés, qui s'élevait jusqu'à un portique à arcades, tandis que les côtés latéraux étaient garnis de balcons dorés. La scène, ou l'estrade, était magnifiquement encadrée mais aussi rétrécie par un arc triomphal dont l'épaisseur était destinée à la fois à éloigner, à favoriser l'illusion, puis à cacher les machines et les décors peints et mobiles, récemment importés d'Italie, et adoptés à Paris. Cet arc devint ainsi le premier type de la décoration de nos avant-scènes à colonnes.

Une gravure de la collection Hennin, reproduite dans l'ouvrage de P. Lacroix (1), nous représente cette scène, avec ses deux colonnades de fantaisie, se prolongeant devant un fond de montagnes.

Plus tard, cette salle devenue propriété royale, fut concédée à Molière, qui y fit faire des changements importants, notamment pour la vision, tels que le rétrécissement de l'extrémité des gradins supérieurs. Ensuite, d'autres remaniements successifs finirent par lui donner la forme, dite en U évasé, indiquée par Blondel (1750), dans le plan du Palais-Royal, donné dans son grand ouvrage sur l'architecture française, reproduit planches 3 et 4, fig. 3, comme souvenir de la forme générale de toutes les salles élevées au XVIIIe siècle, dont il existe encore quelques types.

Précédemment, Louis XIV avait fait construire aux Tuileries, une salle de gala, dite *des Machines*, pour y faire représenter les grands ballets, alors si fort en vogue. Richement décorée, comme il convenait à une cour fastueuse, mais toujours disposée en amphithéâtre profond, cette salle resta incommode pour les spectateurs, quoique les derniers perfectionnements y eussent été appliqués. La scène y reçut une importance extraordinaire, nécessitée par les énormes machines qui servaient aux apparitions et aux enlèvements.

Les coulisses ou châssis mobiles y étaient posés obliquement, pour exagérer la perspective.

C'est dans cette salle que Servandoni monta, en 1730, ces spectacles de décorations scéniques qui firent faire de grands progrès à la peinture et à l'éclairage des décors.

Au XVIIIe siècle, les architectes des salles élevées à Paris, notamment : Dorbay, dans celle de la Comédie-Française, rue de l'Ancienne-Comédie; Moreau, dans celle de l'Opéra au Palais-Royal, et dans toutes les grandes villes de province, conservèrent cette forme en U évasé, adaptée au terrain, c'est-à-dire en lui donnant plus ou moins de largeur ou de profondeur, et entourée de loges superposées et formant balcons.

Mais tout en améliorant ou modifiant les proportions des salles, l'ouverture et l'encadrement de l'avant-scène, les détails de la décoration architecturale, la solution du problème à résoudre n'avançait presque pas, par suite des défauts de cette forme en U évasé, plus ou moins variée, qui ne favorisait la

1. *Les Arts au XVIIIe siècle*, page 281.

vision qu'au détriment de l'acoustique (1), et ne se prêtait à aucune disposition architecturale de décoration d'ensemble, surtout pour les plafonds, qui forcément sont irréguliers.

Quant aux scènes, déjà très vastes, leur dimension dominante est la profondeur, dont les metteurs en scène semblent attendre le maximum de l'illusion; elles sont pourvues d'un matériel scénique et d'une machinerie permettant déjà de grands effets; mais leurs dépendances sont insuffisantes.

En résumé, tandis que l'architecture était parvenue à un haut degré de perfectionnement dans la disposition, la distribution et la décoration des palais, elle s'attardait, dans la construction des théâtres, à des dispositions incomplètes ou incorrectes, en désaccord avec les raffinements d'élégance et de goût déployés ailleurs.

Lorsqu'enfin le génie de deux architectes français : Gabriel (2) et Louis (3), (ce dernier surtout) vint éclairer presque toutes les difficultés de l'architecture théâtrale; ces deux maîtres, s'appuyant sur les essais précédents et notamment sur les résultats obtenus en Italie, inventèrent des dispositions nouvelles qui firent de prime-saut des salles de l'Opéra du château de Versailles et de l'Opéra de Bordeaux, deux chefs-d'œuvre différents.

La première, toute d'apparat, destinée aux fêtes d'une cour fastueuse, n'est qu'une annexe d'un palais, tandis que l'autre, plus simple, est le motif principal de l'édifice; aussi est-elle précédée et accompagnée, formant ainsi un monument complet, élevé pour servir de lieu de réunion à la société élégante d'une grande ville. Ce fut la première fois que se trouvèrent réunis les désidérata d'un grand théâtre moderne, comme construction et décoration.

Mais, avant de parler des progrès accomplis, nous sommes obligés d'exposer ceux réalisés en Italie, où ils avaient été plus rapides.

---

## SALLES ITALIENNES

### HISTORIQUE DE LEUR FORMATION ET DE LEURS PERFECTIONNEMENTS

Les architectes italiens s'appliquant surtout à l'étude de l'acoustique, avaient, en effet, réussi de bonne heure à trouver une forme typique de salle.

Dès le XV^e siècle, les représentations théâtrales qui, dans ce pays, entraient dans les mœurs et faisaient partie du programme de toutes les grandes fêtes, eurent d'abord lieu sur des théâtres provisoires construits en bois; et, comme en France, en forme d'amphithéâtres à l'antique, terminés par des portiques, souvent surmontés de terrasses à gradins, pour les spectateurs.

Lorsque vint la renaissance, l'imitation des théâtres antiques, dont les ruines étaient, du reste, encore nombreuses, coïncida avec l'étude de la littérature grecque. C'est ainsi que le célèbre architecte Palladio (4), très versé dans l'étude de l'antiquité, fut amené à construire à Vicence, pour la Société académique, un théâtre à l'antique, couvert et permanent, dans lequel l'amphithéâtre fut, par suite de la configuration du terrain, contrairement aux règles de Vitruve, tracé suivant une demi-ellipse coupée sur

1. En effet, elle était plutôt faite pour renvoyer les ondes sonores, que pour les retenir.
2. Gabriel (1710-1782), architecte de la place de la Concorde.
3. Victor Louis (1735-1810), architecte du grand Théâtre de Bordeaux, du Théâtre-Français et des bâtiments contigus, du Palais-Royal, de l'Opéra, de la place Louvois.
4. De 1518 à 1580.

le grand axe, forme heureuse pour les représentations dramatiques et appliquée depuis, en 1846, à Paris, dans la construction de l'ancien théâtre lyrique (1), par l'architecte de Dreux.

Ce monument, encore intact aujourd'hui, est curieux aussi par sa scène sur laquelle sont élevées de véritables façades de maisons en relief, dégradées en perspective et figurant les rues d'une ville.

Un peu plus tard, en 1610, Aleotti, dans la construction du théâtre Farnèse, le plus vaste de l'Europe (4,000 places), élevé à Parme dans une aile du Palais-Ducal, pour les fêtes du mariage d'une infante, s'inspira aussi de la tradition antique en conservant l'amphithéâtre à gradins, quoique la salle eût la forme d'un rectangle (30 mètres de longueur). Aussi allongea-t-il l'hémicycle d'un diamètre, puis il le termina par un portique ajouré et décoré de statues, mais figuré seulement sur les côtés. La scène élevée à la suite d'une longue *platea* (souvenir de l'orchestre grec), est précédée d'un magnifique encadrement à colonnes, qui complète cet ensemble grandiose encore en partie visible, le plafond seul ayant dû être refait récemment pour cause de vétusté.

Après la naissance de l'opéra en Toscane, lorsque le public populaire prit goût aux représentations théâtrales, les architectes durent modifier ces dispositions de salles pour chercher à grouper, par parties distinctes, un plus grand nombre de spectateurs, sans augmenter l'espace, afin que la voix chantée et les sonorités de l'orchestre pussent être distinctement entendues de tous.

Dès lors, pour donner satisfaction à ces nouveaux besoins, ils abandonnèrent résolument la tradition des amphithéâtres antiques, fermèrent les salles, en arrondirent les angles, puis les entourèrent de plusieurs étages de loges surperposées.

C'est de ce nouvel ordre d'étude, provoqué par la recherche d'une forme de salle fermée, favorable à l'audition de la musique, que naquit le type italien.

Puis une fois trouvé, ils y persistèrent, se contentant de le perfectionner et d'approprier la distribution à leurs usages, si bien qu'il a fait le tour du monde avec leur musique.

Mais le développement et le perfectionnement de cette disposition dite à l'Italienne ne s obtint, au profit de l'acoustique, qu'en sacrifiant l'ordonnance décorative; tandis qu'au contraire, c'est dans cette recherche qu'ont brillé les architectes français.

La première salle de spectacle curviligne, entourée de loges étagées, fut construite à Venise vers 1630. Remarquée, appréciée, les autres villes voulurent aussitôt avoir la leur et en construisirent à l'envie l'une de l'autre.

C'est au milieu de ces recherches que Seghezzi, afin de faciliter la vue de la scène, imagina de disposer les planchers des loges en gradins, étagés de $0^{m},15$ l'un au-dessus de l'autre, disposition qui, perfectionnée ensuite par Bibiéna, fut abandonnée lorsque, le piquant de la nouveauté passé, on se rendit compte de tous les défauts de cette obliquité. Ce fut le même architecte décorateur qui imagina aussi de donner au plan de la salle une forme empruntée à la section intérieure des cloches, celle de l'U ouvert, qu'il appela pour ce *courbe phonique*, la scène étant à l'embouchure, et qui fut adoptée aussi en France. Quoique vicieuse pour l'audition, partant d'un principe faux, comme il est facile de s'en rendre compte, elle devint cependant à la mode; puis, lorsque ses défauts furent reconnus, les architectes, d'accord avec les physiciens, furent amenés à chercher la forme opposée; celle de l'ellipse tronquée, dite *ovoïde*, ou courbe en fer à cheval avec rétrécissement sur l'avant-scène; plus favorable du reste comme disposition architecturale. La première application en fut faite à Rome en 1675, par Fontana, au théâtre *Tardinona* ou d'*Apollon*, encore aujourd'hui salle de l'Opéra.

1. Originairement Dumas ou Montpensier, voir le plan au parallèle des théâtres, planche 50, fig. 1.

Les qualités acoustiques de ces nouvelles salles étant bien constatées, les architectes italiens mirent tous leurs soins à perfectionner cette courbe.

Le premier théâtre où furent réalisés les progrès les plus sérieux, surtout au point de vue de l'acoustique et de la disposition des loges, en plan et en élévation, paraît avoir été celui d'*Argentina* dont nous donnons le plan (planche 3-4, figure 2), élevé à la fin du XVII<sup>e</sup> siècle par l'architecte marquis de Théodoli, à Rome, où il existe encore, très apprécié.

Il y consacra définitivement le type italien, avec ses nombreux étages de loges en charpente, de même décoration, formant une multitude de baies semblables, carrées, ouvertes sur de hauts appuis, et se déployant autour d'une cour ovale, couverte d'un plafond plat ou très légèrement concave.

Si ce système, dans lequel les spectateurs sont plus chez eux, moins en vue, est fort avantageux pour l'acoustique, il donne par contre à ces grandes salles un aspect froid et monotone, qui a besoin d'être égayé par les lumières des appliques, telles que celles rapportées sur les montants, entre chaque loge, les soirs de grande fête, pour l'éclairage dit *a giorno*.

Après vint la construction, en 1737, à Naples, du théâtre San Carlo qui l'un des premiers forma un monument complet ; puis, vers la même époque, celle du théâtre Royal de Turin, dans une aile du Palais, par l'architecte comte Alfieri, qui y produisit plusieurs recherches fort ingénieuses et donna pour la première fois un grand développement aux accès, vestibules, escaliers, salons, pièces de service. L'apogée du genre fut atteint à Milan, en même temps que la perfection de la courbe elliptique, par l'architecte Pierre Marini, en 1776, dans la salle du grand théâtre dit de *la Scala,* le plus vaste de l'Europe, le mieux réussi pour l'acoustique, malgré son immensité en tous sens, car il y a sept étages de loges. (Voir les plans et coupe, pl. 6-7, figures 1 et 2.)

Malheureusement, comme la répétition produit la monotonie, cette salle est d'un aspect froid, avec ses deux cent soixante-six ouvertures de loges semblables, percées dans un mur bien d'aplomb, dont aucune saillie de balcon, ni même de corniche, ne vient troubler l'uniformité. S'il est agréable d'y entendre de la musique, il ne faudrait, pour le plaisir des yeux, y aller que les soirs de fête.

Depuis, la courbe de Pierre Marini a servi de modèle pour la construction de tous les grands théâtres de l'Europe.

On peut regretter que, pour corriger cette monotonie, le goût des Italiens, leur génie artistique, ne se soient pas exercés dans la décoration des salles de spectacle.

Un tableau de Pannini (1), dans la galerie du Louvre, représentant une salle provisoire, élevée à Rome pour une fête, toute tapissée de belles étoffes, avec applications de frises et de rinceaux, montre le parti décoratif que l'on pourrait tirer de cette disposition des loges.

De même que des croquis de Bibiéna, exposés dans la collection des dessins du Louvre (2), indiquent des motifs de balcons à la fois riches, élégants et ingénieux, qui auraient gagné à ne pas rester à l'état de projets.

1. Pannini, 1695-1768, architecte-décorateur et peintre de perspectives.
2. Notamment le dessin à la plume n° 1570, qui montre un dessin de loges dégagées.

## SALLES FRANÇAISES

### PÉRIODE DE PERFECTIONNEMENT

Pendant que les Italiens perfectionnaient ainsi leur type de salles, plutôt de musique que de spectacle, les architectes français ne restaient pas inactifs.

En 1753, Gabriel, chargé de construire, dans le château de Versailles, une salle royale, pour les représentations de l'Opéra, conçut et fit exécuter la splendide salle que nous y admirons encore. (Pl. 3-4, fig. 4). Profitant de l'expérience acquise, sur les qualités acoustiques de la forme en ellipse tronquée, il l'adopta et dressa sur toute la surface de la salle un magnifique amphithéâtre pour fauteuils libres, puis l'entoura de deux étages de balcons, bien dégagés, et ornés de beaux bas-reliefs en bois dorés; il les couronna par une galerie en retraite formant *loggia,* qui lui donna ce grand air de magnificence, si caractéristique, et aussi l'aspect d'une salle d'assemblée dans laquelle tout ce beau monde de cour, à l'aise pour étaler ses toilettes, retrouvait la splendeur des galeries de fête.

Par la retraite de la loggia, par la riche et heureuse décoration de ses voussures concaves; par le jeu des lumières, des ors et des glaces qui en occupent le fond, Gabriel obtint un effet merveilleux, même pour les yeux blasés des princes et des courtisans, habitués aux fêtes de la galerie des Glaces. A l'inverse des Italiens qui ferment la salle au devant des loges et par conséquent la rétrécissent, il en recula les limites et ajouta aux émotions du spectacle, la sensation de l'infini, par la multiplicité des réflexions dans les glaces habilement disposées dans le fond de chaque arcade. Seul le plafond plat qui se raccorde avec les façades par une voussure, en épousant cette même forme en fer à cheval, par conséquent tronquée, reste incomplet, insuffisant pour couronner une décoration architecturale aussi monumentale.

Il restait donc encore une lacune importante dans la décoration des salles de spectacle, la régularisation des plafonds; ce fut l'œuvre de V. Louis de résoudre la difficulté dans la belle salle de Bordeaux.

Presque en même temps que Gabriel, Soufflot, en 1753, dans la construction d'une nouvelle salle de spectacle pour la ville de Lyon, en voulant appliquer, avec une logique trop rigoureuse, l'ellipse italienne, l'exagéra en ouvrant la scène sur une trop petite section, car il fallut plus tard l'abandonner; bonnes pour l'audition, les places de côté étaient impossibles pour la vue par suite de l'excès du rétrécissement.

Peu après l'achèvement du théâtre de Versailles, Moreau, chargé en 1764 de la construction de la salle de l'Opéra annexée au Palais-Royal, adopta aussi la courbe elliptique, mais tracée suivant la règle posée par Alfieri à Turin pour l'allongement des côtés; et il perfectionna les accès de la salle, vestibules et escaliers, suivant une disposition heureuse dont nous reparlerons au chapitre spécial à cette partie des théâtres. (Planche 11-12.)

Enfin vint Victor Louis, qui de 1777 à 1780 construisit à Bordeaux, pour le théâtre de cette capitale de la Guyenne, le premier édifice complet et isolé qu'on ait vu en France, dans lequel, outre de nombreuses améliorations et perfectionnements, il trouva des motifs qui depuis ont fait école.

Toutes les parties de ce monument (dont nous donnons, 1° le plan d'ensemble, ou du rez-de-chaussée, pl. 57-58, fig. 2; un plan des vestibules, pl. 11-12, fig. 2; une coupe, pl. 11-12, fig. 3; une coupe et un plan du plafond, pl. 23-24, fig. 2-3), les portiques, le vestibule, l'atrium, le grand escalier (qui a servi de modèle à celui de l'Opéra de Paris) le foyer, la salle et son admirable plafond, la scène et ses dégagements, ne sont plus à louer.

Outre la disposition si neuve et si heureuse du vestibule et de l'atrium, ou cour intérieure, au milieu duquel se développe un magnifique escalier, l'habile architecte, artiste de génie, imagina pour la salle un plafond d'une disposition caractéristique et originale, et réalisa enfin toutes les conditions du problème architectural comme régularité, ampleur et effet; la grandeur monumentale y est alliée à l'élégance ; aussi ses proportions heureuses, et sa belle décoration en firent le couronnement, le crescendo naturel de l'harmonie.

Pour le plan de la salle, à l'ellipse profonde des Italiens, il substitua le cercle, diminué d'un segment; pour l'avant-scène, à la place de l'ancien arc triomphal, il éleva un arc doubleau composé du même ordre que la salle qui, en l'allongeant, lui servit à encadrer les loges d'avant-scène, à les rattachér à l'ensemble, devenu ainsi un tout homogène et harmonieux. Les colonnes d'encadrement du rideau devinrent le point de départ de la colonnade dont il entoura la salle, au-dessus du rez-de-chaussée, chaque entrecolonnement étant occupé par deux étages de loges ou plutôt de balcons en encorbellement; derrière l'entablement, il éleva l'amphithéâtre des places à bon marché; puis, il couronna sa salle par le célèbre motif de la coupole sur pendentifs; ceux-ci formés entre l'intersection des quatres arcs élevés sur les côtés du carré inscrit dans la courbe de pourtour dont l'ouverture de l'avant-scène forme la base. (Pl. 23-24, fig. 2.) Comme il restait à couvrir les trois segments occupés par le fond de la salle et les deux côtés, il appuya contre ces arcs et le mur d'enceinte trois voûtes hémisphériques aplaties, reliées entre elles par des pénétrations de voûtes annulaires.

Il obtint ainsi un couronnement de salle d'un grand effet, et parvint à couvrir une surface en fer à cheval par un motif architectural parfaitement régulier.

Par la légèreté des quatre pendentifs reposant chacun sur une seule colonne, cette coupole, sur laquelle Robin peignit un ciel avec allégories, a bien le caractère d'une décoration théâtrale. (Voir la magnifique gravure de Le Mire.)

Aussi, malgré le luxe admis maintenant dans la construction des théâtres, celui de Bordeaux est et reste encore un des plus complets et des plus remarquables de l'Europe.

Seulement, comme il y a toujours un *mais*, la perfection étant chose rare, on a reproché à Louis d'avoir sacrifié un peu les places de côté, légèrement plus enfoncées que dans la courbe italienne de la Scala, et d'où la vue est gênée, par la saillie des balcons arrondis en corbeilles, sans doute d'un effet très heureux dans la décoration générale, mais accusés par certains critiques de produire des résonances (1).

Quelques années après (1787), le même architecte, chargé à Paris de la construction du Théâtre-Français (alors des *Variétés amusantes*) au Palais-Royal, y fit une nouvelle application de son système. En l'agrandissant, il modifia heureusement le plan de la salle pour lui donner plus de profondeur et se rapprocher de la courbe italienne ; le demi-cercle du fond fut raccordé avec l'avant-scène par deux lignes courbes, bien calculées pour l'acoustique et la vue ; aussi le succès a-t-il été complet.

Malgré tous les changements qu'elle a dû subir depuis sa construction, et qui ont complètement défiguré sa belle disposition architecturale, cette salle est encore considérée comme l'une des meilleures de Paris. (Voir plans, pl. 5, fig. 1 ; pl. 11-12, fig. 4 ; coupe, détails du plafond, pl. 23-24, fig. 1.)

Primitivement décorée dans le beau style de l'époque (Louis XVI) comme on peut en juger par

1. Voir le grand ouvrage publié par Louis lui-même et magnifiquement gravé.

la vue ci-jointe extraite de l'ouvrage de P. Lacroix (1), elle fut changée radicalement sous le Consulat dans le style froid du jour (sans doute pour encadrer les tragédies, alors à la mode) (2).

Une colonnade ionique, très simple de détails, d'un caractère très sévère, remplaça les grandes arcades corinthiennes, et la coupole se changea en plafond à voussures, sur la forme en fer à cheval, qu'elle a conservée depuis.

Cette salle, restaurée de nouveau par Fontaine en 1823, perdit ses colonnes et reprit l'aspect plus en rapport avec une salle de comédie, qu'elle a encore conservé dans la dernière restauration de 1881; mais malheureusement elle n'a pas retrouvé sa coupole.

Comédie Française, vue de la salle de Louis en 1789.

Appelé en 1792 par la Montansier a construire, place Louvois, le théâtre dit : « des Arts » qui devint plus tard l'Opéra (3), Louis perfectionna encore cette courbe en l'ovalisant davantage. Aussi fut-il amené par cet agrandissement à élargir les bases des pendentifs, qu'il établit sur des pans coupés, posés chacun sur deux colonnes, entre lesquelles il répéta les loges d'avant-scène. Grâce à cet arrangement, la salle, quoique allongée, put conserver sa coupole sphérique inscrite dans un carré dont les quatre côtés (aux angles abattus) s'appuyèrent sur trois calottes hémisphériques et sur l'arc doubleau de l'avant-scène.

Cette disposition à la fois plus grandiose et plus gracieuse, a été reportée dans la salle provisoire de la rue Le Peletier qui a servi de type à celle du nouvel opéra; c'est son plus bel éloge.

1. *Les Arts au XVIIIe siècle.*
2. Voir les plans dans l'*Architectonographie des Théâtres*, par Donnet et Orgiazzi, Paris, 1821.
3. La coupole de Louis représentait un ciel avec plusieurs plans de nuages; celle figurée dans la perspective de Donnet était l'œuvre de l'architecte Delanoye en 1808.

Peu avant la construction de la salle du Théâtre-Français, au Palais-Royal, Peyre et de Vailly, en 1780, avaient construit, près du Palais du Luxembourg, le théâtre de l'Odéon (voir planche 50-60, fig. 5), dont l'incendie de 1797 n'a laissé subsister que l'extérieur, le foyer et les escaliers qui sont grandioses. Il fut le premier théâtre construit à Paris, formant monument isolé, entouré de portiques d'une utilité appréciée, malgré leur lourdeur, et pourvu d'escaliers spacieux. C'est dans cette salle qu'eut lieu le premier essai d'éclairage à l'huile par des lampes à courant d'air, dits *quinquets,* du nom de leur inventeur (1783).

La salle Favart (pl. 59-60, fig. 6), aujourd'hui de l'Opéra-Comique, fut aussi élevée en 1783, par le duc de Choiseul. Plusieurs fois incendiée, elle n'a conservé que sa façade dans le style froid de l'époque (1) aujourd'hui défigurée par des saillies de portiques, buffets, etc.

---

# PÉRIODE MODERNE

La Révolution interrompit ce splendide essor architectural de l'art français. Quoique le goût du théâtre fût alors très répandu et très populaire, l'industrie privée, qui se substitua aux grands seigneurs dans la construction des nouvelles salles, n'y vit qu'une exploitation commerciale, et ne songea qu'à réaliser de grands bénéfices, sans souci de l'architecture et de la décoration; il en fut de même sous la Restauration qui vit cependant une fort belle éclosion, restée célèbre, de l'art musical et de la comédie.

Seule, la salle de l'Opéra provisoire de la rue Le Peletier, élevée à la hâte par MM. Debret et Duban, fut décorée avec le goût fin, élevé, qui distingue toutes les œuvres de ce dernier maître; malgré l'économie imposée à cette construction éphémère, ils donnèrent néanmoins un grand caractère à la décoration. Obligés d'utiliser une partie de la salle Louvois, condamnée à la démolition après l'assassinat du duc de Berry, ils l'agrandirent en y introduisant d'heureuses modifications qui augmentèrent le charme de cette élégante composition, et de ses heureuses proportions par rapport à l'échelle humaine. Ils supprimèrent notamment la décoration architecturale du fond des loges, et les colonnes, etc., qui à demi cachées par les spectateurs les gênaient néanmoins, et les remplacèrent par une tenture, sur laquelle les personnes se détachèrent plus agréablement.

Dans toutes les salles construites jusqu'en 1860, pour tous les genres, les architectes adoptèrent de préférence la forme dite circulaire, obtenue par un demi-cercle raccordé avec le cadre du rideau par deux courbes concaves : tracé avantageux à la fois pour la vue et pour l'audition, favorable aux représentations du drame et de la comédie, et suffisant pour la sonorité musicale, les places de côté n'y étant pas sacrifiées, comme dans la forme italienne dite en ellipse.

Au point de vue architectural, cette courbe se prête au tracé, devenu familier, du plafond circulaire, plat ou concave (en coupole), ou conique, peint ou décoré en velum ; en tous cas, porté sur l'entablement d'une colonnade à plate-bande ou à arcades, et couvrant toute la salle, sauf deux petits triangles entre le cintre et les côtés des avant-scènes, où ils forment ainsi une lacune qui rend la composition architecturale *incomplète.*

1. Alors les architectes aimaient à opposer la nudité des façades à refends, a la finesse des décorations intérieures.

Les exigences de l'industrie privée, en voulant utiliser à Paris des terrains presque impossibles, obligèrent les architectes à des combinaisons de plans d'une ingéniosité étonnante; rien ne les rebuta, ni l'irrégularité de la forme, ni la bizarrerie de leur raccordement avec la voie publique, souvent par de longues allées étroites, aboutissant non dans l'axe de la salle, mais sur un côté quelconque, au risque de répartir la foule fort inégalement, dans des couloirs souvent fort étroits.

Même avec des crédits insuffisants, l'habileté parisienne sut faire des prodiges. Le plan de l'ancien théâtre Lyrique au boulevard du Temple, construit en 1846, pour Alexandre Dumas, sous le nom de Théâtre-Historique, par l'architecte de Dreux, était un chef-d'œuvre en son genre, le dessin que nous en donnons fera comprendre une partie des difficultés vaincues. (Pl. 59-60, fig. 1.)

Les théâtres des Variétés, du Palais-Royal et du Gymnase, construits sur des terrains irréguliers, sont également des exemples des plus heureuses combinaisons de plans.

Parmi les nombreux théâtres démolis de l'ancien boulevard du Temple, dit du Crime, on se rappelle le Cirque, célèbre par ses pièces militaires et ses féeries, construit à la fois pour théâtre et représentations équestres. Seul l'Ambigu, élevé par MM. Lecointre et Hittorf, présente un monument complet.

Mais dans toutes ces salles, élevées par spéculation, dans le but de faire beaucoup de recettes avec peu de dépenses, c'est-à-dire de faire tenir le plus grand nombre possible de spectateurs dans le plus petit espace, l'art et le confort furent assez négligés.

Tandis qu'en province, où les théâtres étaient des édifices municipaux, on en eut plus de souci; nombre de grandes villes édifièrent des théâtres beaucoup plus convenables; telles, entr'autres Lyon où Chenavard, n'ayant qu'un terrain restreint, arrangea sous la salle un vestibule très original (pl. 13-14, fig. 1); le Havre où Brunet Desbaines éleva un joli monument à l'extrémité du grand bassin; Moulins; Toulon, où Charpentier, préoccupé l'un des premiers de la ventilation et de l'éclairage, établit, de concert avec le docteur Tripier, un système rationnel.

Lorsqu'en 1859, les percements de différents boulevards et rues, entraînèrent la démolition des théâtres du boulevard du Temple et du Vaudeville, la ville de Paris, se substituant à l'initiative privée, entreprit elle-même la construction des nouveaux théâtres et leur affecta des emplacements et des terrains plus spacieux.

L'intervention du budget municipal fit faire d'immenses progrès à la construction des théâtres de second ordre; le public vit enfin réaliser une grande partie des améliorations depuis longtemps réclamées. Les architectes du Théâtre-Lyrique (1) et du Châtelet (2), M. G. Davioud; de la Gaîté, M. Cusin, et du Vaudeville (3), M. A. Magne, y apportèrent un soin particulier et y développèrent chacun leur talent particulier, non seulement dans les distributions, mais encore dans la décoration.

Grâce à l'administration du célèbre préfet de la Seine, baron Haussmann, et à ses architectes, Paris eut enfin des salles de spectacle confortables et monumentales, brillamment décorées, précédées de porches et de vestibules convenables, desservis par des escaliers larges, faciles et suffisants, accompagnés de toutes les dépendances nécessaires : foyers, vestiaires, buffets; puis pourvues de scènes larges et de tous les locaux de service.

Le théâtre du Châtelet est notamment un modèle pour l'ampleur de ses services.

Pour la première fois on ne négligea rien, afin de résoudre les importantes questions du chauffage,

1. Voir plan, pl. 59-60, fig. 9.
2. — — fig. 8; détails pl. 13-14, fig. 2.
3. — — fig. 2.

de la ventilation et de l'éclairage : grandes commissions scientifiques, composées des notabilités du monde savant; rapports accompagnés de projets, exécution à grands frais sous le contrôle de ces commissions, tout fut mis en œuvre, et si les résultats n'ont pas répondu aux efforts, on ne peut en accuser l'administration.

Le souci de la perfection idéale entraîna même un peu loin les savants théoriciens ; car leurs mécanismes ingénieux, d'un fonctionnement coûteux et minutieux, ont été en grande partie abandonnés par les fermiers.

C'est pour ces édifices que furent : 1° importés et perfectionnés les plafonds lumineux, dont nous reparlerons au chapitre spécial de l'éclairage des théâtres; 2° inventées les machineries en fer.

La province, de son côté, participa à l'entraînement, les municipalités apportèrent plus d'attention aux constructions théâtrales (1).

Enfin le nouvel Opéra de Ch. Garnier (2), conçu dans la période triomphale de l'Empire, en 1860, alors que la France pouvait faire grand, vint marquer l'apogée de l'art, non seulement, en ce genre de construction, par la magnificence de la décoration extérieure et intérieure, par la beauté et la richesse des matériaux, mais aussi par l'ampleur de toutes les parties de l'édifice, notamment dans les accès, les escaliers, les dégagements, par le confortable des installations, et encore par la beauté grandiose de l'architecture.

La salle, élevée sur le motif maintenant classique de V. Louis, celui des quatre grands entrecolonnements séparés par des pans coupés entre deux colonnes, sur lesquels portent les arcs, les pendentifs, la couronne et la coupole, a la forme heureuse d'une ellipse arrondie, transaction avantageuse entre la courbe française et l'ellipse allongée des Italiens.

Ce monument, dont nous ne pouvons donner qu'un plan à une très petite échelle, a fait l'objet d'une belle et complète publication spéciale, qui en donne tous les détails.

---

### EXPLICATION DES PLANCHES 3-4, ET 5

*Pl. 3-4. Figure 1.*

Croquis d'après une ancienne gravure de Chauveau, reproduite dans le *Magasin pittoresque*, année 1848, qui représente la scène de la salle de la rue Mauconseil, ou celle du Théâtre du Marais à l'hôtel d'Argents, suivant la tradition antique, arrangée par la Renaissance; la décoration représente des façades d'édifices dans lesquelles sont conservées les anciennes ouvertures classiques : au centre, la porte Royale plus élevée que ses deux voisines, puis, sur les côtés, les deux sorties qui figuraient ordinairement les ouvertures sur la campagne.

L'estrade est très élevée, par réminiscence de l'ancien échafaudage du moyen âge. Les loges qui flanquent la scène à droite et à gauche sont construites en bois, suivant la mode italienne. La construction avec ses poteaux de charpente en est trop accusée et encombrante, surtout pour les places de côté où celles du second rang devaient être complètement sacrifiées.

La perspective indique une salle rectangulaire; aussi, eu égard à la considération précédente, on peut conjecturer qu'elle n'était pas profonde.

Elle offre ainsi un spécimen d'un des premiers essais d'installation de salle de spectacle en France, car l'architecture est antérieure à l'époque de Louis XIII, dont l'acteur en scène porte le costume.

*Figure 2.*

Plan du Théâtre-Argentine à Rome, élevé au XVIIe siècle. Il montre l'importance des progrès réalisés par les architectes italiens dans la construction des salles de spectacle; on y trouve déjà nettement posé le principe des salles modernes : forme cintrée, renflement au milieu, rayonnement des loges, souci de l'acoustique.

1. C'est ainsi que nous-même, à Reims, lauréat du concours public ouvert en 1865 par cette ville, pour la construction de son théâtre, nous avons pu, dans un terrain heureusement suffisant, malgré les limites très restreintes du budget, appliquer les améliorations réclamées par nos devanciers et composer un monument complet, dans lequel la décoration de toutes les parties importantes a été étudiée avec raisonnement et exécutée avec soin. Pl. 59-60, 19-20, 23-24, 25, 26-27 et 28.

2. Pl. 57-58, 13-14 et 23-24, détails du vestibule, de la salle, du plafond et coupe.

Si les places de côté au second rang sont sacrifiées, elles sont toutes excellentes pour l'acoustique.

Les dimensions de cette salle sont déjà considérables, aussi n'est-il pas étonnant qu'elle ait conservé, malgré plusieurs restaurations, ses proportions heureuses, qui en font une des salles italiennes les plus agréables.

*Figure* 3.

Salle de spectacle au Palais-Royal, installée par Molière dans l'ancienne salle de Lemercier, construite pour le cardinal de Richelieu près la rue Saint-Honoré. Nous la donnons telle que Blondel l'a tracée dans son grand ouvrage sur l'architecture française, par conséquent ayant déjà subi quelques changements lors de la prise de possession par l'Opéra sous la direction de Lulli.

Elle présente le type le plus caractérisé de cette forme de salle en U évasé, généralement alors usitée en France, encore existante dans plusieurs anciens théâtres de province. Ce plan permet de comprendre tous les inconvénients, pour l'acoustique, de cette forme dans laquelle les ondes sonores ne peuvent s'avancer qu'en se heurtant aux parois des balcons latéraux; par conséquent, en y provoquant des résonnances ou des répercussions intempestives, la voix vous revient, disent les chanteurs, dans ces salles, lorsqu'elles sont de petite dimension. On y remarque aussi la saillie et l'importance des loges sur la scène, sans doute pour arriver à la suppression du *banc des seigneurs*, en offrant à ceux-ci un poste d'observation aussi rapproché et plus commode.

Suivant la mode française, le rez-de-chaussée est divisé en deux parties, celle inférieure, contiguë à l'orchestre, occupée par le parterre debout; celle supérieure, comme en terrasse, disposée pour fauteuils dits d'amphithéâtre, dont la tradition ne s'est conservée qu'à l'Opéra.

*Figure* 4.

Salle du château de Versailles, élevée par Gabriel en 1753, par conséquent pour la cour de Louis XV, célèbre et toujours justement admirée; nous ne la mentionnons que pour son plan qui montre un progrès très sensible dans le tracé de la courbe de la façade des loges. Édifiée pour des représentations d'apparat devant une cour élégante et cérémonieuse. On comprend l'importance donnée à l'encadrement de l'avant-scène qui n'est que décorative, l'architecte a dû tenir compte de la tradition et du cérémonial.

Le public étant restreint, on ne peut reprocher à ces grosses colonnes la place qu'elles occupent, car elles forment un magnifique encadrement à la riche mise en scène de l'époque.

*Figure* 5.

Ancien théâtre de Lyon, élevé par Soufflot en 1756, d'après Dumont.

Le célèbre architecte du Panthéon était un chercheur convaincu des avantages de la courbe elliptique depuis longtemps usitée en Italie. Il ne se contenta pas, en l'important, de la copier; il voulut la soumettre à la rigueur des formules du calcul de l'acoustique; son ovoïde ainsi tracé, avec une ouverture de scène aussi rétrécie, put être un très bon récepteur des sons. Mais comme les auditeurs sont aussi des spectateurs, ceux des places de côté voyant mal, le résultat pratique ne répondit pas au double but d'une salle de spectacle. Néanmoins ce premier essai en France eut le mérite de rompre avec une routine et d'ouvrir une voie rationnelle.

*Figure* 6. — *Théâtre de Bordeaux.*

V. Louis, qui fit faire de si grands pas à l'architecture théâtrale, fut appelé à Bordeaux après avoir pu étudier en Italie les améliorations décisives apportées à la forme des salles de spectacle par Pierre-Marini, à la Scala de Milan. Ce plan quoique restreint par suite du format de l'ouvrage, montre l'importance des progrès réalisés : régularisation de la courbe; encadrement de l'avant-scène par de belles loges; création autour de la salle d'une ordonnance monumentale; régularisation du plafond, ampleur des accès et dégagements. L'inflexibilité du carré l'obligea à resserrer l'ouverture de l'avant-scène (ce qui, du reste, était dans les idées du temps), au détriment des places de côté. Les deux colonnes intermédiaires, entre celles qui portent la coupole, complètent la belle colonnade et portent les balcons, puis l'entablement. Depuis, la population de la ville s'étant beaucoup augmentée, on leur a reproché d'occuper des places perdues pour la recette, mais outre la fonction qu'elles remplissent, elles s'expliquent dans une salle qui n'était destinée qu'à une aristocratie.

*Pl.* 5. *Fig.* 1. — *Plan du Théâtre-Français.*

Le second théâtre élevé par Louis, pour lequel il sut triompher de tant de difficultés. Il montre les corrections apportées par l'Architecte à son premier plan, tout en conservant la forme circulaire, notamment l'élargissement de l'avant-scène qui lui permit d'améliorer les places de côté, de rapprocher les spectateurs.

*Fig.* 2. — *Plan du Théâtre-Lyrique* (Place du Châtelet).

Donné comme spécimen d'un des derniers tracés des salles; la courbe montre le chemin parcouru par les architectes pour donner satisfaction aux spectateurs, c'est-à-dire les rapprocher de la scène. Après l'U ouvert, l'ellipse, le cercle, puis ici le cercle aplati, car il n'est plus complet. L'ouverture de la scène étant très large, le nombre des places de côté est ainsi diminué; l'Architecte les a remplacées avantageusement en augmentant la profondeur des loges de face, dont les salons qui les prolongent peuvent recevoir du monde.

Pour compléter cette étude comparative des plans des salles, nous donnons celle du théâtre de Reims, pl. 15-16, et celle de l'Opéra, pl. 13-14.

# APERÇU SUR LES THÉATRES ÉTRANGERS

HISTORIQUE

PL. 6-7, 8, 9 ET 10

Parmi les nations où le goût du théâtre est développé, il faut citer, en première ligne, l'Italie, qui, ainsi que nous venons de l'exposer, a été la grande initiatrice. Les autres, telles que l'Espagne, l'Allemagne, l'Angleterre et la Russie ont suivi l'entraînement et, en ce qui concerne uniquement la construction des théâtres, ont procédé par imitation. On s'y est contenté, sauf de rares exceptions, de choisir entre les modèles italiens ou français et d'y introduire les modifications demandées par les mœurs locales, d'autant plus que la plupart des grandes salles de ces pays, sauf en Angleterre, ont été construites par les gouvernements, souvent même par les souverains, qui alors faisaient venir des architectes et des décorateurs français ou italiens.

---

## THÉATRES ITALIENS

Dans ce pays qui peut revendiquer l'honneur d'avoir donné au monde civilisé le goût de la musique et de l'y avoir propagé par ses chanteurs, le seul, peut-être, où l'opéra bouffe et l'opéra dramatique soient véritablement des distractions populaires s'adressant à tous sans le secours de subvention, les salles de spectacle sont très nombreuses et elles conservent leur originalité nationale en dépit du passage de beaucoup d'autres modes cosmopolites.

Nous avons précédemment raconté brièvement dans les limites de notre cadre, leur période de formation, montré leur développement et leur perfectionnement, jusqu'à la salle de la Scala de Milan qui est restée l'apogée du genre; puis indiqué les particularités, l'originalité de ces salles qui constituent le type italien; leur distribution comprenant un amphithéâtre elliptique, dit la *Platéa,* et un pourtour de cinq ou six étages de loges (1) (de *loggia,* grande ouverture sur un point de vue) séparées les unes des autres par de hauts appuis unis et par de simples montants; de telle sorte que la salle ressemble à une cour ovale, dont le pourtour est percé d'une multitude de fenêtres semblables, correspondant à des chambres, d'où on assiste au spectacle qui se développe à l'entrée de la dite cour.

Aussi l'aspect en est-il froid et monotone; la construction trop accusée domine les spectateurs, surtout ceux des étages supérieurs, écrasés par la lourdeur des appuis (rapprochés encore par la perspective vue de la platéa); les pleins diminuent les vides qu'il faudrait exhausser, mais alors les spectateurs des étages supérieurs, qui ne voient déjà la scène que sous un angle aigu, ne la verraient presque plus, surtout ceux des côtés.

Sans doute dans ces loges spacieuses et profondes, les *signori* et les *signore* sont tout à fait chez eux; ils peuvent s'installer à leur aise, s'approcher ou s'éloigner, écouter la musique ou s'isoler, suivre la scène ou recevoir des visites (2) et causer, sans que l'aspect de la salle en soit trop modifié.

1. Voir le plan de la Scala, pl. 6-7.
2. Certaines salles, notamment celle de la Scala, ont à chaque étage, de l'autre côté du couloir, une petite pièce ou salon, pour chaque loge, et louée avec celle-ci.

Mais au point de vue de l'ensemble, cette disposition, en séparant les spectateurs, en isolant les groupes, ne favorise pas l'émotion communicative, si prompte et si naturelle dans les théâtres antiques.

Sur ces façades, vrais pans de bois, indépendantes du cadre de l'avant-scène, présentant plutôt un système de construction qu'une ordonnance architecturale, repose un plafond plat, uni, de la forme de la salle, raccordé par une légère voussure, dite en gorge.

Par contre, la simplicité de la décoration et de l'ameublement (car le mobilier de chaque loge appartient à son locataire) en diminuant sensiblement la dépense, facilite beaucoup la construction des théâtres et explique leur nombre et leurs vastes dimensions.

C'est un système ; le public et les directeurs (*impressarii*) y trouvent cet avantage que la salle paraît remplie avec peu de monde ; deux personnes sur le devant d'une loge, de six et même de neuf (à San-Carlo) suffisent à donner l'illusion, d'une salle suffisamment occupée.

En résumé, on peut dire que si l'Italien a la passion du théâtre, il a trouvé un type architectural qui lui permet de la satisfaire économiquement.

Aussi sont-ils très nombreux, il y en a partout, chaque petite ville a le sien, elle y attache une importance dont elle se fait honneur. La plupart sont isolés et se présentent sur la voie publique par des façades simples, mais d'aspect monumental.

Les plus célèbres sont : à Gênes, celle de *Carlo Felice* (1) ; à Naples, celle de *San Carlo*; à Florence, de la *Pergola* ; à Venise, de la *Fenice* ; à Milan, de la *Scala* (2), etc.

En général, dans ces théâtres appartenant à des sociétés d'actionnaires, si les salles sont hautes et vastes, bien construites, propices pour les auditions musicales, il faut reconnaître qu'elles n'ont pas les accès et les dégagements proportionnés à la foule qui les fréquente. Les entrées et les vestibules, sauf à Naples, à Gênes et à Parme (dont nous donnons les plans, planche 6-7), sont trop exigus et trop pauvrement décorés, les escaliers sont sans grandeur, et les couloirs sont étroits pour le nombre de loges.

Les foyers existent à peine ; il est vrai que les mœurs du pays les rendent beaucoup moins utiles qu'en France ; par suite de l'habitude des visites dans les loges ou dans les salons y affectés, comme à la Scala, etc.

Mais les scènes sont spacieuses, surtout en profondeur, elles se prêtent aux grands déploiements des ballets si goûtés par la société italienne.

Enfin, depuis quelques années, le confort y est amélioré, à ce point que plusieurs théâtres sont déjà éclairés à la lumière électrique, notamment celui de la Scala, le plus grand de l'Europe.

## THÉATRES ANGLAIS

En Angleterre, malgré le succès de la littérature nationale dramatique avec Shakspeare et le goût de la nation pour les spectacles, l'abandon des entreprises théâtrales à l'industrie privée (parcimonieuse de sa nature), retarda considérablement le développement de l'architecture théâtrale.

Des édifices spéciaux ne furent construits qu'à une époque rapprochée. Le premier théâtre monumental, Duke's Théâtre, ne fût élevé qu'en 1672 par le célèbre architecte Christophe Wreen, architecte

1. Pl. 57-58, fig. 4.
2. — fig. 1; détails pl. 6-7, fig. 1-2.

de Saint-Paul de Londres et des plans de reconstruction de la capitale, avec ses squares, après l'incendie; et quelques autres aussi importants furent ouverts peu après pendant tout le XVIIIe siècle, notamment Drury Lane, Covent Garden et celui de Haymarket (1767), où fut appliqué en grand, aux étages supérieurs, le système des amphithéâtres profonds et superposés où les spectateurs sont isolés du reste de la salle.

Dans les monuments construits jusqu'à ce jour, il faut distinguer les théâtres de l'aristocratie et ceux destinés au peuple. Pour les premiers, construits avec plus ou moins de luxe, les architectes ont adopté surtout le type italien; mais en décorant les montants des loges, en les habillant de tentures de soie qui leur donnent un aspect riche, cossu, et agréable à l'aristocratie qui les fréquente.

Les salles de Covent Garden dont nous donnons la coupe (figure 1, pl. 8) et de Drury Lane, en offrent de beaux exemples. Le rez-de-chaussée est occupé par un grand amphithéâtre de fauteuils, pour le beau monde; le pourtour par trois étages de loges semblables, même celle de la Reine; puis les 4e et 5e par ces amphithéâtres dont nous venons de parler, pour les places à prix réduit qui n'ont aucune communication avec le reste de la salle, dans laquelle on n'est admis qu'en toilette de soirée.

Dans les théâtres populaires (1), on supprime par économie les loges et mêmes les couloirs circulaires; le programme donné aux architectes semble être de faire tenir le plus de monde possible dans le plus petit espace; aussi chaque étage ne se compose-t-il que d'amphithéâtres plus ou moins profonds; ceux au-dessus du rez-de-chaussée commencent autour d'une corbeille circulaire assez serrée (planche 8 voir les plans du théâtre Adelphi), les autres s'étagent en retraite et s'agrandissent de plus en plus, en recouvrant les couloirs.

Cette disposition économique a été aussi essayée dans quelques théâtres populaires de Paris (2). Mais on comprend que dans ces amphithéâtres superposés, la moitié des spectateurs ne peut voir la salle; il est vrai que si on leur supprime une partie du plaisir de la soirée, celui qui résulte de la vue des personnes et de la communauté des émotions augmentées par la communication des regards, on leur procure la demi-obscurité favorable au recueillement, à la concentration personnelle de l'impression reçue; c'est un système, mais moins agréable et à l'inverse de celui dont les anciens ont tiré un si grand parti.

## THÉATRES ALLEMANDS

Bien que l'art dramatique y ait été très cultivé au moyen âge et malgré le goût national pour les auditions musicales, la construction des premiers édifices consacrés aux salles de spectacle ne date que de 1704, à Vienne, où l'empereur Léopold y fit élever par Bibiena, pour l'Opéra, le premier théâtre moderne de l'Allemagne.

L'électeur Palatin, celui de Wurtemberg et plus tard le roi de Prusse l'imitèrent et firent construire à Manheim, à Stuttgart et à Berlin des théâtres dégagés et bien aménagés, décorés dans le goût de l'époque et disposés suivant le type italien et d'après la courbe en U évasé, alors en usage.

D'autres princes firent venir des architectes français pour édifier les théâtres de leurs capitales; de telle sorte que les deux types s'y trouvèrent implantés au XVIIIe siècle.

1. Voir *Revue de l'Architecture et des Travaux publics*, année 865, vol. XXIII, le rapport de M. G. Davioud au préfet de la Seine, sur les théâtres populaires à Londres.

2. Au Châtelet, où la ventilation les rend plus supportables, à la Porte-Saint-Martin, etc.

A la fin de celui-ci, lorsque Glück et Mozart, en musique, puis un peu plus tard Schiller et Goëthe pour la Tragédie et le Drame eurent donné au théâtre national son développement, avec un si grand succès, toutes les grandes villes voulurent avoir des salles de spectacle confortables, qu'elles demandèrent à des architectes nationaux. La plupart de ces théâtres sont complets et pourvus de toutes les dépendances nécessaires; confortablement aménagés, richement décorés et construits en beaux matériaux, ce sont des monuments qui font honneur à ces villes. La disposition des salles y est plus souvent empruntée au genre français qu'au type italien.

Le mouvement des beaux-arts vers cette branche de l'architecture, amena de nombreuses recherches et innovations, comme les façades circulaires, concentriques à la salle, qui en France sont toujours restées à l'état de projet, sauf dans un très petit nombre de cas particuliers, comme à Haguenau, en 1841. (Morin, architecte, voir *Encyclopédie d'Architecture.*)

Le théâtre de Mayence dont nous donnons le plan (figure 3, pl. 57-60), montre un exemple de ce genre de disposition, qui, en supprimant le foyer, en renvoyant les escaliers sur les flancs extrêmes de la salle, en fait voir tous les inconvénients, sur lesquels nous reviendrons plus loin, dans le chapitre spécial aux accès et dépendances.

Parmi les édifices les plus remarquables élevés dans la première moitié du siècle, l'opéra de Dresde, par Semper, se distinguait entre les autres, non seulement par ses dimensions, la pureté des lignes de l'architecture, mais surtout par son originalité. Sa façade circulaire, concentrique à la salle, avec ses trois étages de portiques superposés, avait effectivement le soir, aux lumières, un effet séduisant; mais l'inconvénient signalé n'en subsistait pas moins à l'intérieur (1). Celui de Leipsick, aussi, par l'ampleur de ses dépendances et de ses accompagnements, qui comprennent jusqu'à des terrasses et des treilles pour l'été.

Récemment, de grands théâtres ont été élevés dans différentes villes; parmi ceux-ci, le plus original est, sans contredit, celui de Bayreuth (Bavière) élevé en 1871 pour et par Richard Wagner, d'après ses plans mêmes, dans la disposition duquel il a pu appliquer sans contrainte ses idées sur l'acoustique et sur l'art scénique.

Le plan que nous donnons, (fig. 1-2, pl. 9) ne peut qu'en donner une faible idée.

Immense, la salle se compose d'un amphithéâtre en éventail de 33 mètres, sur 37 mètres de longueur au sommet; le petit côté a la même largeur que l'ouverture de la scène, 15 mètres; les murs latéraux sont occupés par une colonnade en perspective, et le fond qui est concave suivant la même courbe que les gradins, est occupé par des loges destinées aux souverains et aux princes. On sait que Wagner tenait essentiellement à ce que la vue de ses auditeurs ne fût pas distraite de la scène et que leurs regards s'y portassent forcément; à ce point qu'il fit tenir les lumières de la salle dans le demi-jour.

L'orchestre est placé comme d'habitude devant la scène, mais il est enfoncé et séparé des spectateurs par une cloison qui en cache la vue.

Le nombre des places à l'amphithéâtre est de 1,550; deux petits foyers sont disposés sur les côtés aux flancs de la salle dont les entrées et les sorties ont lieu par douze portes.

La scène qui vient à la suite a une longueur totale de 40 mètres, une hauteur de 38 mètres, avec des dessous de 14 mètres; elle est pourvue d'une machinerie colossale, qui dispose de moyens extraordinaires, inconnus même à Paris et Vienne.

Le nouvel opéra de Vienne élevé en 1870 (2) sur les plans et la direction des architectes Van der Nüll

1. Ce monument, incendié depuis, a été l'objet d'une magnifique publication à Brunswick, 1850.
2. Pl. 57-58, fig. 9.

et Siccardsbourg, est très considérable, d'autant plus vaste que la scène est flanquée de deux ailes immenses, — exagération d'une habitude germanique —, pour loger non seulement les dépendances nécessaires d'un grand opéra, mais encore les magasins à décors, des ateliers, etc... Aussi elles encombrent les abords du monument de ce côté et alourdissent sa silhouette et son aspect.

L'intérieur est spacieux et très confortable; la disposition des escaliers et des couloirs est imitée de celle de l'Opéra de Paris; un vestibule central contient un grand escalier comme à Bordeaux; enfin la façade est précédée d'une loggia, mais à arcades.

La salle, qui a la forme de celle de la Scala, est vaste et riche, mais sans grand parti architectural; composée de motifs distincts; aussi elle n'a ni l'unité, ni la simplicité de conception qui font la grandeur.

La disposition des loges est à l'italienne, mais corrigée heureusement par le dégagement des appuis en saillie sur les montants.

Cette salle a, par exemple, un avantage peut-être unique, celui d'être admirablement ventilée par un système, dû au docteur Bœhn, combiné avec le chauffage en hiver, et le rafraîchissement en été, aidée par un ventilateur mécanique, système sur lequel nous reviendrons en détail au chapitre spécial.

L'administration acceptant résolument la dépense nécessitée par le fonctionnement de ces appareils, leur efficacité n'est ni intermittente ni capricieuse, aussi est-elle appréciée du public qui témoigne sa satisfaction par son assiduité.

En résumé l'Allemagne, malgré le talent original de ses grands compositeurs et de ses grands auteurs qui font école, n'a pas d'architecture théâtrale; jusqu'à présent elle a vécu d'emprunts, sauf à Bayreuth où Richard Wagner a imposé à ses auditeurs son cadre comme il imposait son esthétique musicale; mais peut-être n'est-ce aussi qu'un point de départ; en tous cas ses continuateurs auront à trouver une disposition architecturale qui habille l'extérieur de l'édifice, et à donner à l'intérieur de la salle un aspect moins froid, le théâtre ayant pour devise : *Castigat ridendo mores*

---

## THÉATRES ESPAGNOLS

Dans ce pays qui a fourni à nos auteurs du XVII<sup>e</sup> siècle, nombre de sujets de comédies et de tragédies, qui attestent à la fois son goût pour cette littérature et les succès de ses auteurs, la construction des théâtres fut négligée. Au début, les confréries formées à l'instar des confrères de la Passion, jouèrent dans les cours.

Plus tard, les premiers comédiens dressèrent leurs estrades dans des *corrales* ou cours entourées de bâtiments, dont les fenêtres et les balcons servaient de loges aux spectateurs privilégiés; le centre était occupé par un amphithéâtre en planches, à ciel ouvert.

On installa ensuite dans quelques-unes des plus propices, des théâtres populaires permanents, que l'on couvrit, mais sans y apporter de perfectionnements.

Dans le même temps, lorsqu'une représentation scénique faisait partie du programme des fêtes de Cour, on dressait un théâtre dans une des salles du palais, avec amphithéâtre et balcons.

Au XVIII<sup>e</sup> siècle, on éleva des salles spéciales sur le type italien, qui s'implanta ainsi en Espagne. Néanmoins toutes ces constructions, sans prétention architecturale, restèrent négligées et mesquines.

Aujourd'hui encore on ne trouve de salles de spectacles convenables que dans les grandes villes.

Séville, Cadix et Barcelone eurent des théâtres monumentaux avant Madrid ; on cite notamment dans cette dernière ceux du Principal et du Licéo.

En 1818, le gouvernement espagnol fit enfin élever à Madrid, pour les représentations de l'Opéra, sur la place d'Oriente, le vaste édifice dont nous donnons le plan (figure 3, pl. 57-58), sur les plans de l'architecte Aguado, mais il ne fut terminé qu'en 1850.

On y appliqua la plupart des perfectionnements réalisés jusqu'alors dans les autres pays : descentes de voitures, beaux vestibules, escaliers spacieux, dégagements commodes. Aussi malgré les grandes constructions théâtrales élevées dans d'autres capitales, celui dit Oriente, est encore digne d'une grande cité.

## THÉATRES RUSSES

Si la Russie est, en Europe, le pays où le goût du théâtre s'introduisit le plus tard, c'est celui où l'architecture théâtrale ne connut pas la période des essais et prit de suite une grande importance dans la décoration des villes.

L'impulsion vint de l'État qui pourvut en même temps aux moyens d'exécution ; aussi venant après les autres, les Russes voulurent et purent faire mieux et plus grand.

Leurs théâtres, construits sous la direction d'architectes français ou italiens, figurent parmi les monuments les plus remarquables de chaque grande ville. Généralement bien situés et dégagés, entourés de façades monumentales, ces édifices, vastes et amples dans toutes leurs parties, contiennent des salles confortables, bien desservies et bien distribuées, dont la disposition et la décoration sont empruntées, soit au type italien, soit au genre français.

A Saint-Pétersbourg, les théâtres impériaux Alexandre, Michel et Kamenoy, à Moscou le grand théâtre, sont vastes, grandement conçus et bien aménagés ; ils sont pourvus de tous les accès et dégagements nécessaires au public d'élite qui les fréquente, en même temps que de scènes immenses et de machineries complètes.

Au théâtre Alexandra (1), l'architecte Rossi (1830), a repris un ancien essai de Bibiena : l'inclinaison de tous les planchers suivant une forte pente vers la scène, système abandonné, car outre l'inconvénient des planchers en pente pour la marche, dans les couloirs, et dans les loges pour le placement des sièges, le parallélisme des balcons en pente, trouble la vue et dérange la perspective.

La coupe montre cette disposition bizarre. Le grand théâtre de Moscou, par l'architecte Cavos, passe pour être un des plus remarquables et des plus complets de l'Europe.

Son auteur en a publié les plans dans un ouvrage spécial

1. Voir plan, pl. 57-58, fig. 6 ; détails, pl. 10, fig. 2 ; coupe, pl. 10, fig. 1.

### EXPLICATION DES PLANCHES 6 A 10

La disposition et le format de cet ouvrage ne nous permettant que de mentionner seulement le caractère général des salles de spectacles dans chaque pays, les planches suivantes ont pour but de montrer un spécimen d'un de leurs principaux types.

*Pl.* 6-7, *figures* 1, 2. — *Italie, théâtre de la Scala à Milan.* (Plan et coupe sur la salle.)

Nous le donnons comme étant le plus parfait de toute l'Italie, l'apogée du système national.

Destiné aux représentations du grand-opéra, malgré ses vastes dimensions, l'acoustique y est excellente.

Contrairement à notre habitude française, la salle est enfermée dans un gros mur qui forme paroi résonnante, mais non vibrante (différence essentielle).

A chaque étage, de l'autre côté du couloir, se trouvent des salons qui correspondent à chaque loge et sont loués avec celle-ci.

Le plan d'ensemble qui en est donné pl. 57-58, fig. 1, ainsi que ceux de Gênes et de Parme, suffisent à faire connaître la disposition générale des théâtres italiens, car, du Saint-Gothard à Tarente, il n'y a dans la péninsule qu'un seul type de salle.

Nous donnons aussi sur la même feuille, fig. 3 et 4, les vestibules des théâtres de Gênes et de Parme qui sont les plus beaux des théâtres italiens. Aussi est-il fâcheux que les escaliers ne soient pas proportionnés à la grandeur des salles.

*Pl.* 8. — *Angleterre.*

Elle donne deux spécimens; la coupe du théâtre royal de Covent-Garden montre la disposition du plus beau théâtre de l'aristocratie, avec ses quatre étages de loges aux tentures de soie rouge, son immense amphithéâtre des places supérieures à prix réduits (12 fr., et 10 fr. au lieu d'une guinée au rez-de-chaussée) et son plafond, imité du motif de Louis [1].

L'autre, l'un des plus beaux spécimens d'un théâtre populaire, celui de Britannia dans Hoxton-High-Street, avec ses immenses et bas amphithéâtres à chaque étage, les loges étant supprimées, ainsi que les couloirs, et les sièges mobiles remplacés par des banquettes fixes.

Ces deux théâtres ont été publiés par la *Revue générale* de César Daly, le premier en 1863, vol. XVI; le second en 1865, vol. XXIII, avec un mémoire de G. Davioud, très explicite sur ce genre de théâtres anglais que l'administration de la ville de Paris songeait alors à y acclimater; ce qui ne s'est que trop fait depuis, au détriment de l'hygiène et de la décoration, car la *moitié* des spectateurs sont, même à l'orchestre, dans des soupentes d'où on ne voit qu'une partie de la scène.

*Pl.* 9. — *Allemagne. Théâtre de Bayreuth.*

Bien qu'il ne soit encore qu'une exception, l'originalité de sa disposition nous a paru assez intéressante à signaler, non comme exemple à suivre, mais à titre de conception d'un grand musicien et d'un hardi novateur.

D'après le plan, à en juger par la forme de son immense amphithéâtre, celui-ci semble avoir été plus préoccupé d'assurer à tous la vue de la scène que l'audition complète et harmonieuse des sons émis sur la scène. Car il serait étonnant qu'il n'y eût pas de résonnances contre les colonnes et surtout contre leurs énormes piédestaux [2].

L'étendue de la scène est aussi extraordinaire. Elle est accompagnée des remises à décors.

Le plan du théâtre de Mayence, pl. 59-60, fig. 3, montre une autre disposition plus usuelle et très répandue en Allemagne, celle des façades circulaires. Quant au Grand-Opéra de Vienne, pl. 57-58, fig. 9, l'un des derniers construits en Europe, il est, comme celui de Paris, une exception par ses dimensions et l'ampleur de ses annexes.

*Pl.* 10. — *Russie.*

Le théâtre Alexandra, l'un des plus beaux de Saint-Pétersbourg, dont le plan d'ensemble est donné pl. 57-58, fig. 6, montre l'importance donnée, dans tous les grands théâtres de la Russie, aux accompagnements d'une salle de spectacle, l'ampleur des escaliers, vestibules, etc., etc.

Nous donnons aussi la coupe comme un spécimen du système des planchers en pente, imaginés par Bibiéna, dont nous avons parlé précédemment.

1. Mais diminué, plat et peu décoré.
2. Voir plus loin les prescriptions de M. Lachez sur l'acoustique.

## DEUXIÈME PARTIE

# PRINCIPES GÉNÉRAUX DE LA CONSTRUCTION

## DES THÉATRES MODERNES

## EXPOSÉ DES CONDITIONS AUXQUELLES ILS DOIVENT SATISFAIRE

Un théâtre étant un édifice dans lequel le spectacle de la mise en action d'un poème lyrique, dramatique ou comique, est offert au public, le programme de sa construction comprend nécessairement deux grandes divisions distinctes, à envelopper dans un ensemble, pour constituer un tout, c'est-à-dire un monument, sauf à l'architecte de profiter des différences inhérentes à chaque partie, pour introduire la variété dans l'unité et trouver, dans ces différences mêmes, les motifs d'une silhouette caractéristique. Les deux grandes divisions de l'édifice commun sont :

1° La partie où se tient le public : la salle de spectacle, avec ses accès, ses annexes et ses dégagements de tout genre ;

2° Celle où est représentée l'action : la scène avec ses services et ses dépendances.

Le monument qui les réunit, appelé par extension théâtre, du nom antique *theatrum*, donné autrefois à l'ensemble de la scène, étant un édifice où est invité le public et même la foule, doit naturellement être situé autant que possible au centre des villes, de préférence sur une place publique, s'offrir à la vue, être d'un accès facile et avoir un aspect agréable.

A cette nécessité de faciliter l'accès se joint aussi celle d'éviter les communications d'incendie, aussi est-il logique d'imposer l'isolement des théâtres. La sécurité et la commodité deviennent ainsi les auxiliaires de l'art.

## PREMIÈRE DIVISION

### ACCÈS — DÉGAGEMENTS

Les accès et dégagements d'un édifice où la foule est conviée à la même heure, arrivant de tous les points d'une ville, ne sauraient être trop faciles. Les Romains, avec leur génie pratique et stable, avaient trouvé l'idéal en entourant leurs théâtres, qui étaient cependant diurnes, de portiques circulaires, élevés seulement de quelques degrés (deux ou trois) au-dessus de la voie publique, et dont chaque arcade correspondait soit à un couloir, soit à un escalier ; les encombrements y étaient impossibles. Mais ils savaient, en tout, faire grandement la part des choses et ils disposaient de moyens que nous n'avons plus, ou que nous n'employons que dans certains cas.

Et cependant, si nos Théâtres, beaucoup moins vastes, contiennent sept, huit et dix fois moins de monde que les leurs, il faut considérer qu'ils n'ouvrent que le soir, que nous sommes toujours pressés, que beaucoup de spectateurs viennent au théâtre et en sortent en voiture, enfin que les risques d'incendie sont plus fréquents. L'isolement de ces édifices s'impose donc, si ce n'est de tous côtés, au moins sur trois, ainsi que la création de vastes dégagements indispensables pour le stationnement des voitures.

Ces nécessités n'ont pas toujours été comprises.

C'est à Bordeaux (1) que l'on vit pour la première fois un théâtre élevé dans ces conditions, et à Paris, l'Odéon (2) resta longtemps un exemple unique. Il fallut les grands travaux de l'administration Haussmann pour construire deux théâtres complètement dégagés, puis le Grand-Opéra. Quant aux salles de spectacle élevées par l'industrie privée, c'est-à-dire économiquement, les règlements de police concernant leur construction n'ont pas encore eu le courage de prescrire leur isolement, malgré la fréquence des incendies.

Au point de vue de l'art, l'isolement sur des voies publiques permet de donner aux façades un caractère original et monumental, qui rompt la monotonie des rues. La décoration des villes y gagne ainsi une heureuse application du principe romain : *Miscuit utile dulci.*

Des deux grandes divisions qui forment le théâtre, la plus importante est celle de la salle, qui couvre en moyenne la moitié de toute la surface occupée. Cette partie comprend :

1° Les entrées pour l'arrivée des spectateurs, descente de voiture, abris pour attendre l'ouverture des portes, portiques et porches, promenoirs ;

2° L'attente dans le ou les vestibules ;

3° Le contrôle ;

4° La séparation du public, suivant les catégories de places, pour l'accession aux différents étages, escaliers et couloirs ;

5° La salle.

La deuxième partie, comprend la scène, ses dépendances, ses annexes, et l'administration.

---

## ENTRÉES

Dans une ville les spectateurs arrivant de tous côtés à la fois, à la même heure, le plus souvent au dernier moment, c'est-à-dire en se pressant, en voiture ou à pied, il faut supprimer les obstacles.

Il y a une habitude prise dont l'architecte doit tenir compte, en ouvrant son édifice largement et de plusieurs côtés de telle façon qu'il offre un abri immédiat aux deux catégories d'arrivants ; mais comme l'une gêne l'autre, il faut assigner à chacune ses approches faciles.

L'arrivée la plus encombrante est celle des voitures, surtout dans les théâtres de luxe des grandes villes où la majorité des spectateurs munie de billets vient en voiture. Les dames ne pouvant être expo-

1. Pl. 11-12 et 57-58.
2. Pl. 59-60.

sées à la pluie, il faut à cette catégorie des descentes à couvert appropriées à ses besoins, à ses habitudes ; aussi dans les pays aristocratiques, leur donne-t-on la place d'honneur. C'est ainsi que l'ont compris les architectes des grands théâtres d'Angleterre, d'Allemagne et de Russie, en faisant du portique un porche sous lequel passent les voitures. Le plus ancien, qui est resté l'un des plus spacieux, est celui de San-Carlo à Naples ; grâce à sa largeur et à celle de ses arcades, les voitures peuvent y tourner, entrer et sortir librement ; aussi pas de file, par conséquent pas d'embarras. Comme ce porche n'est en réalité que la continuation de la voie publique, les piétons n'y sont pas en sûreté, il leur faudrait des entrées séparées ; en d'autres pays, où il y a moins d'entente entre toutes les classes de la société, il a fallu effectivement en venir là.

En Russie et en Allemagne, les porches de descente à couvert occupent toute la façade ; quelques-uns sont même fermés et ne s'ouvrent que pour la file ; les piétons des places supérieures sont alors sacrifiés et renvoyés à des entrées latérales secondaires.

Cette disposition, conforme aux mœurs de ces pays, réclamée par le climat, serait insolite dans le nôtre où les piétons sont nombreux, surtout par le beau temps ; aussi Ch. Garnier n'y a-t-il pas songé au Grand-Opéra de Paris. Pour éviter de gêner l'arrivée des spectateurs non munis de billets, ou non abonnés, il a placé la descente à couvert sur une façade latérale, ce qui l'a obligé à construire un vestibule spécial d'attente, sans doute en harmonie avec le luxe de l'édifice, mais d'une dépense impossible partout ailleurs. Le théâtre Carlo Felice de Gênes (pl. 6-7 et 57-58, fig. 4) a aussi une descente à couvert sur la façade latérale. L'Opéra de Vienne en a deux (pl. 57-58).

Dans notre société, les descentes à couvert sont, il faut l'avouer, un des embarras de l'architecte chargé de la construction d'un théâtre ; ceux qui ont vu les projets présentés au concours de l'Opéra en 1860, ont pu se rendre compte de cette difficulté.

Plusieurs fois, on a cherché à utiliser le dessous de la salle, notamment à l'Opéra de Turin, où Alfiéri l'a ouvert en triple passage, accepté encore aujourd'hui grâce à son ampleur, aux dégagements offerts par ses larges arcades et ses piliers légers ; puis à Paris, il y a cinquante ans, à la salle Ventadour, opéra italien aujourd'hui démoli, sous la forme d'un long couloir étroit, qu'il a fallu abandonner bientôt à cause du bruit, de l'encombrement et de la lenteur de la sortie.

Le plus souvent, pour résoudre toutes les difficultés de ces constructions fixes, on a recours à ces parapluies vitrés, dits *marquises*, et on les applique au-dessus des entrées latérales ; c'est effectivement une solution simple et efficace, ce genre d'abri, suspendu en l'air, laissant toute liberté aux évolutions des voitures.

Ces légères constructions, bien comprises, bien exécutées comme ferronnerie, peuvent accompagner l'architecture monumentale sans la déformer.

Celles du théâtre Lyrique (1) à Paris, et du théâtre de Genève (2), au-dessus des entrées latérales, peuvent être citées comme exemples.

Victor Louis, en construisant le théâtre Français (3), en façade, sur une rue étroite, s'était parfaitement rendu compte de toutes ces nécessités des entrées, et il leur a donné satisfaction avec son portique, si ouvert, si dégagé, si accessible. La saillie du balcon couronnant l'entablement du rez-de-chaussée, couvre le trottoir étroit, ajouté depuis, et abrite les spectateurs qui descendent de voiture ; c'est une autre solution, également acceptable, simple, économique de terrain et de dépense que nous avons

1. Pl. 59-60, fig. 9.
2. Pl. 59-60, fig. 12.
3. Pl. 11-12, fig. 4.

adoptée, pour les mêmes raisons, à notre théâtre de Reims, en la rendant plus efficace, par la suppression du trottoir, pl. 15-16.

En effet, la façade principale, généralement sur une voie très dégagée, se présente plus naturellement que les façades latérales aux allées et venues des voitures. Car, après avoir déposé les spectateurs, celles-ci y trouvent plus d'espace pour se mouvoir librement et continuer leur route, avec moins de risque de gêner les piétons.

Mais alors les vestibules et les portiques doivent se prolonger jusque sur les côtés et y être largement ouverts, avoir des abords libres non embarrassés de piédestaux, ni encombrés de perrons saillants plus ou moins majestueux, à leur place devant les palais de justice et les châteaux ; il faut donc revenir à la simplicité des portiques des basiliques et des amphithéâtres grecs et romains, dont la grandeur monumentale n'exclut pas la décoration qui peut être riche ou sobre, imposante ou élégante.

Les portiques des théâtres de Bordeaux, et de la Comédie-Française sont les premiers modèles. Les services qu'ils rendent, pour l'entrée et pour la sortie, nous indiquent la voie à suivre.

## PORTIQUES

Le portique ou premier vestibule, qui sert à la fois d'abri en attendant l'ouverture des portes, de promenoir pendant les entr'actes, de dégagement pour faciliter la sortie, de station entre les escaliers et la voie publique, doit être, pour son but multiple, très spacieux, profond même, largement ouvert, conformément à la tradition antique, et autant que possible ouvert sur les trois façades.

Le public doit y trouver : les bureaux de vente des billets d'entrée, les portes d'accès au vestibule du contrôle, suffisantes pour les deux catégories de spectateurs (ceux qui ont des places retenues et ceux qui viennent les prendre); enfin, aux extrémités, les portes des escaliers de sortie. Les premières, celles de l'entrée, au moins au nombre de trois, doivent être disposées de façon à faire converger les arrivants munis de billets, vers le contrôle où ils les échangent ; tandis que les secondes, celles de sortie, doivent, au contraire, diviser la foule dans tous les sens et empêcher tout encombrement, en un mot préparer *la diffusion*.

Le portique est donc destiné à abriter une partie des spectateurs (du tiers au quart), aussi est-ce sur cette proportion que ses dimensions et sa surface doivent être calculées.

Au point de vue architectural, il a aussi une importance proportionnée à la place d'honneur qu'il occupe dans la façade; c'est lui qui doit contribuer puissamment à donner à celle-ci son caractère particulier ; de la dimension et de la forme de ses ouvertures, du rapport entre les pleins et les vides dépend surtout l'aspect gai, ouvert, hospitalier, que doit avoir un théâtre.

Sous ce rapport, les portiques des théâtres construits par Louis peuvent être cités comme exemples ; on peut dire qu'il a posé le principe.

## VESTIBULES

Dans les grandes villes, les distances étant longues, nombre de spectateurs, pour plusieurs motifs, arrivent au théâtre avant l'ouverture des portes : les uns munis de leurs numéros de places, les autres venant les prendre. Aussi, pour éviter aux premiers la gêne de la *queue*, à tous des courants d'air et permettre la communication avec les vestiaires, dispose-t-on dans les grands théâtres des vestibules d'attente en avant du contrôle.

S'il n'y a qu'un seul vestibule, on lui donne alors une grande profondeur, de façon à atteindre le même but, en établissant des divisions avec de simples barrières ou paravents; l'effet architectural y gagne beaucoup plus de caractère et de grandeur; l'œil, pouvant embrasser l'ensemble, en est plus impressionné.

Le vestibule du théâtre de Bordeaux (pl. 11-12, fig. 2), quoique le premier construit, a été disposé en prévision de tous ces besoins d'une société élégante; aussi peut-il passer pour un modèle de commodité, de goût et d'entente de l'esthétique.

Vaste et spacieux, il est divisé par de légères colonnes en cinq nefs, dirigées dans le sens du mouvement, correspondant à autant de portes ouvertes sous le portique et conduisant les spectateurs : aux premières, par l'*atrium*, ou cage du grand escalier, et aux places à bon marché, par les escaliers latéraux.

Peu décoré, mais fort bien proportionné pour calmer les yeux, les préparer aux grands effets de la cage de l'escalier et surtout de la salle, il remplit remarquablement son but et contribue puissamment dans sa mesure à l'harmonie générale (voir la planche 11-12).

Les théâtres de Carlo Felice à Gênes et de Parme, construits depuis, ont aussi de fort beaux vestibules, dont nous donnons les plans (planche 6-7). Commodes et spacieux, de belles proportions, ils précèdent dignement ces salles. Seulement, élevés à une époque mesquine, ils sont précédés de portiques lourds et étriqués, puis suivis de couloirs étroits et bas, sauf à Gênes où l'entrée de la *platea*, dans son axe, offre une belle perspective.

Lorsqu'en 1861 la ville de Paris fit reconstruire quatre théâtres, elle a malheureusement mesuré parcimonieusement le terrain à ses architectes et ne leur a pas permis de donner aux vestibules une importance proportionnée à la foule qu'on voulait attirer dans ces édifices. Par contre, au Grand-Opéra, Ch. Garnier a pu donner au vestibule d'attente une superficie proportionnelle au monument dans lequel il occupe le dessous du foyer, et il l'a décoré en harmonie avec l'ensemble (plan d'ensemble, pl. 57-58, et détail, pl. 13-14).

*Vestibule du contrôle.* — Généralement la plupart des théâtres n'ont qu'un seul vestibule qui porte ce nom. Quoiqu'il en soit, le vestibule du contrôle est à la fois le point d'arrivée et de départ de tous les spectateurs; car c'est de là qu'ils se divisent suivant leurs catégories de place, pour se rendre promptement, par des voies distinctes, à chaque étage. Du bureau du contrôleur (poste central de surveillance où il faut passer), chacun doit voir son chemin et pouvoir se diriger sûrement vers l'escalier qui le conduira à sa place; il faut donc qu'il le trouve à proximité, ce qui est plus facile, lorsque les départs de tous ces escaliers d'étages rayonnent sur le contrôle (ainsi qu'à Reims). Comme ce vestibule est aussi, pendant les entr'actes, une station centrale, il faut encore y trouver, en plus des ouvertures précitées, des portes de communication avec les dépendances, cafés, buffets, water-closets, vestiaires, etc.

Dans les grands édifices où l'espace n'a pas été trop chichement mesuré aux architectes, comme à Bordeaux et à l'Opéra de Paris, etc., le problème est surtout d'ordre monumental et décoratif; mais dans les théâtres de second et de troisième ordre, construits avec économie, il faut se borner à une disposition commode. Dans plusieurs théâtres où le terrain était trop restreint, les vestibules ont dû être enfoncés sous la salle. Celui du Théâtre-Français (planches 11-12 et 23-24), si ingénieusement disposé sous la salle et entièrement construit en rotonde, est un beau spécimen et le plus bel exemple de ce genre de construction. Vaste et spacieux, occupant la même surface que la salle, il est très bien compris. Les escaliers qui occupent les angles sont d'un accès facile, ils divisent bien la foule à la sortie; complétés actuellement par le grand escalier d'honneur élevé en 1861 par M. Chabrol, architecte du Palais-Royal, les encombrements y sont impossibles.

La même difficulté, le manque de terrain, a amené l'architecte du théâtre de Lyon (1), Chenavard, à occuper aussi le dessous de la salle, par un vestibule en hémicycle, fort ingénieux, précédé des portiques qui entourent le monument.

Malheureusement toutes ces dispositions, destinées à obvier à une insuffisance de terrain, ont le défaut originel de sacrifier le foyer et les escaliers qui, fatalement, sont renvoyés dans les angles.

Dans d'autres théâtres, élevés sur des terrains restreints, leurs architectes ont pu augmenter la profondeur du vestibule, en l'enfonçant sous le couloir des premières et les loges du fond de la salle. Déjà au siècle dernier, Moreau, l'architecte de la salle de l'Opéra, au Palais-Royal, incendié en 1781, avait imaginé cette disposition dont nous donnons le plan (pl. 12-13, fig. 1), d'après Dumont (*Parallèle des théâtres*), remarquable aussi par les belles entrées des escaliers.

Plus tard, en construisant l'Opéra provisoire de la rue Le Pelletier, qui dura de 1821 à 1872, détruit aussi dans un incendie, MM. Debret et Dubau, ses architectes, manquant de profondeur, ont adopté une disposition analogue; à Reims aussi, le même défaut de terrain nous a obligé à empiéter sous le couloir et les loges des premières pour trouver l'hémicycle du vestibule, dont on apprécie les avantages comme dégagement aux départs des escaliers rayonnants et comme effet architectural (pl. 15-16, fig. 1). C'est, effectivement, la disposition la plus ample, la plus naturelle.

## ESCALIERS

Leur importance dans les édifices à étages, comme accès et voies de communication, s'accroît dans les théâtres, en raison de la multiplicité des étages et de la foule qui les fréquente.

Non seulement il les faut nombreux, mais encore ils doivent être spacieux et faciles, s'annoncer clairement, en un mot, être bien à la disposition du public, se présenter sous ses pas.

Aussi leur construction est-elle toujours une des difficultés imposées à l'architecte; car, sans la surface, ils ne peuvent avoir ni les développements nécessaires pour adoucir les montées et les courbes, ni l'élargissement des paliers, ni les dégagements proportionnels, et c'est d'ordinaire le terrain qui est le plus parcimonieusement mesuré.

Parmi ceux qui ont pu proportionner la surface des escaliers aux exigences de leur programme, il en est surtout deux qui ont tiré des difficultés de cette question un motif de succès : V. Louis, à Bordeaux, puis Ch. Garnier, à l'Opéra de Paris, dont tous les escaliers, sans exception réunissent l'utile et l'agréable, la commodité à la beauté architecturale. (Pl. 13-14.)

En principe, chaque catégorie de places doit être desservie par un escalier particulier, partant du vestibule du contrôle, et aboutissant aux couloirs de la salle, de préférence aux angles du carré circonscrit.

Aussi, quelle que soit l'importance d'un théâtre et ses conditions locales, la nomenclature des escaliers comprend : 1° l'escalier d'honneur; 2° les escaliers conduisant du contrôle à chaque étage;

1. Pl. 13-14, fig. 1.

3° ceux de communication particulière entre les étages ayant accès au foyer; 4° les escaliers de sortie.

Quoique les dimensions de chacun d'eux doivent être proportionnées à celle de l'étage qu'il dessert et au nombre des spectateurs, celui qui conduit au premier étage a une importance exceptionnelle par rapport au voisinage du foyer, auquel il sert de voie d'accès lors des fêtes qui s'y donnent.

*Escalier d'honneur*. — Il est naturel qu'il justifie ce titre par l'ampleur de son développement et par la décoration des murs qui l'encadrent; en un mot, qu'il participe à l'ensemble monumental et y prenne la note harmonique.

En tous pays, les salles de spectacle étant aussi utilisées pour des fêtes (bals ou concerts), dont l'escalier est comme un préambule, il est nécessaire qu'il se présente le premier à la vue. Aussi comprend-on que, dans les théâtres où l'architecte a été maître du terrain, il ait fait de l'escalier d'honneur un des plus riches motifs décoratifs de l'édifice.

Le premier qui ait bien compris cet effet, fut V. Louis, à Bordeaux, en le plaçant à la suite du vestibule, au milieu d'un atrium spécial, de façon à offrir aux spectateurs, pour les conduire à leur place, en même temps qu'une voie directe par une rampe douce et large, une magnifique perspective architecturale qui, par le jeu des lignes, dans les arcades des portiques entourant cette cour, sert de prélude au spectacle de la salle et de la scène. (Pl. 3-4 et 11-12.)

Grâce aux rampes en retour, cet escalier conduit à deux étages, son utilité n'en est que plus visible; aussi ne peut-on lui reprocher d'occuper trop de place. Au Grand-Opéra de Paris, Ch. Garnier, s'adressant à une société riche, aimant le luxe, a repris cette belle disposition d'escalier, qu'il a agrandi, perfectionné, enrichi, décoré, orné luxueusement, somptueusement dans toutes les parties, de façon à commencer la féerie d'un grand-opéra, voulant, comme il le dit dans son livre *Sur le Théâtre* (Paris, 1871) : « y réaliser, et c'est le cas, une des splendides dispositions que Véronèse a fixée sur ses toiles. » (Pl. 13-14 et pl. 22.)

Mais ces deux exemples sont restés exceptionnels; dans la plupart des théâtres, la profondeur du terrain ne permet pas d'élever ainsi le grand escalier d'honneur au milieu d'un vestibule, son insuffisance oblige à le ramener sur le côté, sauf à lui donner un pendant et à les élever symétriquement à droite et à gauche comme dans beaucoup de théâtres, notamment à l'Odéon (pl. 59-60). Mais alors, enveloppés de murs, ils n'ont plus ni le même effet, ni la même animation, puisqu'ils divisent la foule.

En tous cas, que l'escalier d'honneur soit simple ou double, il faut qu'il débouche sur l'avant-foyer.

Dans les derniers théâtres édifiés récemment à Paris, il n'y a pas d'escalier d'honneur, mais de grands escaliers d'accès à tous les étages, qui commencent généralement à celui du parterre, auquel on accède du vestibule par de grandes rampes, notamment au Châtelet, où celles-ci sont droites et larges. Les deux escaliers élevés aux angles du couloir sont fort commodes et bien compris. (Voir pl. 13-14.)

Quels qu'ils soient, la beauté et la commodité des escaliers dépendent de l'observation des principes généraux sur ce sujet délicat; soit à propos de l'emmarchement, qui donne la douceur des rampes; de l'écartement de celles-ci, qui les dégage; de la proportion des côtés, qui, lorsqu'elle est à l'avantage de la profondeur, facilite le jeu de la perspective; de l'ajourage des murs et des garde-corps, qui leur donne de la légèreté, de la gaieté, un effet aérien : c'est pour cette raison que les architectes du XVII° et du XVIII° siècle ont inventé les arcades vitrées, et les fausses croisées en glaces polies; de la hauteur qui, en faisant paraître la cage comme inondée d'air, semble faciliter la montée aux personnes fatiguées; enfin, de l'observation de l'échelle humaine, dans tous les détails, pour éviter de diminuer les allants et venants. Aussi pas de grosses moulures apparaissant à travers les jambes ou au-dessus de la tête ; mais partout de l'air, du jour, et de la légèreté dans les lignes.

Quant aux escaliers secondaires, qui conduisent à toutes les places, on ne peut leur demander que la commodité, mais il la faut complète. Leur largeur doit être proportionnée au nombre des spectateurs qui y passent pour se rendre à leur place, en livrant passage à deux ou trois personnes de front.

Aussi ceux du parterre, de l'amphithéâtre et des places à bon marché (les plus nombreuses), doivent-ils être particulièrement larges.

Comme les spectateurs de ces places ne communiquent pas avec le foyer, il faut à ces escaliers une cage spéciale, indépendante, assez vaste pour leur donner un développement suffisant, et y disposer les marches suivant certaines précautions ; telles que celle de couper les rampes après chaque douze ou quinze marches, par des paliers qui rompent les mouvements de la foule, dits *poussées* (si dangereuses dans les paniques) et n'avoir que des marches droites ; car, dans les escaliers circulaires, à moins que le rayon ne soit très grand, les marches étant d'inégale largeur, la foule qui s'y précipite pour la sortie ne pouvant suivre un mouvement uniforme, il en résulte une gêne dans la circulation. Cette forme circulaire qui a cependant de grands avantages ne peut être utilisée, sans inconvénients, que pour les escaliers de communication des étages, dont nous reparlerons.

Mais pour les autres, les rampes parallèles sont préférables, surtout dans les théâtres populeux et lorsqu'elles peuvent être doubles ; car alors, elles évitent des rencontres, et rompent les poussées. Celles du Grand-Opéra sur les côtés de l'atrium, sont des modèles à citer, à imiter, même sans leur donner autant d'ampleur.

Quant aux escaliers de communication entre étages, ils trouvent naturellement leur place dans les angles des couloirs, en dehors des courants de la foule. Étroits et fréquentés par peu de monde, deux personnes sur une marche, ils peuvent être circulaires, la forme des marches balancées ne présente plus le même inconvénient.

En dernier lieu, viennent les escaliers de sortie, qui correspondent à des issues spéciales ; comme ils font partie d'un service à part, qui sera l'objet d'un chapitre, nous en parlerons alors.

En résumé, le terrain étant l'élément le plus nécessaire de la construction des escaliers, on peut dire que dans un théâtre la surface occupée par l'ensemble des escaliers doit être égale à la moitié de la surface des places de la salle, pour pouvoir contenir, à la sortie, presque tous les spectateurs debout.

---

## COULOIRS

Les galeries qui entourent la salle à chaque étage, communément appelées couloirs, en complètent l'accès, puisqu'elles la précèdent et servent d'antichambre à chaque catégorie de places.

Elles doivent donc avoir une surface proportionnelle au nombre de ces places, puisqu'elles sont destinées à contenir le même nombre de personnes debout, il est vrai, mais agissant, circulant ou stationnant devant les vestiaires ; aucun ne devant être ni gênant pour le passage, ni gêné par le développement des portes des loges. Celles-ci en raison de leur multiplicité, ne pouvant ouvrir qu'en dehors, opposent à la sortie une série d'entraves dont il faut tenir compte en augmentant la largeur.

Même dans les petits théâtres, les couloirs doivent donc être larges et calculés pour assurer le développement d'une porte de 65 à 70 centimètres, puis le passage de deux ou trois personnes, c'est-à-dire avoir deux ou trois fois 45 à 50 centimètres, soit de 1$^{m}$,60 à 2 mètres.

C'est sur ces galeries qu'ouvrent les pièces de service et que débouchent les escaliers latéraux, qui nécessitent d'autres causes d'élargissement, sans excès toutefois, car les spectateurs n'aimeraient pas s'y sentir isolés, perdus ; il en résulterait un aspect froid qu'il faut redouter.

Au lieu de faire les couloirs circulaires et concentriques au mur d'enceinte de la salle, d'une largeur uniforme, il est plus naturel, eu égard à l'affluence inévitable, au centre et aux arrivées des escaliers, d'y préparer un élargissement, soit en inscrivant le couloir dans un carré dont les angles sont occupés par les escaliers d'étage à étage, qui débouchent alors, sur un carrefour, soit en pratiquant un enfoncement au centre de la façade milieu, devant l'avant-foyer.

Pour l'éclairage du service de jour et l'aérage de la salle en été, il est utile que chaque côté d'un couloir ait une fenêtre sur une cour de service, d'ailleurs indispensable pour les pièces accessoires, dont nous reparlerons.

Quoique la multiplicité des portes laisse aux murs des couloirs peu de surfaces nues, leur décoration ne doit cependant pas être ni banale, ni en désaccord avec l'harmonie générale. Faisant suite aux escaliers, même à celui d'honneur et précédant la salle, ils doivent fournir aussi leur note harmonique, naturellement un peu sourdine comme il convient aux antichambres, mais toujours digne du monument et du public qui le fréquente. La lumière ne pouvant y être trop éclatante et les parois étant exposées aux frottements des vêtements, les enduits en stuc sont de beaucoup préférables aux peintures ; leur durée, leur propreté inaltérable, en supprimant les frais d'entretien et de renouvellement sont une compensation des dépenses de premier établissement.

Ch. Garnier, dans le même livre *Sur le Théâtre*, signale ceux de l'Opéra de Berlin, qui sont exceptionnellement d'un ton chaud et, « presque somptueux » et en loue le bon effet.

Ce dont nous ne disconvenons pas, car c'est aussi une question d'éclairage.

---

## FOYERS

Ainsi nommés parce qu'autrefois, avant le chauffage des salles par les calorifères, et surtout par le gaz, les spectateurs venaient s'y réchauffer; tandis qu'aujourd'hui, c'est tout le contraire; comme on étouffe dans les salles, on vient prendre l'air aux foyers. En outre les spectateurs dispersés dans les différentes places s'y donnent rendez-vous pendant les entr'actes, comme sur une place publique, pour y causer et s'y promener; aussi, destinés à recevoir beaucoup de visiteurs, la plupart étrangers les uns aux autres, la forme de galerie est-elle la plus convenable, celle qui se prête mieux aux allées et venues.

Leurs dimensions procèdent donc de deux considérations : 1° la surface qui doit être suffisante pour contenir à l'aise, environ la moitié des spectateurs *des places qui y ont accès* ; 2° le rapport de proportions entre la longueur et la largeur, celle-ci devant être suffisante pour permettre à deux ou trois files de promeneurs de passer sans se heurter. Même dans les petits théâtres, elle ne peut être moindre de 4 à 5 mètres, et dans les plus grands elle ne doit pas, sans inconvénients, dépasser 10 mètres, afin de ne pas trop éloigner les groupes, ni les faire évoluer dans un vide relatif, ce qui serait attristant ; c'est du reste la largeur du foyer de l'Opéra de Paris qui peut passer pour le *nec plus ultrà*.

Or la longueur, pour les mêmes raisons, ne peut guère dépasser six fois la largeur dans les grands et sept fois dans les petits, ni être inférieure à quatre fois.

Si la longueur est grande, il faut en rompre la monotonie en fermant les extrémités par des motifs particuliers, faisant fonds derrière de larges arcades, qui, en interrompant la sécheresse des lignes discontinues, forment des ressauts, des arrêts de lignes en même temps que des retraites pour les causeurs.

La hauteur, est une affaire d'esthétique, suivant l'impression que veut causer l'architecte : le calme, l'admiration ou l'étonnement.

Quant à l'emplacement, le foyer devant être précédé d'un large palier et se trouver à proximité des escaliers et des couloirs de la salle, il ne peut être logiquement que dans l'axe du monument, sauf impossibilité du terrain. Aussi, pour profiter de l'analogie des formes, le place-t-on généralement au-dessus du portique ou du vestibule.

Lorsque le terrain affecté à certains théâtres ne s'est pas prêté à la construction d'une galerie, elle a été remplacée par un immense salon rectangulaire, carré ou circulaire, tel celui du Vaudeville (1), que la bizarrerie du terrain ne permettait pas de faire différemment. Mais le public qui, y est moins à l'aise, ne pouvant ni s'y promener, ni former des groupes sans interrompre la circulation, en le fréquentant peu, en a fait la meilleure critique à l'adresse des administrateurs qui découpent les terrains si étrangement.

Dans les théâtres aux façades circulaires, concentriques (2) à la courbe de la salle, ou en saillie sur celle-ci, comme au théâtre d'Anvers (pl. 59-60, fig. 4), l'impossibilité de trouver un foyer convenable, à moins de le placer sur un des côtés, où, alors, il est d'un accès difficile, est une des raisons qui ont fait et feront toujours écarter cette disposition originale, malgré les avantages qu'elle peut présenter dans le plan d'une ville ; les façades circulaires n'ayant pas d'axe et les portiques de même forme offrant plus de facilité d'accès (3).

En effet, avec ce système de façade ou le foyer est une galerie circulaire dans laquelle on ne peut se promener que quelques pas devant soi, sans pouvoir y faire croiser des files de promeneurs, et où il faut renoncer aux effets de perspective, qui sont la caractéristique des galeries, pour se borner à la voûte annulaire (au caractère mystérieux) ; ou il est une salle demi-circulaire ; mais alors, c'est le contraire, le rayon ne peut être grand, car le plafond serait d'une construction difficile, et devrait, pour ne pas être écrasant, être élevé à une hauteur déplacée dans une salle de ce genre.

Aussi, quels que soient les regrets que laissent les façades circulaires des théâtres antiques, quel qu'ait été le talent des architectes qui en ont tenté des réminiscences dans différents théâtres, on ne peut pas les considérer comme usuels.

Les foyers étant souvent utilisés pour des réunions et des bals, doivent non seulement être précédés de l'avant-foyer ou palier central, être contigus aux escaliers et à proximité des vestiaires, mais encore former un ensemble complet avec les accès ; enfin, ils doivent être faciles à meubler et d'une vue agréable, même le jour.

La disposition des fenêtres y mérite une attention particulière, car, pendant les représentations du printemps et de l'été, les spectateurs aiment à prendre le frais ; aussi, les *loggie*, les terrasses et les balcons en sont-ils des annexes utiles, fort appréciées. Les fenêtres deviennent alors des portes vitrées, qui exigent une fermeture spéciale, et mieux, des tambours d'isolement, comme ceux du foyer de l'Opéra

1. Voir planche 59-60, fig. 2.
2. Type du théâtre de Mayence, fig. 3, pl. 59-60.
3. Type du théâtre d'Anvers, fig. 4, pl. 59-60.

sur la *loggia*, qui sont des modèles. Quant à la décoration, elle a toujours été considérée avec raison comme une des parties principales de l'intérieur du monument, la plus étudiée après la salle.

Si, effectivement, dans un édifice ordonnancé suivant les règles de l'architecture monumentale, il faut une harmonie graduée entre chaque partie et l'ensemble, dans un théâtre la progression commence au vestibule et monte en *crescendo* jusqu'à la scène, l'objectif de l'attention. Aussi les galeries du foyer ne peuvent et ne doivent pas rivaliser avec les galeries des palais royaux qui en sont les salles de fête, et, comme telles, décorées très brillamment pour s'harmoniser avec le luxe des cours, abriter les plus riches toilettes; comme en ont vu les galeries de Fontainebleau, du Louvre et de Versailles.

Tout autres sont les foyers destinés à distraire un moment d'une attention trop soutenue et à être vus au sortir de la salle ; leur décoration doit être moins riche, mais toujours noble, proportionnée, et symbolique dans ses parties significatives, surtout dans les peintures d'histoire et la statuaire, sans lesquelles il n'y a pas de décoration complète et significative.

Car il est naturel que les spectateurs y trouvent exposé, sur les panneaux des murs, dans les voussures et les plafonds, l'historique de la littérature dramatique, soit par des personnifications des passions qui en forment le sujet, soit par la glorification des interprètes, etc.

La coloration, qui est le fond des personnes, et l'encadrement des frises et des sujets, doit aussi être étudiée pour fournir les oppositions nécessaires et la note voulue dans l'harmonie générale.

Jusqu'à Louis, les architectes ne paraissent pas s'être préoccupés des foyers, bien que la conversation eût à cette époque (1) une influence incontestée; il est le premier qui ait donné (à Bordeaux), à cette annexe d'une belle salle, une importance proportionnelle. Disposant d'un espace considérable au-dessus du vestibule, il y prépara un foyer splendide qu'il pensait devoir être utilisé comme salle de concert, et comme telle, il lui donna relativement peu de longueur, car il voulait la couvrir d'une calotte elliptique, pénétrée de lunettes demi-circulaires se raccordant avec les angles par des pendentifs ; cette magnifique décoration gravée dans son grand ouvrage sur ce monument n'a pas été exécutée (2).

Parmi les foyers des théâtres de la capitale, celui du Grand-Opéra, hors de pair au monde, est exceptionnel aussi par l'ampleur de ses annexes : salons, buffet, fumoir etc., etc. Parmi les anciens, l'Odéon n'est guère qu'un promenoir dans la cage de l'escalier ; l'Opéra-Comique, un immense salon ; la Comédie-Française, un corridor, auquel on a ajouté récemment un salon.

Parmi les nouveaux, ceux des théâtres de la place du Châtelet sont bien compris, l'un d'eux est précédé d'une loggia très agréable dans un théâtre souvent bondé de monde. Celui du Vaudeville est un élégant salon circulaire. (Pl. 59-60.)

En province, la plupart des théâtres neufs ont des foyers bien disposés et, suivant la configuration des terrains, en forme de grands salons ou de galeries.

Comme théâtre de moyenne dimension, on nous permettra de donner les plans, coupes et perspective de celui de Reims (pl. 18 et 19-20), qui forme une longue galerie de 32 mètres sur 6, et est terminée, à chaque extrémité, par des salons ouverts sur de grandes arcades qui n'interrompent ni la circulation, ni la perspective, mais la terminent par des motifs plus riches qui achèvent la décoration ; les divans d'angle qui les meublent, facilitent le stationnement de ceux qui veulent causer assis, sans arrêter les promeneurs.

Les lignes de la décoration architecturale correspondent à celles de la façade, mêmes arcades, les

1. Au XVIIIe siècle.
2. Le foyer représenté dans la coupe pl. 11-12 date d'une restauration faite il y a quarante ou cinquante années.

unes annoncent les autres. La voûte est de forme tronquée pour en accroître le développement, surtout en largeur ; les voussures sont évidées par des pénétrations en lunettes, motivées par les œils-de-bœuf qui éclairent le plafond en soffite ; celui-ci est décoré de caissons variés, parmi lesquels se détachent les peintures des médaillons à fonds d'or représentant les belles figures allégoriques de la poésie : héroïque, lyrique, pastorale, et satirique, peintes par E. Bin.

Ces fonds d'or sont découpés de façon à simuler une mosaïque grecque, celle dont les cubes sont disposés suivant des lignes contournantes, qui, par conséquent, accompagnent harmonieusement la peinture.

Dans les deux salons, les plafonds circulaires qui reposent sur des pendentifs sphériques, sont ornés de sujets peints aussi par E. Bin, représentant, dans celui de la Tragédie, des scènes d'Eschyle, de Corneille, de Shakspeare et de Victor Hugo, et dans celui de la Comédie, des scènes de Plaute, Molière et Beaumarchais, puis Maître Pathelin. Enfin, les médaillons des lunettes sont ornés de portraits d'acteurs; toutes figures sur fonds de mosaïque d'or, disposées en lignes contournantes comme dans les anciennes mosaïques grecques.

L'annexe naturelle d'un foyer est le buffet du glacier, qui doit être installé dans un salon à part, dont la position est souvent commandée par celle du café installé dans les dépendances du rez-de-chaussée.

Les spectateurs des places supérieures étant fort nombreux dans un grand nombre de théâtres, il est naturel de leur préparer un foyer spécial, où ils sont plus chez eux qu'aux premières et d'y installer aussi un buffet.

Ces foyers doivent être à la hauteur du palier principal de ces étages et assez vastes ; aussi, lorsqu'on ne peut les établir au-dessus du grand foyer, comme l'a fait Davioud dans ses théâtres de la place du Châtelet, faut-il au moins leur attribuer le dessus des escaliers principaux, en tous cas, et les ajourer par de grandes fenêtres.

---

## SALLES

PL. 19-20, 21, 22, 23-24, 25, 26-27 et 28.

Les salles de spectacle étant destinées à recevoir, pendant plusieurs heures, un grand nombre de personnes qui veulent voir et entendre le développement d'une action jouée, parlée ou chantée, dans son milieu propre, et figurée, en fac-simile, par des peintures dites décorations, doivent remplir plusieurs conditions complexes, difficiles à faire concorder, et nécessitant des études d'ordre différent que nous allons examiner successivement en les classant ainsi :

1° Dimensions;

2° Forme architecturale;

3° Disposition et distribution;

4° Acoustique;

5° Décoration;

6° Éclairage;

7° Chauffage et ventilation;

8° Sortie du public.

## DIMENSIONS

Parmi les mesures d'une salle, la plus significative, par rapport au nombre des spectateurs, celle dont toutes les autres dépendent, c'est la largeur ou le diamètre au-devant des loges. Celui-ci peut être calculé, a priori, d'après le nombre des spectateurs en appliquant la règle donnée par A. Cavos (1) comme une *moyenne* d'expérience : « On peut compter, dit-il, par chaque mètre de diamètre, dans une salle à trois étages compris le rez-de-chaussée :

| | | |
|---|---|---|
| Salle à 3 étages | 65 | places confortables. |
| — 4 — | 90 | — |
| — 5 — | 110 | — |
| — 6 — | 125 | — |

à raison de trois rangs dans les loges, mais les gradins des amphithéâtres supplémentaires en plus, c'est-à-dire qu'une salle de mille places, à trois étages aura $\frac{1000}{65} = 15^m, 30$ de diamètre.

Mais il est évident que les grands diamètres de dix-huit, dix-neuf et vingt mètres, autorisent seuls l'emploi de cinq et six étages, et que l'allongement de la courbe en ellipse change ces proportions, en permettant d'augmenter le nombre des spectateurs.

Il y a lieu, en outre, dans l'application de tenir compte : 1° des amphithéâtres supérieurs, pour les places à bon marché, où on peut superposer nombre de sièges et de banquettes et ainsi modifier sensiblement la règle; 2° de cette observation, que les spectateurs des derniers étages et des places de côté, ne voyant la scène que sous un angle aigu, on n'y peut placer que deux rangées ; (le nombre des étages doit aussi être proportionné au diamètre, donc à petite salle, peu d'étages); 3° de ce que l'ouverture de la scène, ne peut guère être inférieure au trois cinquièmes du diamètre de la salle.

---

## FORME ARCHITECTURALE

Avant de parler des autres études, il nous faut rappeler, que les conditions d'une bonne salle, ne sont pas les mêmes pour le spectacle en musique, que pour celui simplement joué et parlé.

Les représentations de l'opéra et celles du drame, différant autant par les moyens d'action qu'elles emploient, que par les effets cherchés, exigent une disposition quelque peu différente de la salle où elles se produisent. Ainsi dans un théâtre lyrique, l'acoustique doit dominer la question d'optique.

Tout l'effet venant de la musique, il faut que la salle, par elle-même, soit favorable à l'émission, à l'expansion et à la réception des sons dans toute leur pureté, sans déperditions ni résonnances fâcheuses.

Or, jusqu'à présent, en se basant sur les théories des physiciens et sur l'expérience des salles italiennes, reconnues les meilleures; les dispositions préconisées, sont, sur certains points, contradictoires avec celles exigées par la vision.

Tandis que les musiciens réclament des salles profondes renflées au milieu, puis rétrécies sur

1. A. Cavos. *Traité de la construction des théâtres*, Paris, Mathias, 1847.

l'avant-scène; plus hautes que larges et aux parois perpendiculaires, terminées par des plafonds plats ou légèrement concaves, enfin un proscenium très saillant ; passant ainsi sur les inconvénients de la profondeur et du rétrécissement pour la vue des places de côté; parce que dans la salle close, l'éloignement relatif des auditeurs n'est pas un inconvénient pour l'audition; c'est-à-dire la réception intégrale des sons émis à l'orchestre ou sur la scène. La courbe de la Scala de Milan (pl. 6-7) donne toute satisfaction à ces exigences, même avec l'étranglement de l'avant-scène. La courbe de l'Opéra (pl. 13-14), grâce à l'élargissement de la scène, possible avec la magnificence de la mise en scène, offre une amélioration sensible pour la vision.

Au contraire, dans les salles consacrées au drame et à la comédie, avec les finesses de notre mise en scène, les spectateurs veulent, avant tout, bien voir l'action représentée, et entendre toutes les délicatesses de la parole. L'éloignement est alors une gêne, et la position de côté est presque pénible, car on n'y voit qu'une partie de la scène, et encore, du second rang, *en se penchant*. Pour pouvoir suivre tous les mouvements de la scène, en avant ou entre les décorations, il faut que toutes les places soient disposées de telle façon que tous les rayons visuels convergent librement sur toute la scène, au delà du proscenium; ce qui ne peut être obtenu qu'avec une scène très large et peu profonde, sauf à circonscrire le lieu, entre des décors inclinés.

Les amphithéâtres antiques avec leurs scènes tout en largeur, destinés à des représentations symboliques, répondaient parfaitement à ce programme, surtout lorsqu'ils avaient la forme d'une demi-ellipse, coupée sur son grand axe; on en a trouvé quelques exemples. Grâce aux masques de bronze qui enfluaient la voix, il y avait peu de mauvaises places.

Mais comme au symbole nous préférons la réalité, et même le naturalisme, nos spectacles se compliquent de détails qu'il faut voir, de nuances qui doivent être entendues; aussi y a-t-il nécessité de rapprocher le spectateur de l'acteur; ce qui dans les salles spéciales explique la tendance à multiplier les balcons saillants. Telle était la salle de l'ancien théâtre Lyrique construite au boulevard du Temple, par l'architecte de Dreux en 1846, pour les drames historiques d'Alexandre Dumas, sur un plan en demi-ellipse coupée suivant le grand axe. (Pl. 59-60, fig. 1.)

Dans les capitales, où chaque théâtre est affecté à un genre particulier de spectacle, ces principes peuvent être adoptés à la lettre; mais en province, où il faut des salles destinées à toutes les représentations, depuis celles de l'opéra et de la féerie, jusqu'à celles des proverbes et des saynettes, la différence des règles à observer est d'autant plus grande, ainsi que la difficulté de trouver un moyen terme, une forme acceptée.

Cette courbe intermédiaire, c'est celle dite circulaire, parce qu'on peut y inscrire un cercle parfait. Elle est composée d'un demi-cercle raccordé avec le cadre par deux arcs, dont le centre est sur la tangente au cercle, l'ouverture de la scène étant des trois quarts du diamètre.

C'est la courbe de la plupart des théâtres français depuis le commencement du siècle ; avec les différences d'allongement ou de diminution, selon qu'il y a ou qu'il n'y a pas d'avant-scènes; exemple, les plans de la planche 5. Au Théâtre-Français il y a allongement, tandis qu'au Théâtre-Lyrique il y a rapprochement.

Au point de vue de l'acoustique, cette courbe ne présente pas d'obstacle aux développements des ondes sonores, comme nous le verrons plus loin; elle leur permet de s'étendre régulièrement. Quant à la vision, elle ne donne proportionnellement pas trop de places de côté, surtout en supprimant les colonnes saillantes aux avant-scènes, sauf à les remplacer par des pilastres et à évaser, en plan, le motif formé par ces loges, qui est nécessaire, pour terminer la salle, de façon à ce qu'il paraisse continuer la direction des deux arcs de cercle, comme nous l'avons fait à la salle de Reims (Pl. 19-20). Enfin la courbe circulaire facilite le tracé des séparations des loges.

Ces premiers points résolus, quelles que soient la forme de la salle, sa profondeur et sa largeur, la disposition des étages ne peut se faire que suivant deux systèmes bien différents : la disposition italienne et la disposition française.

---

## DISPOSITION

Nous avons précédemment fait connaître la première, justifiée par les mœurs de ce pays, expliquée par la préférence des Italiens pour la musique; nous avons montré sa grande simplicité architecturale, mais aussi le fractionnement des spectateurs dans leurs loges, leur isolement relatif, l'aspect froid de l'ensemble et par conséquent de l'assemblée (pages 11 et 19).

Tout le contraire est la disposition française, si ouverte, si propice à l'animation, à l'expansion de la gaîté. Dans celle-ci, peu de séparations entre les spectateurs, plus de pilastres entre les loges ; au lieu des hauts accoudoirs pleins, de légers garde-corps galbés et même ajourés; partout mise en lumière des personnes, éloignement des fonds. Alors les spectateurs, dégagés, rapprochés les uns des autres, se voient et se laissent voir, soit sur des balcons saillants aux courbes gracieuses, soit dans les loges dégagées, séparées les unes des autres seulement par des cloisons très basses, à mi-hauteur, presque invisibles. Personne n'y est isolé, tout le monde se voit, suit ensemble le développement de l'action qui se déroule sur la scène, jouit en commun des mêmes plaisirs ; aussi l'émotion y est-elle promptement communicative.

Au lieu d'être dans une cour fermée, percée de fenêtres, le spectateur du rez-de-chaussée se trouve entouré d'estrades chargées de monde.

Avec ses fauteuils, ses fonds de tenture, la variété d'aspect que présente chaque étage, une salle française ressemble à un immense salon dans lequel les places sont distribuées, sans doute suivant le rang ou la fortune, mais aussi d'après une sociabilité agréable. La beauté des dames et l'éclat de leurs toilettes, mises en évidence, en égayant l'assemblée lui donnent un aspect de fête qui contribue à l'attrait de la soirée. Il y a ainsi deux décorations : l'une fixe et permanente, celle de l'architecte, l'autre mobile et changeante par le fait des spectateurs, surtout des spectatrices (1).

Enfin, les balcons en rapprochant les personnes, leur facilitent la vue de la scène. eulement pour satisfaire à la logique et aux principes de l'architecture, il faut reconnaître que ces saillies en cachant les murs, dissimulent aussi les supports du plafond ou de la voûte ; or l'œil et la raison les réclament. Avec cette disposition dite française, en tenant compte du cérémonial usité, dans toute grande réunion, lors même qu'on y vient pour rire, le problème pour l'architecte consiste à trouver une ordonnance architecturale qui : 1° épouse la forme de la salle ; 2° s'adapte à l'ouverture de la scène ; 3° porte naturellement les balcons, le plafond ou la coupole ; 4° réduise le volume, ou le nombre des points d'appui, tout en leur faisant aussi supporter les balcons, sans que leur légèreté n'inquiète, ni ne heurte l'harmonie générale des proportions.

On peut dire que le problème est difficile, car toutes les salles forment une surface tronquée, irrégu-

1. La salle Ventadour malgré l'absence de parti architectural, grâce à son public élégant offrait souvent un agréable spécimen de cette décoration mobile.

lière et incomplète. Heureusement le système français, surtout depuis V. Louis, se prête aussi bien aux variations des motifs d'architecture, qu'au groupement des spectateurs dont nous reparlerons plus loin.

Or, l'ordonnance architecturale du motif à trouver comprend deux parties : la façade et le plafond.

La première qui doit comprendre l'encadrement de l'avant-scène, peut être disposée soit sur le mur du fond des loges, soit en avant de celles-ci.

Dans le premier cas, la façade est le mur d'enceinte circulaire, percé de nombreuses portes ouvertes sur de vastes balcons très saillants derrière les accoudoirs desquels il disparaît en partie, par conséquent aussi sa décoration et son ordonnance. C'est sur ce mur que porte le plafond, alors d'un diamètre énorme, dont la vaste surface ne pouvant être éloignée sans nuire à l'acoustique, comme dans toute autre salle, écrase l'échelle humaine, particulièrement pour les spectateurs des places supérieures, qui en sont inévitablement rapprochés, surtout vus d'en bas.

Aussi tous les essais de plafonds plats, coniques ou concaves, même diminués par des voussures, couvrant à la fois la salle (mesures prises entre les murs de fond) et les loges, n'ont-ils pas été heureux par suite de l'impossibilité de les diviser en compartiments qui soient à la fois en proportion avec l'ensemble de la surface à décorer et avec l'échelle humaine. D'un autre côté la façade ainsi portée aux limites, ne peut se raccorder avec l'avant-scène, car elle vient s'arrêter plus ou moins brusquement contre ce mur, comme dans les théâtres antiques, où cette coupure était perdue dans l'immensité ; aussi devient-elle choquante, la forme de la salle n'est plus achevée, son couronnement, plafond ou voûte (en plan, cercle tronqué, ou fer à cheval), ne donnant qu'une surface irrégulière, est impossible à décorer complètement, à moins d'accuser crûment la coupure, ce qui est une preuve d'impuissance.

Aussi, la plupart des architectes, préfèrent-ils rapprocher les limites apparentes de la salle au devant des loges et faire de leur façade, celle de la salle même. Le rétrécissement de la surface à décorer est bien compensé par la facilité de la régulariser, de la relier avec le cadre de l'avant-scène dont la décoration prolonge ainsi la salle, et enfin, d'harmoniser plus agréablement les proportions avec l'échelle humaine ; en un mot, l'ensemble avec les détails.

Alors le dessus des places supérieures se couvre par des annexes soit en forme de conques, comme dans le motif de Louis, soit en forme de soffites, comme à Reims (Pl. 23-24) ; le mur circulaire est remplacé par des colonnes portant le plafond et les balcons. Seulement, celles-ci étant placées devant les spectateurs, ne doivent pas les gêner. Il les faut donc, ou peu nombreuses et très écartées, conséquemment d'un diamètre suffisant pour la logique et rassurer les yeux, qui aiment à se rendre compte des choses (comme à Bordeaux où la coupole ne porte que sur quatre colonnes), ou rapprochées, mais alors ténues et légères pour ne pas gêner la vue, ce qui conduit à entourer la salle d'une colonnade circulaire, à plate-bandes ou à arcades (système des salles du Châtelet, de Reims, etc.).

Heureusement, en même temps que les théâtres se multipliaient, l'industrie moderne du fer fondu est venue fournir aux architectes, pour l'ossature des salles de spectacles, dans le dernier système, des supports à la fois légers et résistants, sans être encombrants, ni gênants pour la vision, susceptibles, par le moulage, de prendre à peu de frais, toutes les formes décoratives.

Ces élégantes colonnes aux proportions sveltes et élancées, suffisantes pour les exigences de la construction et de la logique, permettent de supprimer les porte-à-faux, toujours inquiétants pour les yeux et d'accuser nettement les appuis d'un vaste plafond. On peut dire que ce système métallique tout moderne, appliqué à des constructions aussi aérées, dont le caractère distinctif est l'élégance, est des plus judicieux dans un théâtre. Les architectes ont donc toutes facilités de réaliser leurs conceptions.

Le motif de Bordeaux (pl. 23-24, fig. 2-3), avec sa coupole sur quatre pendentifs, imaginé par

V. Louis, fut un trait de génie, car il permit de donner au plafond une forme régulière, facile à construire, ample et décorative. En limitant à deux les supports pris dans la salle (1), au delà de l'avant-scène, il réduisit au minimum la place perdue. Seulement ce système, en inscrivant le carré de la coupole dans le cercle de la salle, en dissimule la véritable étendue, il la diminue. Ce qui est un avantage pour les grandes, devient un inconvénient pour les petites.

En effet, la coupole dont le diamètre est réduit au côté du carré inscrit, ne couvre que le centre de la salle et les voussures qui sont des annexes deviennent trop considérables, lorsque les amphithéâtres supérieurs sont profonds. Il faut, dans ce cas, que l'architecte atténue cet inconvénient, en étendant le carré au moyen des pans coupés, puis en harmonisant la décoration des trois voussures hémisphériques en conques, avec celle des arcs et de la coupole, afin que, aidées du jeu des lumières, toutes ces parties ne fassent qu'un ensemble. Malgré cette conséquence fatale, ce motif consacré par de nombreuses applications, sous le nom de motif de l'Opéra (2), forme encore le plus magnifique couronnement d'une grande salle de réunion ; mais il ne faut pas perdre de vue que la très grande simplicité de ses lignes exige une décoration somptueuse, ciel avec allégories, etc., par conséquent coûteuse.

L'autre motif de plafond, également complet, très usité dans nombre de théâtres, depuis le commencement du siècle, est composé d'un cercle du diamètre de la salle ; le plafond ou la coupole est alors porté : du côté de la scène, soit par l'arc doubleau, soit par le cadre même du rideau, et du côté de la salle, soit par le mur de pourtour, soit par les colonnes qui portent déjà les balcons ou les loges.

Le raccordement du cadre de l'avant-scène avec la couronne du plafond qui passe au-dessus, est une des difficultés de cette disposition de plafond qui ne se peut perdre que dans le prolongement d'une voussure. Car dans le motif de V. Louis, dit de l'Opéra, les deux pendentifs, contigus au cadre de l'avant-scène, rachètent le gauche inévitable au-dessus de ces triangles.

C'est pour ne pas avoir adopté le raccordement en voussure du plafond avec la façade, que les architectes de nombre de salles ont été obligés, comme à l'Opéra-Comique et à l'Odéon, de perdre brutalement les deux triangles, qui suivent le point de tangence de la couronne avec l'arc doubleau, par deux soffites tronqués, qui nous heurtent et accusent une lacune ; exemple le plafond, pl. 23-24, figure 4.

Lorsque ce triangle peut être perdu dans les voussures, ce système de plafond unique, dont le cadre est porté aux limites de l'étendue à couvrir, est le plus avantageux pour les salles de petite et moyenne grandeur. Aussi l'avons-nous adopté pour la salle de Reims, dont le diamètre est de quinze mètres cinquante centimètres (Pl. 23-24, 26-27), où l'économie nous était imposée.

L'amphithéâtre qui vient à la suite (Pl. 15-16) est couvert par un plafond plat décoré comme un soffite.

---

## DISTRIBUTION

L'installation des spectateurs est une difficulté d'un autre ordre, mais intéressante pour le public. Après avoir déterminé les mesures de la salle et ses proportions, tracé sa disposition architecturale, s'être assuré qu'elle n'offre aucun vice contre l'acoustique, dont nous allons parler, il reste à la distribuer, c'est-à-dire à bien placer les spectateurs.

L'architecte est pris alors entre deux maîtres : le public qui paie et réclame le confort ; puis les

1. Les autres colonnes n'ont pour fonction que de porter les balcons et de compléter l'ordonnance.
2. Voir planches 13-14 et 23-24. fig. 2-4.

capitalistes, le propriétaire et le fermier qui poussent aux recettes, et ne trouvent jamais leur salle trop pleine. Le problème consiste donc à bien recevoir le public attiré par la curiosité du spectacle, et à faire tenir le plus de monde possible, sans gêne, ni contrainte, dans un petit espace ; en un mot, les architectes devraient s'y habituer, à faire beaucoup avec peu.

Les Italiens ne se sont pas donné tant de peine, en entourant leur platea ou amphithéâtre du rez-de-chaussée (1) de nombreux étages de loges ou chambres, dans lesquelles les locataires s'installent à leur guise, assis ou debout, commodément ou pas, à leur gré (c'est leur affaire). Mais en France, où on va au spectacle pour voir la scène, la salle et le public, cette disposition simplice ne serait pas acceptée, chacun voulant voir, et être vu. Aussi dans nos salles, enlèvement de toutes les séparations inutiles, et de tout ce qui gêne la vue, diminution des appuis ; au lieu d'étages superposés, une succession de couronnes de têtes quelquefois même, dans les théâtres populaires, de grappes, séparées par les frises des balcons ; ce qui permet d'avancer ou de reculer leurs saillies, de les mouvementer, de les onduler avec grâce. Tous les spectateurs ainsi rapprochés y gagnent un horizon plus large et une vue plus nette de la scène.

Si ceux du rez-de-chaussée voient la salle comme un bouquet de personnes, ceux des étages supérieurs, même de côté, voient bien la scène, ils peuvent y plonger plus loin. Les acteurs de leur côté, sont aussi plus en communication avec leurs auditeurs, leurs juges, ils en reçoivent incessamment encouragement et excitation.

Sauf au rez-de-chaussée, comme à chaque étage correspond une classe de places de même prix, outre un confortable relatif, chacune d'elle réclame un arrangement particulier, surtout comme graduation à calculer sur place, d'après le rayon visuel, dont nous allons parler.

La saillie du proscénium, qui s'avance dans la salle, est le point de départ de la courbure des stalles et des banquettes du rez-de-chaussée, elle règle aussi celle de l'orchestre des musiciens, dont la surface est déterminée par le nombre des exécutants, différent suivant le genre de spectacle, parlé ou chanté.

Le reste de la plate-forme, ou amphithéâtre du rez-de-chaussée, est divisé, en France, en fauteuils d'orchestre et en stalles ou en banquettes de parterre. Tandis qu'autrefois, l'emplacement occupé aujourd'hui par les fauteuils, était le parterre debout, ainsi qu'on le voit dans la vue du Théâtre-Français (page 14).

Puis au-dessus s'élevaient des fauteuils dits d'amphithéâtres, comme on les voit à Versailles et dont le Grand-Opéra seul a conservé la tradition.

Le pourtour, sous les loges du premier étage, est occupé dans la plupart des théâtres par des loges dites, baignoires ou loges grillées, généralement recherchées, non seulement de certains spectateurs, mais aussi des dames de la société qui, pour raison de demi-deuil, ou autre, ne veulent pas s'exposer à tous les regards.

Le plancher de l'orchestre, en contrebas de $1^{m},20$ cent. du proscenium, quoique de niveau pour les instrumentistes, est la base de la courbe montante du plancher, aussi en résulte-t-il un ressaut à la séparation.

Comme les premiers spectateurs regardent au-dessus d'eux, la montée du plancher et des sièges est d'abord faible afin que les spectateurs des rangs extrêmes ne voient pas trop en face, puis elle se relève en s'allongeant, suivant une courbe que M. Lachez (*Traité d'acoustique*) appelle *audito-visuelle*, calculée pour que chacun puisse apercevoir la scène au-dessus de son voisin (de $0^{m},05$ à $0^{m},10$ au fur et à mesure que l'on monte), en prenant toutefois cette précaution que les rangées de sièges concentriques

1. Voir la vue de la Scala, pl. 6-7, fig. 1.

soient réparties de telle sorte que chaque tête se trouve en face de l'intervalle qui sépare les deux têtes placées devant elle.

L'écartement des rangées de fauteuils et de stalles, se calcule d'après la longueur de la ligne du dos à l'extrémité des genoux, plus un espace libre, indispensable pour se mouvoir et surtout pour le passage des voisins; il varie suivant le confort alloué aux spectateurs, aux fauteuils, de $0^m,78$ à 1 mètre de dossier à dossier, avec une largeur de siège de $0^m,55$ à $0^m,60$; au parterre de $0^m,60$ à $0^m,70$, sur $0^m,50$ cent. Ces écartements réglés, il reste à assurer le passage, la circulation, par des rues qui ne peuvent être trop larges, sans faire des bandes noires, qui donnent de la tristesse à une salle. Dans les théâtres étrangers (1) où la *platea* est occupée par une seule catégorie de places, les entrées ont lieu par trois portes et l'accès aux places par trois passages, une allée au milieu et deux au pourtour devant les baignoires, qui divisent les rangées en deux secteurs (2). Dans quelques-uns pour ne pas perdre les places du milieu qui sont les meilleures, on a préféré faire des allées plus étroites et en avoir deux pour une, ce qui fait trois secteurs, disposition qui est effectivement préférable.

Mais avec nos subdivisions en fauteuils et en stalles séparées par une barrière, les allées ne sont plus possibles : il faut se contenter des couloirs de $0^m,55$ à $0^m,60$, devant les baignoires, d'élargir l'espace entre les rangées de sièges, et de placer les portes, autant que possible, au milieu de chaque division.

Le plancher des loges de baignoires, de niveau avec le couloir, doit être élevé au-dessus de celui de la platea, de telle sorte qu'au sommet, l'appui arrive au niveau des têtes des spectateurs du parterre assis; aussi comme cette différence est trop difficile à obtenir au sommet des longs amphithéâtres, on préfère les y supprimer et utiliser le dessous pour y prolonger les stalles-banquettes.

Dans certains théâtres parisiens, notamment au Châtelet, ces enfoncements sont excessivement profonds; sans doute, on y voit la scène, on y entend bien; mais que dire de ces *soupentes* basses et sombres, qui semblent faites exprès pour emmagasiner la chaleur et les miasmes? L'expansion et le rire y semblent comprimés, étouffés.

Le premier étage, de niveau avec le foyer, contient les meilleures places, les plus chères; c'est le « *piano nobile* » des Italiens; il doit donc être traité en proportion de son importance, comme confort et comme décoration.

Aussi le plus souvent pour tirer parti de cette situation avantageuse, on profite de la liberté que le système français laisse aux lignes de l'architecture, pour lancer en avant et en contrebas des loges, un balcon sur lequel on installe des *fauteuils* dit *de balcons* fort recherchés du public. C'est une gracieuse annexe qui ajoute à l'animation de la salle, et n'a d'autre inconvénient que de couvrir une partie des stalles du dessous et d'ombrager les baignoires.

Les têtes des spectateurs assis sur ces fauteuils, cachent les appuis des loges qui sont derrière ; il y a ainsi une graduation de personnes, qui, lorsque ce sont des dames en toilette, fait de suite penser à un bouquet monté.

Avec deux rangées de fauteuils, les spectateurs regardant au-dessous de la ligne des yeux, le second rang doit être suffisamment exhaussé suivant le tracé du rayon visuel à la scène; les fauteuils doivent être chevauchés comme ceux du rez-de-chaussée; les écartements étant les mêmes. Quant au tracé des loges, nous en parlerons à la suite. Le deuxième étage, de même dimension, est généralement semblable au premier étage, moins le balcon, qui est exceptionnel dans certains théâtres; il est distribué en loges

1. En Italie, en Espagne, en Angleterre.
2. Comme les *cunei* des anciens.

particulières, ou communes par entrecolonnements. Celles-ci sont alors occupées par des stalles fixes posées sur des gradins.

Le troisième étage, dans les grands théâtres, est aussi distribué en loges; mais dans les petits, il est le plus souvent agrandi, prolongé au-dessus du couloir; il forme ainsi un vaste amphithéâtre supérieur pour les places à bon marché. Comme il vient le dernier, on peut lui donner une élévation proportionnelle au nombre de places, et par conséquent confortable, hygiénique, surtout lorsqu'une ventilation bien comprise enlève l'excès de chaleur.

Grâce au dégagement des arcades supérieures et à la hauteur du plafond, ces gradins peuvent être suffisamment élevés pour assurer à chacun la vue de la scène. Quant à l'audition, elle y est toujours excellente.

A chaque étage, le bien-être du spectateur, dépend de trois conditions : 1 de l'espace qui lui est attribué; 2° de son siège ; et 3° de l'angle visuel avec la scène.

Pour la première, il faut que la surface soit suffisante, pour pouvoir se remuer, la durée du spectacle étant généralement de trois heures, non compris les entr'actes; or, on sait qu'un homme assis sur une banquette occupe une surface moyenne de un tiers de mètre soit 0$^{m}$,50 sur 0$^{m}$,65 à 0$^{m}$,70; les pieds peuvent en outre s'engager sous le siège de devant. Dans une loge où on n'est plus emboîté, il faut compter 0$^{m}$,10 de plus en chaque sens, même pour les places de face, et plus encore pour celles qui regardent de côté, car la surface à leur attribuer dépend de l'inclinaison des séparations des loges avec les appuis et de leur direction sur la scène.

La forme du siège est une question de budget; les bons modèles ne manquent pas, seulement il faut y mettre le prix. Quant à l'angle visuel comme il dépend de la hauteur, et de la distance à la scène, puis encore, dans les loges, des séparations, nous parlerons d'abord de celles-ci. Quoique les salles françaises, moins profondes que les salles italiennes, facilitent le tracé des séparations, celui-ci ne peut cependant se faire suivant une règle fixe, aussi est-il toujours une des difficultés de la construction d'une salle, car il est impossible d'éviter les angles aigus dans lesquels on ne peut placer, ni siège, ni jambes. Pour remédier à cet inconvénient : 1° Bibiena, comme nous l'avons vu précédemment (1), a imaginé d'abord la gradination des loges, puis les cloisons pliées comme des paravents perpendiculaires à l'appui et obliques avec le mur, dans la partie la plus large, ce qui est naturel et plus commode; 2° à Turin, Alfieri, a tracé ces cloisons aussi sur une ligne brisée en deux parties qui se raccordent avec le mur du pourtour, par une perpendiculaire ; et 3° enfin Cavos, au grand théâtre de Moscou, a essayé des cloisons curvilignes ondulées en doucines qui, par leur souplesse, nous paraissent les plus propres à remplir leur double but, et parfaitement appropriables à la disposition française ; mais elles sont d'une exécution difficile et coûteuse.

Dans les salles françaises, aux étages dégagés, les cloisons échancrées en consoles, suivant les profils (pl. 54-55), qui permettent aux spectateurs du premier rang de voir au-dessus de la loge voisine, facilitent ce tracé; la cloison n'a plus alors la même raison d'être dirigée tout à fait suivant le rayon visuel, c'est le placement des sièges mobiles qui est l'important. Il ne peut être essayé que sur place; aussi les formules données par quelques auteurs anciens, ne sont-elles applicables que dans des cas spéciaux.

L'angle visuel suivant lequel les spectateurs des loges, du premier et du deuxième, voient la scène au-dessus du balcon et surtout au-dessus des têtes des spectateurs du premier rang, varie dans chaque

1. Voir page 10.

loge et à chaque étage; il oblige à un relèvement progressif des sièges des places de côté, au fur et à mesure qu'elles se rapprochent de la scène.

Aux premières, généralemement à trois rangs, les spectateurs des places de face, voient tous devant eux en chevauchant les sièges; mais sur les côtés, ceux du deuxième rang ont déjà besoin d'avoir des sièges plus hauts et ceux du troisième des sièges à marche-pied analogues aux banquettes des salles de billard, ou des sièges fixes sur marche dans les angles des loges, assez spacieuses, pour laisser un espace suffisant, aux chaises et au passage des portes. Au deuxième étage, l'angle se relève progressivement du fond de la salle, à l'avant-scène; aussi les cloisons de séparation des loges doivent-elles être plus basses et plus échancrées, et les gradins des sièges du deuxième et du troisième rangs, s'élever progressivement l'un au-dessus de l'autre, pour bien voir; la différence peut atteindre jusqu'à deux marches.

Au troisième étage, où l'angle est plus aigu, les gradins concentriques doivent remonter davantage, de deux ou trois marches sur les côtés pour assurer la vue de la scène. (Voir les coupes, planche 54-55.)

Nous le répétons, ces gradins qui varient dans chaque salle, suivant ses dimensions, ne peuvent être calculés que sur place, par voie d'essais, et non d'après une formule.

Aux amphithéâtres des places supérieures nulle difficulté ne s'opposant à la graduation, elle peut être aussi rapide que l'exige l'angle visuel.

## ACOUSTIQUE

Comme on vient beaucoup au théâtre pour entendre, il ne suffit pas d'assurer, à chaque spectateur, la vue de la scène; il faut encore se préoccuper de lui faire entendre convenablement tout ce qui s'y dit, principalement tout ce qui s'y chante, ainsi que tous les sons de l'orchestre. C'est un autre problème beaucoup plus difficile, car si l'acoustique est une science dont les exigences sont connues, ses lois ne sont pas toutes définitivement fixées, surtout pour les architectes.

Comme on ne peut parler des unes et des autres sans tenir compte des principes, nous ne pouvons faire mieux que d'en présenter l'exposé d'après l'excellent traité sur l'acoustique des salles de réunions, de notre honoré confrère M. Th. Lachez (1).

On donne, dit-il (page 10), le nom de *son* à la sensation que nous éprouvons par le fonctionnement de l'organe de l'ouïe; d'un autre côté on applique le mot *son*, à l'ébranlement vibratoire des corps qu'on appelle alors *sonores*, aux ondulations des milieux ambiants qui le transmettent et enfin à la sensation perçue; or, le son, ajoute-t-il plus loin (page 10), se propage dans l'air en *ondes sphériques*; c'est un ébranlement produit par différentes causes dans les molécules de ce fluide, et dont l'intensité diminue en raison du carré des distances, dans les espaces *non finis*, par l'effet de la résistance et du frottement, d'ailleurs très faible, des molécules aériennes; les oscillations périodiques et les ondulations finissent par s'éteindre complètement. Ces ondulations s'étendent d'autant plus loin que la puissance de production a été plus intense au lieu même de l'ébranlement; mais dans les espaces *finis*, au contraire, les oscillations ondulatoires se répercutent sur les parois; elles font entendre, en le condensant en quelque sorte dans un espace ainsi limité, le son qui, en s'étendant librement ailleurs, devient bientôt trop faible pour être perçu; c'est comme une lumière qui ne peut éclairer qu'à une faible distance dans un espace sans limites, mais qui éclaire parfaitement si elle se trouve dans un espace limité par des parois réfléchissantes.

1. *Acoustique, optique des salles de réunions*, Paris, 1879.

Le son n'occasionne qu'une oscillation, un mouvement de raréfaction et de refoulement alternatif de va-et-vient. Ces oscillations plus ou moins étendues ou limitées engendrent des ondes qui se propagent de proche en proche, absolument comme les rides circulaires sur l'eau ; seulement les *ondes aériennes sont sphériques* et se forment avec une très grande rapidité (en moyenne trois cent quarante mètres par seconde à l'air libre).

Les ondes sonores qui se propagent sphériquement, presque indéfiniment au milieu des espaces libres, se réfléchissent dans les espaces limités, car l'onde directe et l'onde réfléchie font des angles égaux avec la normale des corps ou des surfaces qui font obstacle à leur marche indéfinie ; en un mot, l'angle d'incidence est égal à l'angle de réflexion.

La réflexion est plus complète, plus parfaite sur des parois réfléchissantes, unies, polies, résistantes. (Page 24.) Pour se faire une idée de la répercussion des sons sur des surfaces de nature différente, comme le marbre, le bois ou des étoffes moelleuses, qu'on se figure une bille d'un corps dur, tombant perpendiculairement sur chacune de ces surfaces ; sur le marbre, la bille rebondit d'une manière parfaite à cause de l'élasticité des deux corps durs ; sur le bois, la bille ne rebondit que faiblement et très peu sur l'étoffe moelleuse.

Les parois minces, en participant à l'ébranlement général des ondes, absorbent une partie de la force vive de ces ondes ; tandis que les parois résistantes, au contraire, redoublent à chaque réflexion l'intensité des ébranlements sonores, les continuant ainsi, alors que les parois molles, souples et surtout flottantes, les absorbent ou les éteignent.

Il en résulte donc que dans les espaces limités, les parois qui ne sont pas répercutantes, en ajoutant leurs vibrations propres, à celles réfléchies, les modifient utilement ou non, suivant les circonstances.

Les résonnances résultent des vibrations ainsi imprimées à la masse de l'air.

Les échos qui ramènent les sons à un même point, sont au nombre de ces résultats.

Des principes qui précèdent, il découle que par la disposition des parois qui limitent les salles et par le choix des matériaux, l'architecte et le tapissier peuvent favoriser les ondulations sonores ou les étouffer.

Dans une salle de spectacle, le problème qui consiste à n'utiliser, qu'en connaissance de cause, les résultats de ces propriétés différentes des corps, aussi bien celles des parois de l'ameublement que des spectateurs, se complique d'autres exigences venant de l'architecture, des usages, des scènes ouvertes, absorbantes.

Voici, d'après M. Lachez, la marche des ondes sonores directes et réfléchies dans un espace limité d'une forme rappelant celles des salles de spectacles, mais fermées à la scène ; les lignes pleines représentent la marche des ondes directes, partant du point d'émission, position identique à celle du trou du souffleur ; les lignes ponctuées, celle des ondes réfléchies ; il appelle les points en repos, les *nœuds* des ondes, et les parties dilatées, les *ventres*.

La marche de ces ondes et celles des réflexions, fait comprendre la difficulté de trouver pour les supports, les galeries, les entablements, des formes qui ne soient pas des écueils pour ces ondes sonores et surtout, qui ne produisent pas des échos, des résonnances, qu'elles viennent soit de la salle, soit de l'orchestre par le fait de sa construction ou de sa forme, soit de la scène.

En effet, dans la salle, les ondes sonores et sphériques ont besoin, pour se développer et acquérir leur intensité, d'un volume d'air suffisant et proportionné en hauteur, largeur et profondeur, afin qu'il n'y ait pas répercussion sur une face avant que les ondes soient arrivées à l'autre, comme il arrive dans celles où l'une de ces dimensions a été exagérée. Aussi est-ce à l'architecte à régler cette proportion, à moins que le programme ne lui impose des conditions anormales, dans le but de loger beaucoup de monde dans des espaces restreints, tels que, balcons trop saillants, et hauteur excessive de salle. C'est à lui à ne pas chercher ses effets dans l'emploi de formes dont les résonnances doivent être évitées, telles que : les coupoles trop concaves et unies, car celles sphériques renvoient les sons à leur point de départ lorsqu'il avoisine le milieu ; les plafonds à caissons saillants, qui multiplient les résonnances, au risque de les brouiller ; les parois à grandes surfaces lisses et répercutables, surtout courbes, devant les chanteurs, à moins de les tendre d'étoffe, (comme dans la salle du Trocadéro). Il doit aussi éviter : 1° les colonnes volumineuses surtout si elles sont répétées, et les grandes saillies de balcons, qui les rapprochent démesurément de la scène, contre lesquelles répercutent les ondes d'une façon intempestive ; 2° l'abus des cloisons minces et lisses en planches, dont les vibrations exagérées dénaturent les sons ; 3° les étouffoirs, tels que ceux qui résultent de la profondeur des avant-scènes, de la multiplicité des draperies, etc.

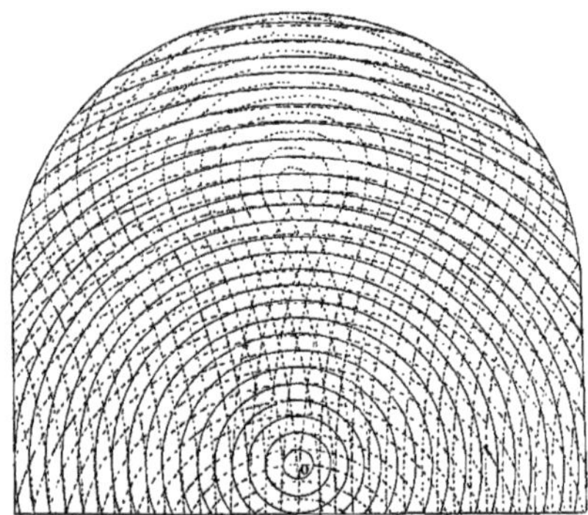

Tracé des ondes sonores.

Quant à l'orchestre, qui fait partie de l'appareil d'émission des sons, on comprend qu'il y faille éviter tout ce qui peut entraver le départ des ondes, les amortir, ou les répercuter à l'excès ; c'est-à-dire, les hautes barrières, qui resserrent les instruments, les excavations cylindriques sous le plancher, que l'on appelait autrefois des fosses sonores, qui les exagèrent.

Enfin, la scène qui, au lieu de former abat-son comme dans les théâtres antiques (voir pl. 2, la coupe du Théâtre d'Orange), présente dans nos théâtres un grand vide, est construite en hauteur et est meublée de toiles légères, qui étouffent les sons, au lieu de les soutenir. Aussi faut-il, surtout dans les théâtres de musique, avancer le proscénium, au risque de faire fléchir notre rigorisme réaliste en matière d'illusions scéniques, pour permettre aux chanteurs d'émettre leurs sons dans la salle.

Cette marche des ondes sonores, explique aussi ; 1° les qualités acoustiques de certaines salles ; 2° les défauts de certaines autres tels que résonnances fatigantes, échos, éclats à certaines places, faiblesse de sons à d'autres ; 3° la différence du tracé des salles italiennes et des salles françaises. Dans les premières qui n'ont pas d'avant-scènes, ou qui n'ont qu'une avant-scène très étroite (1), mais au contraire un proscénium très saillant, les ondes sonores prennent de suite tout leur développement, pénètrent librement dans toutes les loges bien fermées et s'y éteignent, naturellement, contre les tentures et les

1. La loge royale est au centre.

personnes ; l'étendue n'y est pas un inconvénient. Dans les secondes, au contraire, qui ont de belles loges d'avant-scènes, des balcons saillants, des loges dégagées à hauteur d'appui, des amphithéâtres, il y a, à la fois, plus de chocs, de répercussions, et plus d'étouffoirs, aussi l'application des règles de l'acoustique y rencontre-t-elle des difficultés d'autant plus grandes qu'elles ne sont pas construites spécialement pour des auditions musicales et que nous aimons, sauf pour le grand opéra et la féerie, à être rapprochés de la scène.

En résumé voici les desiderata de M. Lachez pour la construction d'une salle destinée aux spectacles en musique.

*Salle.* — Lui donner une forme à la fois évasée sur le fond et resserrée vers la scène ; sans doute comme celle de Bayreuth construite par Richard Wagner, dont nous avons précédemment donné le plan (voir Pl. 9) ; éviter : 1° les grosses colonnes ; 2° les hautes cloisons de division dans les galeries, car, ou elles donnent des résonnances locales, ou elles produisent des assourdissements, à moins de les utiliser habilement ; 3° le croisement des ondes, à cause de leur répercussion intempestive sur les surfaces éloignées du lieu de l'émission, car il considère comme préférable de les amortir sur les plafonds, ainsi que sur le fond et les devantures des galeries.

Utiliser les ondes directes, renforcées simplement dans le lieu d'émission, afin de n'éprouver dans aucun point, ni échos, ni résonnances désagréables ; préférer les surfaces répercutantes, c'est-à-dire solides, dans les petites salles. Établir les gradins des amphithéâtres sur une base solide, telle que voûtes en maçonnerie, plutôt que sur charpentes légères, afin qu'ils ne puissent pas vibrer sous l'influence des ondulations sonores, les graduer suivant une courbe également favorable à l'audition et à la vision (dite : audito-visuelle).

*Orchestre.* — L'installer sur un sol ferme et l'entourer de parois résistantes.

*Scène.* — Lui donner peu de hauteur, très peu de profondeur, et la rétrécir ; remplacer les décors en toile par d'autres composés de parements plus résistants, n'absorbant pas les sons, mais les répercutant, c'est-à-dire revenir aux dispositions des scènes antiques, mais *diminuendo*, ce qui est tout à fait inconciliable avec les spectacles modernes, ainsi qu'on peut le voir au Trocadéro.

M. Lachez n'a, malheureusement, pas eu l'occasion de construire un théâtre ; aussi est-il resté dans les hauteurs de la théorie scientifique ; nous pensons que s'il se fût trouvé aux prises avec les difficultés de la pratique, il se serait relâché de ses principes au risque d'encourir, lui aussi, de la part d'autres savants, les reproches qu'il adresse à d'autres architectes, d'avoir sacrifié, à ce qu'il appelle les préjugés de l'École des beaux-arts, les usages séculaires de l'architecture monumentale, etc...

Mais ce qu'il n'a pu faire, d'autres l'ont tenté ; car ce problème de l'acoustique préoccupe depuis longtemps les architectes ; déjà au dernier siècle, Dumont, auteur d'un recueil des salles de spectacles les plus célèbres, y ajoutait un projet de sa composition, basé sur certaines règles d'acoustique ; les unes renouvelées des anciens et remises aussi en lumière par M. Lachez, telles que l'établissement des gradins sur maçonnerie ; les autres motivées par les observations sur les réflexions contre les parois courbes, notamment les ovoïdes.

La coupe de ce projet étudié aussi, au point de vue d'incombustibilité, en fera mieux comprendre la forme, les dispositions essentielles ; on y remarquera que Dumont pour assurer ses dispositions, sacrifie le nombre des spectateurs, le déploiement de la mise en scène et les machines théâtrales ; son projet ne serait donc applicable que dans un cas spécial. Quant à l'architecture décorative de la salle, il supprime hardiment les entablements, les colonnes, et couvre sa voûte par un ciel, ce qui était du reste dans les habitudes de l'époque (1).

Plus récemment, MM. Davioud et Bourdais, en 1875, ont présenté à l'administration, un projet d'opéra populaire pour neuf mille spectateurs (voir pl. 21 plan et coupe), dans lequel ils ont appliqué rationnellement les principes de l'acoustique : scène très réduite proportionnellement à l'amphithéâtre, peu profonde et terminée par une conque engendrée par une courbe spéciale; proscénium extrêmement saillant (1/2 de la profondeur totale de la scène); orchestre en zone très longue; amphithéâtre immense (diamètre 60 mètres) formé par une courbe de la forme demandée par M. Lachez, très développée en face de la scène et très resserrée au cadre, de façon à bien retenir et répercuter sur les spectateurs, les sons émis à l'orchestre et au proscénium; voûte parabolique, calculée dans le même but.

Cette disposition, moins la voûte, a été essayée dans la salle du Trocadéro, mais alors pour concerts, et non pour spectacles.

Quoique l'on puisse reprocher à cette voûte d'écraser les gradins supérieurs de l'amphithéâtre, qui eussent été dans une véritable étuve, il est à regretter que l'essai n'ait pas été tenté ; la science de l'acoustique y eût certainement beaucoup gagné. La coupe représentée dans la figure 2, pl. 21, fera mieux comprendre cette disposition, dont nous complétons la description avec l'explication de la planche.

Le célèbre fabricant d'instruments de musique, Adolphe Sax, a exposé plusieurs fois des avant-projets de salles de concerts, disposées suivant des courbes dites acoustiques, beaucoup moins faciles à construire que celles de Dumont, et de MM. Davioud et Bourdais.

En résumé, jusqu'à présent en Europe, la salle de spectacle de Bayreuth construite par Richard Wagner, pour ses représentations des Niebelungen, est la seule qui ait été édifiée ingénieusement et logiquement par un musicien, suivant ses idées sur l'acoustique ; nous ne la connaissons que par des dessins (planche 9), mais nous doutons que jamais nos yeux, peut-être trop mondains, s'habituent à passer trois ou quatre heures entre les deux longs murs de cet amphithéâtre (2), du reste grandiose.

En France, les idées, même les plus justes, ont besoin d'être revêtues d'une forme agréable pour être acceptées du public. Aussi devant les exigences des musiciens et des physiciens, comprenons-nous la boutade de l'architecte du Grand-Opéra, Ch. Garnier, qui, obligé d'offrir à ces messieurs de Paris, une salle dont la vue soit elle-même une partie du spectacle, conclut à la suite de sa dissertation sur la science de l'acoustique, « qu'il y a aussi de la chance dans les résultats. » (*Le Théâtre*, Paris, 1871.)

## DÉCORATION

Les salles de spectacle étant aussi des salles de réunions, où les Français en particulier aiment à venir voir le spectacle et la salle, le plaisir cherché y dépend aussi de son aspect. L'architecte doit donc se préoccuper de sa physionomie particulière, aux lumières, avec les spectateurs qui l'animent.

Après avoir réglé l'ordonnance architecturale, la forme du plafond, la disposition des étages, il lui reste à décorer, à parer les membres de cette architecture, les balcons, le plafond, etc..., par la sculpture, la peinture d'histoire, la coloration, la dorure afin d'éviter la froideur des nus, incompatible avec

1. Dumont, pl. 2, FF. (*Encyclopédie*.)

2. On se rappelle que le maëstro ne voulait pas que ses auditeurs pussent avoir des distractions.

le décorum d'une salle d'assemblée, la dignité de ses membres, la gaîté d'une réunion dont le but est la distraction.

Les nus des balustrades, des entablements et les voussures, doivent donc changer agréablement les méplats de leurs faces droites ou ondulées, concaves ou convexes, contre le modelé de frises variées, refouillées, encadrées de moulures. Car alors, par la décoration et le sens donné aux ornements, rampants dans les frises, les soffites et les bandeaux, montants sur les balcons, les pilastres et les cadres fuyants, ainsi que par l'ajourage des fonds dans les grandes parties, l'architecte peut rompre la lourdeur des grandes lignes de la construction qui, sans cette toilette habile, serait écrasante pour les spectateurs placés directement dessous. C'est à lui de convertir la sécheresse et la monotonie de ces grandes surfaces des appuis, en motifs d'agrément qui concourent logiquement à l'harmonie générale et surtout, contribuent puissamment à maintenir les masses de l'architecture dans la proportion de l'échelle humaine. Condition indispensable, surtout ici, par suite du rapprochement des têtes des spectateurs, qu'il faut à tout prix éviter d'écraser, de rapetisser par des contrastes.

Aujourd'hui, la décoration est facilitée par l'emploi du moulage en staff (plâtre à la colle appliquée sur toile), grâce auquel les surfaces les plus grandes, les plus variées, les formes les plus ondulées, les plus galbées, peuvent être moulées *solidement*, tout d'une pièce et à *peu de frais*, avec les creux et les saillies de la sculpture plus variée, sans qu'il soit besoin d'y rien rapporter.

Par la répétition des motifs dans la même frise, la main-d'œuvre étant ainsi très simplifiée, l'ornementation devient d'un emploi usuel, le gaufré peut remplacer l'uni, au gré de l'ordonnateur, suivant les besoins de sa composition.

Le même procédé permet de mouler les voussures, avec leurs cadres et les figures : enfants, génies, renommées, etc., réclamés par la composition, sans recourir à l'ancien procédé des applications en carton-pierre, qui risquait de déformer les contours.

Après l'architecture et la sculpture, c'est surtout à la peinture d'histoire qu'il faut demander d'orner, d'ajourer, les surfaces du plafond, en y figurant des sujets empruntés à l'idéal ; soit des glorifications, soit la représentation des symboles scéniques, qui toutefois ne puissent jamais faire concurrence à ceux représentés sur la scène. Aussi la décoration et la coloration des plafonds est-elle une des questions les plus délicates de l'architecture intérieure.

La toilette de celle-ci, c'est sa coloration, sans laquelle elle ne peut ni être présentée au public, ni concourir à une décoration intérieure ; son rôle est d'autant plus important dans une salle de spectacle, qu'indépendamment des rapports généraux relatifs aux personnes qui sont fixes, il y a ceux avec la mise en scène, qui sont changeants et ne doivent jamais lui faire tort, en attirant trop la vue.

Les grands effets, attrayants ou imposants, admissibles et naturels dans les autres grandes salles d'assemblée : églises, galeries de palais, salles de réunions ; peuvent être déplacés dans une salle de spectacle, car l'attention ne doit jamais être détournée de la scène.

Quel que soit le luxe de la société, la richesse de la décoration, il faut lui donner quelque chose de neutre, y mettre une sorte de sourdine. Cette considération inéluctable dans l'achèvement d'un *cadre,* doit être une des raisons primordiales dans le choix des colorations et dans l'application de la dorure.

Le choix de la couleur n'est effectivement pas une question de fantaisie ; pour avoir sa poésie, celle-ci n'en obéit pas moins à des lois. S'il y a des couleurs qui consolident les objets, qui les amplifient, il y en a d'autres qui les allègent ; les unes les éclairent, les autres les éteignent, les atténuent ; en tous cas elles envoient des reflets sur les objets voisins qui modifient leur coloration propre, et de plus, par la loi du contraste simultané, elles s'affaiblissent au voisinage des unes, s'exaltent au contact des autres, ainsi que l'a démontré M. Chevreul, dans sa théorie des couleurs complémentaires en 1839.

Dans une salle d'assemblée, le premier but est de mettre les personnes en *valeur*, surtout leurs physionomies et leurs toilettes ; d'éviter les reflets fâcheux du fond ; le second est d'enlever l'architecture, supports, bandeaux et couronnements qui encadrent les groupes ou bouquets de têtes et portent le plafond, la grande surface à couvrir. Aussi, tous les architectes peuvent-ils regretter l'abandon des anciens ciels, avec leurs amours ailés dans les nuages et leurs allégories planant dans l'azur.

Le point de départ de la coloration est le ton des loges, c'est-à-dire du pourtour. Comme toute réunion comprend des brunes et des blondes, aux chairs, rosées ou pâles, habillées à leur fantaisie, de nuances claires ou foncées, toutes teintes mitigées, composées, compliquées de bijoux et de fleurs, etc... qu'il faut détacher sur un autre ton à la fois mat et soutenu ; le choix de cette teinte se complique des effets de la lumière artificielle avec ses ombres et ses reflets.

Parmi les couleurs le vert et le jaune ne sont pas possibles, précisément à cause de leurs reflets ; les dames ne s'exposeraient pas deux fois à se montrer avec un teint maladif dans une réunion récréative ; le bleu et le violet qui s'éclairent mal et tournent au noir dans les ombres, ne sont pas non plus admissibles ; le blanc, même mitigé, coloré, rosé ou gris, écru ou crème, réfléchit bien la lumière et se colore des reflets des couleurs voisines, des toilettes ; mais il ne couvre ni n'encadre, il faut, au contraire, le couvrir de filets et d'arabesques, comme dans certaines peintures de Pompeï, de la renaissance italienne ou Louis XVI ; c'est ce dernier parti, en usage sur les murs des salons de l'époque, que Victor Louis avait adopté pour le fond de la salle de Bordeaux (les séparations des loges n'ayant pas de hauteur) ; décoration éminemment architecturale et distinguée, mais fragile, d'une exécution laborieuse et d'un *très grand prix*, que nous ne pouvons donc plus aborder.

Reste le rouge qui est soutenu et meublant ; sans absorber trop de lumière, il chauffe les yeux et envoie des reflets rosés qui soutiennent les carnations, les bijoux et les toilettes. Aussi est-il par excellence la couleur des tentures de salons et la plus facilement chatoyante dans les ombres par l'effet des semis, du quadrillage et du moirage. Variable à l'infini, qu'il soit pourpré, vermillonné ou même orangé, il est le coloris de fond le plus sûr d'une salle de fêtes.

Sur une teinte de fond pleine et chaude, tous les membres de l'architecture : colonnes, appuis, archivoltes, entablement, cadres d'avant-scène, etc... peuvent s'enlever brillamment, par exemple en teinte orangée ou vieil ivoire surtout, relevée par des filets de dorure ; en même temps que celle-ci encadre les frises des balcons, dans la coloration desquelles, les verts, les rouges, les violets interviennent sur des ornements en relief, cernés d'or, pour les détacher comme des joyaux.

Nous estimons, avec tous, que dans nos salles, dont les séparations de loges en consoles se raccordent obliquement avec le mur et le plafond ainsi découpé irrégulièrement en trapèzes impossibles à décorer, le seul parti à prendre pour la décoration du fond est de tendre les murs, les plafonds et les cloisons, d'une tenture en étoffe ou en papier, comme pour un cabinet. Ce qui n'empêchera pas de détacher les portes par la peinture et d'égayer l'uniformité de l'étoffe par des clous à capiton, des galons, des garnitures, des bordures, etc.

Après les murs, il reste à décorer le plafond, la plus grande surface et la plus embarrassante ; celle qui exige le goût le plus délicat ; car de celle-ci dépend en grande partie le caractère général de la salle. En effet, alourdie par la dimension ou la profusion des ornements et des encadrements, cette surface peut assombrir, étonner ou inquiéter les spectateurs ; tandis qu'au contraire, allégée par la finesse et l'élégance des mêmes ornements, elle égaye tout et tous. Néanmoins, il y faut observer les rapports des proportions avec l'ensemble et avec le voisinage ; les compartiments et les ornements d'une grande surface ne peuvent donc être trop délicats, ni les subdivisions trop multipliées, afin que dans les grandes lignes, la finesse ne paraisse pas maigreur.

Au XVIIe et au XVIIIe siècle, alors que les salles et même les salons avaient des plafonds ajourés par la peinture et représentant des ciels, les architectes et les décorateurs suivaient la mode et figuraient sur les coupoles un Olympe quelconque avec force allégories locales et particulières et ce, d'autant plus facilement, qu'alors beaucoup de peintres excellaient dans ces compositions souvent magnifiques, comme celle de la salle de Bordeaux, peinte par Robin.

Tandis qu'aujourd'hui les avis sont partagés, le rationalisme triomphe; s'il y a encore une école du trompe-l'œil, il y en a une autre qui proteste.

Les peintres qui savent composer et peindre un grand ciel sont rares d'ailleurs, d'où une dépense que de nos jours, le Grand-Opéra seul a pu se permettre (figure 5, planche 23 et 24).

Dans d'autres salles, il a fallu se borner ou à des ciels peu habités, par conséquent d'un aspect froid, comme celui de la Comédie-Française, pour lequel il y avait cependant un modèle si original dans la composition de V. Louis (conservé en partie par la gravure) (1), ou à des compositions mixtes comme celui de l'Opéra-Comique (pl. 23) qui offre une ingénieuse composition de compartiments figurés et de peintures allégoriques. Dans les salles de la place du Châtelet, de la Gaîté et du Vaudeville, les plafonds lumineux, en occupant une partie de la surface à remplir, ont empêché tous développements de figures rattachées à une composition; à Reims, où nous nous sommes trouvé aux prises surtout avec des difficultés d'argent; nous avons dû aussi nous contenter d'un système mixte, celui des longs caissons rayonnants et alternés, dont les grands sont décorés de douze grandes figures qui planent sur des fonds d'or (2) (voir pl. 26-27).

Dans toutes ces compositions, la plus grande difficulté est toujours l'observation de l'échelle; car il est plus facile et moins coûteux de remplir une surface par un large motif plein ou sculpté; mais c'est l'écueil contre lequel se sont déjà heurtées bien des écoles qui ont abusé du moyen.

---

## ÉCLAIRAGE DE LA SALLE

L'éclairage ou ici la mise en lumière des personnes et des choses qui les accompagnent, puisque l'objet en vue, la scène, a le sien particulier et caché, outre son but utile, constitue un élément de gaîté, de richesse, qu'il importe de distribuer méthodiquement et décorativement pour éviter un écueil choquant dans certains théâtres.

Si en principe, dans un salon, dans une salle d'assemblée, le lustre milieu, image du soleil, est décoratif et éclaire de la façon la plus logique, la plus favorable, de face et de haut, les personnages en les faisant briller sur les fonds qu'il éloigne au profit des dimensions ainsi agrandies, il n'en est plus de même dans les salles aussi vastes que celles qui nous occupent et il faut reconnaître qu'un foyer unique de lumière, brillant en raison de l'espace à éclairer, présente plusieurs inconvénients, outre l'énorme développement de chaleur produit par autant de becs. En effet, descendu trop bas, afin d'éclairer, d'égayer le rez-de-chaussée et les loges de premier étage, il gêne considérablement les spectateurs des places supérieures; au contraire, relevé trop haut, ce sont les loges des premier et deuxième étages

1. Voir, page 14, d'après P. Lacroix, *Les Arts au XVIIIe siècle.*
2. Les Muses, OEnophora et une Fileuse personnifient les deux grandes industries de la cité. Apollon musogite, au centre.

qui reçoivent les ombres des saillies de balcons, et celles-ci sont en raison de la quantité de lumière projetée.

Il y a donc là un cercle vicieux. Pour y remédier, on a essayé divers moyens : 1° la multiplication des appliques contre les montants des loges principales, surtout lorsqu'il y avait des colonnes, c'est-à-dire sur plusieurs points du pourtour; mais alors on a retrouvé dans les loges de dessus le même inconvénient (la chaleur), que dans l'illumination *à giorno* des salles italiennes, où les soirs de grandes fêtes, chaque montant de loge, à chaque étage, porte une applique de trois ou cinq bougies. Sans doute, l'aspect est féerique, vu de l'orchestre, mais cette multitude de bougies disposées par bouquets a le défaut capital de développer, pour les places au-dessus, une lumière aveuglante et une chaleur insupportable, dont on ne se préserve qu'imparfaitement par des écrans, sans pouvoir éviter la réverbération de la lumière. Il faut aussi avouer que même, vue de la *platea*, cette illumination scintillante produit devant les loges supérieures une atmosphère lumineuse qui gaze la vue des dames.

Il y a vingt-cinq ans, M. Th. Charpentier, en construisant le théâtre de Toulon, essaya de remplacer le lustre par des torchères, et surtout par une couronne lumineuse de globes, avec bouquets disposés sur l'entablement, à la base de la coupole qui, opérant ainsi à la façon des herses sur les décors, inondait de lumière cette coupole peinte en ciel et la rendait lumineuse pour le reste de la salle, c'était une idée. Mais outre l'inconvénient des torchères, que nous venons de signaler, on comprend que la couronne de lumière n'éclairant que de très haut et par réflexion, il y avait perte dans le rendement. En effet, il faut pour la réflexion, un ciel clair, c'est-à-dire peu habité, par conséquent froid, s'il est grand.

De cet essai est née la couronne de lumière sur la corniche de la salle du Grand-Opéra; simplifiée, bien étudiée avec l'architrave, elle n'en est plus qu'un ornement et produit sur cette immense coupole, un effet décoratif heureux à retenir.

2° Les appareils à réflexion, plafonds lumineux, etc.

Lorsque la ville de Paris fit construire les deux théâtres de la place du Châtelet, ceux de la Gaîté et du Vaudeville, l'opinion administrative était défavorable à l'éclairage par le lustre; on n'en voulait plus, et, d'accord avec la commission scientifique chargée d'étudier la ventilation, qui voulait éviter le courant d'air produit par la cheminée, on le supprima et on le remplaça par l'éclairage le plus coûteux, *celui par réflexion* à travers des verres dépolis, c'est-à-dire avec déperdition du tiers de la lumière produite.

L'aspect monotone de ces plafonds lumineux ne laissant passer qu'un jour mat, quasi-lunaire, causa une impression peu favorable.

Le public les trouva froids, se plaignit et regretta la gaîté des lustres, des lumières directes, tandis que les directeurs se plaignaient aussi de l'excessive dépense de gaz, en un mot de la note à payer. Pour obvier à la froideur de ces plafonds lumineux concentrant le foyer principal de lumière, on y substitua, au théâtre de la Gaîté, la pluralité des foyers lumineux, disposés derrière des lentilles saillantes, ou grosses étoiles, semées dans la voussure et dans le plafond, qui, en répandant la lumière plus également, l'ont rendue plus vive, grâce aux facettes des cristaux.

Enfin, au théâtre du Vaudeville, son architecte, A. Magne, au plafond lumineux substitua un foyer de lumière dissimulé derrière un énorme faisceau de cristaux pendant du milieu de la voûte, comme des stalactites; heureuse extension d'un système déjà essayé en petit en Angleterre, où depuis fort longtemps les luminaristes s'occupent de l'éclairage au gaz par des becs ventilés, sans communication avec l'air de l'appartement, comme celui que nous donnons pl. 29, fig. 11.

L'éclairage du Vaudeville, grâce à la disposition habile des cristaux, aux brillants reflets des facettes, eut un grand succès; mais, obtenu à trop grand prix pour une petite salle, comme dépense première (80,000 francs) et de gaz consommé, sans égaler la gaîté et la clarté des lustres, il a fini par être délaissé, malgré l'avantage qu'il avait d'éviter dans la salle, le dégagement du gaz brûlé, et d'utiliser sa chaleur pour la ventilation.

En même temps, les Anglais ont introduit dans l'éclairage des théâtres l'appareil nommé *Sun Burners* (1), dans lequel les jets de gaz, groupés comme les fleurs d'un bouquet, forment des marguerites, et y brûlent contre des réflecteurs brillants qui forment embouchure d'un tube ou cheminée de ventilation, dont la chaleur fait manœuvrer la valve. Appareil peu décoratif, sans accompagnement de bronzes, ni de cristaux, mais brillant et simple, fort applicable dans toutes les grandes salles, où il n'y a pas de saillies portant ombre.

Mais, en résumé, quel que soit le foyer de lumière, les inconvénients des appareils supérieurs subsistaient, au point de vue de l'hygiène et de la distribution de la lumière.

Lorsqu'heureusement, la lumière électrique est entrée depuis quelques années dans une nouvelle phase, par l'invention des lampes à incandescence qui, avec le fractionnement de la lumière en vase clos, et leur continuité, font espérer une solution satisfaisante du problème de l'éclairage hygiénique consistant, non pas seulement à éclairer la salle, agréablement, sans trop de dépenses, mais aussi, à éviter les grandes ombres des balcons ; par conséquent, à faire pénétrer dans les places de dessous, de la lumière directe, sans incommoder les spectateurs qui sont au-dessus, et surtout sans chauffer la température de la salle, et absorber son oxygène.

Car il ne faut pas l'oublier, un bec de gaz, outre la chaleur qu'il dégage, absorbe par heure autant d'oxygène que deux personnes, et répand dans l'air ambiant, de l'acide carbonique, de l'oxyde de carbone et autres gaz délétères, tels que l'acide sulfureux, l'ennemi mortel des peintures.

A ce seul point de vue, la substitution de l'électricité au gaz apportera une grande amélioration hygiénique et écartera une grande cause d'incendie ; elle n'est pas seulement désirable, mais elle est possible, car la lampe Edison qui, suivant son format, donne la lumière de huit ou de seize bougies, équivalant à un bec d'Argant et à deux bougies de gaz, peut parfaitement s'adapter sur les mêmes appareils qui portent les becs de gaz, ainsi qu'on vient de le faire à l'Opéra.

N'ayant pas besoin d'air pour brûler, n'étant alimentée que par un fil et n'offrant pas de contact au feu, elle peut être fixée dans des emplacements où toute autre lumière est impossible ; elle offre ainsi la possibilité d'éclairer tous les dessous, surtout ceux des balcons, en répondant à toutes les objections.

En effet, la difficulté est d'éclairer les personnes en avant et un peu au-dessus de la ligne des yeux, de façon à ce que la lumière arrive de face, sans vivacité, douce aux yeux des spectateurs et suffisante pour permettre de les voir des autres parties de la salle.

Avec le système actuel d'un foyer unique, on ne peut pas sortir d'un cercle vicieux, car les ombres augmentent en proportion de l'éclat du lustre central ; jusqu'à présent on a cherché à éclairer les loges par l'emploi de becs de gaz dans des globes dépolis, logés dans les cloisons et éclairant aussi les couloirs, comme à l'Opéra-Comique etc... mais, alors, la lumière arrive à la hauteur des yeux et derrière les têtes, ce qui est inconséquent et faux.

A l'ancien Théâtre-Italien, de Paris (aujourd'hui démoli) qui, aux premières loges, ressemblait à un salon, on avait installé des lampes à gaz sur les accoudoirs entre deux loges ; agréables de loin, elles avaient, pour les personnes qui étaient derrière, tous les inconvénients de la chaleur et de la lumière dans les yeux.

Frappé de ces inconvénients, nous avions commencé en 1874, au théâtre de Reims, un essai qui

1. Pl. 20, fig. 10 ; peut être porté à 500 becs.

avait réussi, mais ne fut pas poursuivi par économie, et aussi parce que l'administration ne s'en rendit pas bien compte.

Nous installions dans l'épaisseur du plancher (en briques et fer) derrière le petit lambrequin (1), au milieu de chaque entrecolonnement, un brûleur de gaz enfermé dans un globe dépoli, et ventilé, par le dehors ; au moyen d'une combinaison analogue au globe anglais et représenté planches 29 et 30, fig. 13, la lumière arrivait ainsi dans les conditions voulues, de face, au-dessus des têtes, sans incommoder les yeux, et sans rayonnement de chaleur, aussi regrettons-nous de n'avoir pas été compris (2).

Aujourd'hui, avec la lumière électrique, cette installation peut se faire très facilement sans entailles, sans dégagement du gaz brûlé et sans risque d'incendie ; on peut donc espérer la voir réalisée.

Déjà en Angleterre, en Allemagne, en Italie, nombre de théâtres sont éclairés à l'électricité ; notamment celui de la Scala, le plus grand de l'Europe.

Quoique l'éclairage général des théâtres nécessite plus loin un chapitre spécial, nous avons pensé que celui de la salle, qui est de beaucoup la partie de l'édifice la plus importante pour ce service, ne pouvait être distraite de son étude d'ensemble.

---

## CHAUFFAGE ET VENTILATION

Le chauffage des théâtres présente des difficultés, non seulement en raison du cube d'air à chauffer, de la diversité des locaux qui n'ont pas besoin d'être élevés à la même température, mais encore de ce que ces édifices ne sont habités que la nuit, quelques heures seulement, par des personnes immobiles, étagées jusqu'au plafond, pour ainsi dire à des latitudes différentes.

Aussi le chauffage doit-il y être combiné à la ventilation. Si, en effet, l'un a pour but d'élever de plusieurs degrés la température de l'air enfermé, confiné, celle-ci doit renouveler cet air, afin d'éviter l'accumulation de la chaleur, et évacuer tous les gaz, acide carbonique, etc., produits par l'éclairage, la chaleur humaine et la respiration (3).

Les Grecs et les Romains avaient résolu le problème du chauffage de leurs grandes salles en chauffant le sol au moyen des hypocaustes, continués par des conduits verticaux dans les murs, ce qui était très hygiénique et très simple ; aussi peut-on espérer que nous y reviendrons en employant d'autres procédés, tels que le chauffage par des tubes remplis d'eau chaude ou de vapeur d'eau.

En Russie, on a même eu l'ingénieuse idée, au palais d'hiver de Saint-Pétersbourg, de chauffer en partie les appartements de l'Empereur et de l'Impératrice, en faisant arriver l'air chaud entre les vitres des doubles fenêtres. Celui-ci, en empêchant la congélation sur les verres, les maintient clairs, contribue ainsi à la gaîté des appartements et produit un calfeutrage des plus sûrs (4).

En Allemagne, on chauffe ainsi de grandes serres tempérées.

En Italie, on a conservé l'habitude romaine de chauffer les parois des murs des vestibules et autres salles, etc., au moyen de *braseri*, qu'on enlève avant l'arrivée de la foule. Les parois rendent, par

1. Pl. 29-30, et 51-55.

2. Car le crédit n'était pas épuisé.

3. Le corps humain développe par heure quarante-deux calories, la quantité nécessaire pour élever de un degré cent soixante mètres cubes d'air; tandis qu'il produit cinquante à soixante grammes de vapeur d'eau.

4. Voir *Annales de la Construction*, n° de juillet 1884. Paris, Baudry.

rayonnement, une partie de la chaleur reçue ; celle dégagée par le corps humain et l'éclairage, remplace ensuite.

Ce mode primitif évite ainsi le refroidissement de l'air ambiant contre les parois et les courants qui en sont la conséquence, ainsi que la buée et sa vaporisation, mais il vicie l'air.

Nos températures étant plus basses, nous chauffons, au contraire, nos appartements en y introduisant de l'air chaud qui va se refroidir sur les parois, y portant avec lui ses impuretés, les fixant même dans les parties poreuses au travers desquels il pénètre, surtout dans les étoffes. Il en résulte que l'air confiné s'y refroidit très vite, aussitôt que cesse ou l'introduction de l'air chauffé, ou la circulation de l'eau chaude dans les appareils ; car ces murs enveloppants, s'ils forment aussi paroi extérieure, ne peuvent rendre que ce qu'ils contiennent : du froid.

Le moyen de chauffer de grands espaces ne pouvant être demandé aux foyers rayonnants : cheminées, *braseri*, etc... ni aux poêles, tous trop lents, insuffisants et d'un service compliqué, il faut employer les calorifères, soit à air chaud, soit par circulation d'eau chaude ou de vapeur.

*Examen des différents systèmes de chauffage.* — Les calorifères à air chaud, on le sait, aspirent l'air pris au dehors, le chauffent au contact de l'enveloppe du foyer et des conduits de fumée, puis l'envoient dans les salles par des tubes *ad hoc*, par conséquent non plus aussi pur, mais altéré au contact des surfaces métalliques rougies par le feu, etc...

Aussi ces appareils, à moins d'une construction très perfectionnée, présentent-ils les inconvénients suivants :

1° La surchauffe des parties métalliques du foyer ou des parties voisines du foyer qui vicient l'air (les surfaces rouges, en outre, empêchent l'air de passer normalement) (1) ; le métal se dilate, alors les joints des enduits se disloquent, le métal fond ou se rompt, les fuites des gaz de la combustion se produisent dans la chambre de distribution d'air et de là se répandent dans les salles ;

2° Le manque d'uniformité dans la distribution de la chaleur et la difficulté de son règlement ;

3° La trop haute température de l'air fourni ;

4° Son refroidissement trop rapide ;

5° Son cercle d'action limité, et, par conséquent, dans les vastes édifices, la nécessité de les multiplier ;

6° La grande consommation de combustible.

Mais leurs avantages sont :

1° Le bon marché du premier établissement ;

2° La facilité de manœuvre ;

3° La rapidité de la production de la chaleur.

Aussi sont-ils les plus employés.

Depuis un certain nombre d'années, fournisseurs et consommateurs ont trouvé que les avantages ne contrebalançaient pas les inconvénients, surtout ceux relatifs à l'hygiène ; et ils préfèrent, avec raison, le chauffage par circulation d'eau chaude, qui a pour avantages :

1° De donner une chaleur plus constante, plus uniforme, plus graduelle, depuis les températures les plus basses jusqu'aux plus élevées ;

1. Les surfaces rouges entravent le passage de l'air par le fait d'une action connue des ouvriers fumistes, mais non encore définie par la science.

2° De donner de l'air chaud, non surchauffé, par conséquent conservant toutes ses qualités hygiéniques ;

3° D'économiser le combustible ;

4° De se refroidir lentement;

5° De n'exiger qu'une manœuvre simple, de peu d'entretien, lorsque la construction première a été faite avec soin.

Mais les inconvénients sont :

1° Le prix élevé des appareils, joint à la nécessité d'une construction minutieuse;

2° La lenteur avec laquelle la chaleur est obtenue ;

3° Les conséquences graves des fuites.

Néanmoins, c'est le chauffage le plus hygiénique.

Il procède par deux moyens : 1° le chauffage direct des salles, soit au moyen de poêles traversés par l'air à chauffer, soit au moyen d'une circulation de tubes d'eau chaude derrière des grilles, entre les planchers ou derrière les lambris, sous les appuis de fenêtres, etc.

2° Le chauffage indirect en faisant passer un courant d'air, venant du dehors, entre des tubes d'eau chaude, puis en l'insufflant dans la salle. L'élévation de température suffit souvent ensuite pour l'y introduire.

Enfin le chauffage par circulation de la vapeur d'eau, le plus récent, le plus en faveur; en possession de cette puissance dite *la mode*; celui qui a le bénéfice de l'engouement ; aussi l'applique-t-on partout, comme une panacée.

Il a pour avantages :

1° De distribuer rapidement la chaleur ;

2° De la transporter au loin sous un volume restreint et à des distances impossibles à tous les autres modes de chauffages ;

3° D'être moins sujet aux fuites, quoiqu'elles y soient plus nombreuses que dans la circulation d'eau.

Mais il a comme inconvénients :

1° De transporter la chaleur sensiblement à la même pression, toujours au même degré, *quel que soit le besoin*, c'est-à-dire qu'on ne peut le modérer, lorsque l'accumulation devient gênante. Si on interrompt la circulation dans les appareils d'une pièce, ce qui est très facile, on a un refroidissement immédiat ; on tombe alors d'un extrême dans l'autre ;

2° D'être difficile à conduire, d'avoir une distribution capricieuse qui exige de répéter souvent l'opération de la purge des tuyaux ;

3° D'exiger un personnel très sûr et intelligent pour un fonctionnement des appareils ; de nécessiter un entretien coûteux ;

4° De moins utiliser le combustible que dans l'appareil à eau, tout en ayant plus d'effet utile que celui à air ;

5° D'être de beaucoup, le plus coûteux.

Néanmoins la facilité : de chauffer tout un vaste édifice très subdivisé au moyen d'un seul foyer quelquefois très éloigné, même placé dehors, par conséquent écartant le risque d'incendie ; de transporter une chaleur élevée dans des tuyaux de faible diamètre ; de transmettre la chaleur au moyen d'appareils à surface de chauffe réduite ; d'interrompre la circulation dans les salles qui n'ont pas besoin d'être chauffées, et même dans un ou plusieurs appareils d'une même salle ; rend ce système très séduisant pour les architectes. Si les ingénieurs du chauffage parviennent à le modérer pour le rendre plus doux lorsque le froid est peu vif, ce qui arrive souvent en hiver, ils nous rendront un grand service.

*Chauffage des théâtres.* — Les trois grandes divisions d'un théâtre : les vestibules, les couloirs, la salle et la scène, n'exigent ni le même chauffage, ni le même fonctionnement.

S'il faut, pendant toute la soirée, maintenir le même degré dans les vestibules, les escaliers, et les couloirs, ainsi que sur la scène et dans les dépendances, il n'en est pas de même pour la *salle* où l'éclairage brillant et les spectateurs développent, en crescendo, une chaleur qui devient vite gênante, surtout aux étages supérieurs : 42 calories par spectateur et par heure.

Aussi faut-il y combiner le chauffage avec la ventilation, afin de modérer la température, tout en remplaçant l'air vicié.

Or, le chauffage par circulation de vapeur, tel qu'il a été essayé, est très coûteux, et disproportionné aux résultats à obtenir ; car on ne peut chauffer une salle de spectacle par des poêles, comme une classe ; puisqu'en même temps il faut y insuffler de l'air, pour remplacer celui qui est aspiré par la ventilation. Aussi est-il préférable de chauffer au préalable cet air sans le dessécher, au contact de tubes d'eau chaude, c'est-à-dire recourir à un système mixte, en remplaçant le foyer du système à air chaud par une chaudière chauffant l'eau destinée à remplir les tubes formant surface de chauffe. L'oxydation et la surchauffe des surfaces métalliques sont ainsi évitées, car l'eau absorbe l'excès de chaleur du foyer ; l'appareil à circulation fermée, placé au-dessus, n'éprouvant qu'une température modérée, ne se dilate pas d'une façon sensible, les joints restent hermétiques.

On est ainsi plus maître de régler le degré de l'air, car le chauffage d'une salle exige des intensités variables pour envoyer beaucoup de chaleur avant l'arrivée du public, puis pour la diminuer progressivement, pendant la soirée, tout en évitant le refroidissement au rez-de-chaussée et l'accumulation de chaleur dans les étages supérieurs, où elle monte d'elle-même.

Car si alors elle rencontre au plafond des parois froides, l'air s'y refroidit, diminue de volume, augmente en densité, devient plus lourd que le volume d'air qu'il déplace et par conséquent redescend, chargé des impuretés ramassées, se réchauffer pour remonter ensuite, mouvement de va-et-vient qui produit des courants fort désagréables. Tandis qu'au contraire, avec des parois supérieures bien pleines et bien calfeutrées, la chaleur s'accumule contre, au fur et à mesure qu'elle augmente, l'air se dilate, échauffe les couches inférieures, surtout jusqu'à la hauteur du rideau de la scène où le vide du cintre et du gril peut déterminer un appel, à moins qu'il n'y ait équilibre.

Cette élévation de la température étant due, en grande partie, à l'éclairage au gaz, l'emploi de lampes électriques épargnerait l'évacuation de cet excédant de chaleur et des produits de la combustion ; il ne resterait plus que ceux provenant de la respiration, et beaucoup moins dangereux.

Quoi qu'il en soit, en plus ou en moins ; le problème consiste à régler le chauffage avec l'évacuation de l'air vicié.

C'est ce réglage de la température et du mouvement de l'air de la salle qui doit être pris en considération pour le choix d'un système de chauffage.

Celui à air chaud est sans doute facile à régler, d'après la différence des températures et l'heure de la soirée ; mais il insuffle un excès d'air sec, qui, n'existant pas au rez-de-chaussée monte au sommet, où il doit être aspiré.

En outre, il ne peut transporter la chaleur qu'à des faibles distances ; aussi son adoption entraîne-t-elle la nécessité d'avoir un calorifère pour chaque division de l'édifice.

Celui par circulation d'eau chaude étant trop lent à chauffer et à refroidir, est insuffisant dans les brusques variations de température, il est d'une uniformité de chauffage incompatible avec le service intermittent d'un théâtre; aussi ne peut-il être employé directement, mais seulement par voie indirecte, en chauffant l'air dans une chambre de mélange placée sous la salle dans laquelle il est ensuite envoyé par un propulseur mécanique.

Jusqu'à présent l'installation la plus perfectionnée de ce mode de chauffage est celle de l'Opéra de Vienne (Autriche) due au docteur Karl Böhm, qui l'a combinée avec la ventilation et dont la coupe transversale, planche 31, fait comprendre le fonctionnement (1).

En hiver, l'air pris dans le square voisin, est chauffé à une température de 17° à 20°, en passant dans une chambre de chauffe traversée par une multitude de petits tubes (18,000 mètres) de 0m,025, remplis de vapeur à 5 atmosphères, puis insufflé, par un ventilateur, dans toutes les parties de la salle, par le plancher même du parterre et par les points les plus bas des loges et galeries.

En été, au contraire, on rafraîchit l'air aspiré du dehors en le faisant passer souterrainement à travers de l'eau pulvérisée mécaniquement, et puis le même ventilateur l'insuffle dans la salle par les mêmes ouvertures, mais surtout par celles du rez-de-chaussée ; tandis que l'excès de chaleur des étages supérieurs et celle de onze cents becs de gaz de l'éclairage, est aspiré dans le haut, dans des conduits chauffés par des rampes de gaz, qui convergent dans la cheminée du lustre (elle-même chauffée), d'où ils sont finalement aspirés par un ventilateur qui les projette au dehors, par le sommet de la cheminée surmontée d'un chapeau tournant, ainsi que le montre la coupe.

L'appareil d'insufflation est un ventilateur à hélice.

« Ce ventilateur, de 3m,50 de diamètre, comporte, au centre, un noyau plein correspondant à deux cônes conducteurs, un en avant, l'autre en arrière de l'appareil. Il fournit en été jusqu'à 110,000 mètres cubes d'air par heure. Le chiffre ordinaire est de 80 à 85,000, correspondant à 30 mètres cubes environ par spectateur, en supposant toutes les places occupées. Le ventilateur d'aspiration établi dans la cheminée est une simple hélice ordinaire; nous croyons peu à son utilité.

« C'est une même machine à vapeur, de la force de seize chevaux, qui commande les deux ventilateurs. Cette machine, installée dans les caves, actionne directement le ventilateur d'insufflation ; le mouvement est transmis au ventilateur d'aspiration au moyen d'un câble.

« Si l'on étudie maintenant le mode de préparation thermométrique de l'air de ventilation, et sa distribution générale, on voit ceci : Deux prises d'air, consistant en deux grands puits de 6m,14 de section, sont réservées dans les jardins sur les côtés du théâtre. De là, l'air passe dans un souterrain de 7m,50 de hauteur formant un grand réservoir où, l'été, des jets d'eau froide, retombant en pluie fine, ont pour objet de produire un certain rafraîchissement. Puis l'air arrive au ventilateur d'insufflation qui, suivant le nombre de tours auquel il fonctionne, envoie dans la salle plus ou moins d'air selon les saisons.

« En avant du dit appareil, le canal d'arrivée mesure 2m,40 de diamètre ; il s'élargit ensuite à l'endroit du ventilateur où il atteint 3m,50 et se rétrécit au delà pour ne plus avoir que 4mq,50 de section.

« Le dit canal communique, en contre-bas du parterre, avec un vaste espace d'une étendue correspondante à la salle, y compris la partie occupée par les spectateurs et celle couverte par les couloirs.

« Cet espace se divise en trois étages superposés ayant chacun son rôle particulier.

« L'étage inférieur reçoit l'air venant du ventilateur. Il est divisé en chambres distinctes corres-

1. Empruntée, ainsi que cette description, aux *Mémoires et comptes-rendus des travaux de la Société des ingénieurs civils*, novembre 1880.

pondant respectivement : au parterre, aux loges et aux couloirs; chaque division se trouve pourvue d'un registre spécial, pour régler l'introduction de l'air.

« L'étage intermédiaire, divisé d'une manière semblable, est muni d'appareils de chauffage à vapeur indépendants pour chacune des chambres, 18,000 mètres de tubes en fer étiré de 25 millimètres de diamètre intérieur, groupés par batteries, à dilatation libre, et fonctionnant à la pression de cinq atmosphères, forment l'ensemble des surfaces de chauffe.

« Enfin, l'étage supérieur qui se trouve directement situé sous le parterre, et les couloirs qui l'enveloppent, est formé de chambres de mélange répondant aux divisions des étages inférieurs.

« Par suite des dispositions que la coupe verticale du théâtre fait bien comprendre, l'air froid peut arriver directement du bas jusqu'à l'étage supérieur des dessous par des gaînes verticales cylindriques de $0^m,95$ de diamètre, traversant l'étage moyen. Cet étage moyen est, lui-même, en communication directe, soit avec celui du dessus, soit avec celui du bas, par des ouvertures annulaires concentriques aux susdites gaînes de $0^m,95$. L'arrivée de l'air chaud ou froid dans les chambres de mélange se règle au moyen de cloches en tôle disposées au-dessus des gaînes et au-dessus des ouvertures annulaires. Par un mécanisme ingénieux, on fait monter ou descendre ces cloches à volonté, et indépendamment pour chaque série de chambres » (1).

Grâce à ces agencements, à ces mécanismes, l'ordonnateur est ainsi maître de régler à son gré et à tout instant, la température ou la ventilation des diverses parties du théâtre; aussi le résultat est-il parfait, de l'aveu de tous. Mais à quel prix? On ne le dit pas.

Outre l'intérêt du capital, le fonctionnement exige : un directeur, un mécanicien, deux chauffeurs, deux aides; c'est beaucoup de monde, mais en toutes choses, surtout pour premier établissement : on ne fait rien de rien.

Tout agrément s'achète, c'est à l'entrepreneur qui exploite la salle à trouver payeur.

Mais ce bien-être luxueux ne peut être obtenu dans les salles ordinaires, où il faut se contenter de n'y pas être incommodé, comme cela arrive trop souvent dans la plupart; car les salles de spectacle qui sont à étages et habitées jusqu'au plafond ne sont pas, dans le cas des églises et des salles de réunion, habitées seulement au rez-de-chaussée où on peut chauffer, sans se préoccuper de l'accumulation de la chaleur dans les couches supérieures. Même avec l'éclairage électrique, il y aura toujours un excès de chaleur nuisible aux spectateurs de cet étage dénommé ironiquement le *Paradis*.

On ne peut donc se dispenser de ventiler d'une façon continue et réglée, en aspirant l'air vicié au moyen d'orifices de sections calculées et d'un moteur qui entraîne un volume d'air déterminé pour ne pas produire de courants d'air insupportables ; ce qui ne peut avoir lieu qu'à la condition de remplacer les sorties par des entrées équivalentes.

Or ces rentrées, pour ne pas être gênantes, doivent être à la température moyenne de la salle et d'un cube proportionné au remplacement.

Tel est le programme de tout système, comportant par conséquent l'élévation de la température de l'air à introduire pour le renouvellement, sa vitesse, d'où son cube, et les sections des orifices d'évacuation.

Le règlement de ces deux services doit composer une harmonie, hors de laquelle il n'y a que désordre et courants d'air aigus.

C'est un problème difficile, qui ne peut se résoudre d'après une formule empirique, mais exige un

1. Rapport de MM. Demimuid et Herscher, novembre 1880.

calcul, suivant les différences de température; aussi nous reconnaissons la nécessité de l'intervention du Directeur de la ventilation de l'Opéra de Vienne (1), du mécanicien.

Une des conditions les plus essentielles à remplir, c'est d'éviter les courants d'air ; or si l'on fait arriver l'air pur à une température inférieure par le haut, hiver ou été, il tombera en chute sur les crânes des spectateurs chauves.

Il est donc nécessaire de le faire venir par le bas. La chambre de mélange d'air, étant sous la salle, est facile à établir dans le plancher du rez-de-chaussée et dans celui du premier étage, de telle sorte que toute la salle baigne dans l'air nouveau, dont le mouvement d'arrivée ne doit pas dépasser 100 décimètres cubes par seconde.

« Les prises d'air, dit M. le général Morin (2), doivent être ménagées, s'il se peut, dans des jardins voisins, loin des habitations près des cheminées spéciales, puisant, par appel, cet air au-dessus de l'édifice. L'on aura soin que ces conduits soient aussi éloignés que possible des cheminées d'évacuation de l'air vicié, et que leur orifice ne s'élève pas à la même hauteur que ces cheminées, afin qu'il ne se produise pas d'appel, des unes aux autres.

« Si l'air nouveau doit circuler dans des conduits souterrains, les murs, les voûtes, et le sol de ces conduits seront en maçonnerie hydraulique parfaitement étanche, et l'on n'y permettra aucune communication de service autre que la surveillance de leur état de propreté complète. »

Les bouches d'introduction doivent être très divisées, le règlement doit se faire de la façon la plus simple pour éviter toute chance d'erreur pendant la lutte; toutes les clés doivent être installées de telle sorte que le mélange devra se faire seul.

S'il fait trop chaud, le chauffeur doit fermer ou diminuer l'introduction de l'air chaud dans la chambre de *mélange* et augmenter l'introduction de l'air froid; s'il fait trop froid, il doit faire le contraire, et, par le même mouvement, fermer ou entre-fermer le conduit d'air froid. C'est donc bien, on le voit, une direction délicate qui ne peut être confiée à un chauffeur quelconque.

« Quant aux précautions à prendre, dit encore le même auteur, l'évacuation par appel de l'air vicié déterminant nécessairement la rentrée d'air nouveau, il importe de veiller à ce que l'ouverture deportes, en facilitant celle-ci, n'occasionne pas de courants d'air désagréables.

« A cet effet, les corridors, les couloirs, les escaliers, devront, l'hiver, être chauffés à une température de 18° à 20° environ. Les portes des loges voisines étant ordinairement contiguës, il sera convenable d'établir, dans les corridors, devant chaque couple de portes, une bouche de chaleur, afin que, lors de l'ouverture momentanée de ces portes, il entre dans la loge correspondante de l'air chaud.

« On fera de même près de chaque porte de couloir ou d'amphithéâtre ; mais il conviendra que ces bouches de chaleur soient disposées dans des plans verticaux, et non à fleur du plancher. Les couloirs auront deux portes battantes fermant de dehors en dedans, et entre lesquelles il y aura une bouche des chaleur. »

Quant à l'évacuation de l'air vicié, elle doit se faire : 1° par la cheminée du lustre, s'il y en a un, car la chaleur développée par la combustion est ainsi utilisée ; 2° par les cheminées ventilatrices y aboutissant et prenant l'air au travers de grandes grilles percées dans le plafond de l'amphithéâtre.

La surface libre de ces bouches étant calculée par la condition que l'air y pénètre à la vitesse de 0,25 à 0,30 par seconde.

1. Sans ce fonctionnaire, cet important service courrait les mêmes risques que dans les théâtres de la ville de Paris.
2. *Traité de chauffage et de ventilation.*

Pour faciliter l'appel de l'air vicié, il est naturel d'utiliser la chaleur perdue des tuyaux de fumée des calorifères ou des générateurs en les faisant passer dans la cheminée d'évacuation, après avoir pris toutes les précautions pour éviter les fuites et les remous aux orifices, etc.

Cette cheminée qui reçoit à sa base, comme un collecteur reçoit des drains, tous les conduits d'aspiration des étages supérieurs, doit s'élever au centre de la coupole de la salle d'une hauteur d'au moins 8 mètres. Elle doit être munie, à sa base, pour l'été, d'un foyer auxiliaire d'appel.

Sa section est à calculer de façon que la vitesse moyenne d'évacuation y soit d'environ 2 mètres par seconde.

Les conditions particulières de chaque salle, ne permettant pas l'usage d'une formule générale, obligent à une étude spéciale pour chaque cas particulier ; c'est à l'observation qu'il faut demander les raisons déterminantes du choix d'un système, et au calcul les détails de l'application.

La ventilation présentant plus de difficultés que le chauffage, on comprend combien la substitution de l'éclairage électrique à l'éclairage au gaz, tout en évitant la plus grande cause d'augmentation de chaleur et de viciation de l'air dans les salles, enlèverait, par contre, la possibilité d'utiliser la chaleur du lustre pour l'appel à l'air vicié dans la cheminée centrale d'évacuation, et obligerait à l'emploi d'un appareil ventilateur mû par un moteur mécanique, plus facile à régler, à modérer, qu'un appel par la chaleur de brûleurs à gaz. Plus de dépense, mais plus de profit.

Les théâtres de la ville de Paris, du Châtelet, du Lyrique, de la Gaîté et du Vaudeville avaient été dotés, à grands frais (1) de toute une organisation de chauffage, de ventilation et d'éclairage savamment combinée par une commission spéciale qui, malheureusement, n'a pas fonctionné assez longtemps pour pouvoir être appréciée complètement ; les directeurs qui n'ignorent cependant pas que l'excessive chaleur est rendue plus insupportable par les odeurs du gaz brûlé, éloignent beaucoup de monde de leurs salles, en ayant, par économie de personnel et de combustible, supprimé, dès le début, une partie du fonctionnement.

Malgré ces essais coûteux, le problème à résoudre reste donc toujours posé à l'ordre du jour des préoccupations des hygiénistes et des architectes.

## SORTIE DU PUBLIC

Après avoir diverti les spectateurs, leur avoir rendu agréable un séjour de plusieurs heures, il reste à faciliter leur sortie, sans désordre ; car celle-ci a lieu, pour tous, au même moment. Il faut prévoir aussi les cas d'accidents : incendie, tumulte, panique, c'est-à-dire l'évacuation complète de la salle en trois ou quatre minutes, et sans précipitation.

D'abord, comme les places de chaque étage se vident en même temps, il faut que, chaque couloir de pourtour ait une surface suffisante pour contenir à l'aise les spectateurs de cet étage, puis que ceux-ci puissent descendre sur les escaliers qui desservent cet étage, obligés par conséquent à présenter une surface proportionnelle.

Enfin, à l'inverse du mouvement des entrées, où les escaliers d'accès qui, d'un centre, le contrôle, conduisent les spectateurs à leurs places, dans l'espace d'une demi-heure ; il faut que : ceux affectés à la sortie les dispersent en quelques minutes au dehors, sur les voies publiques qui entourent l'édifice ;

1. Au Châtelet : 168,000 fr. pour 3,000 places (grand maximum), soit 56 fr. pour chaque place ; au Lyrique : 216,000 fr. pour 1,600 places, soit 127 fr. 40 de premier établissement, sans préjudice des frais de fonctionnement.

par conséquent, aboutissent à des issues divergentes, augmentent, à chaque étage, en proportion du nombre des personnes qui y descendent, en largeur ou en quantité; enfin que les passages et les portes de sortie, *se développant en dehors*, aient la largeur des dernières marches.

Les règles à suivre sont donc indiquées par l'énoncé du but à obtenir.

1° A chaque étage, couloirs suffisants pour contenir debout tous les spectateurs, des places qui y aboutissent;

2° Débouchés des couloirs par des portes, de même largeur, et des escaliers assez spacieux et nombreux pour évacuer, sans poussée, d'un étage à l'autre, les mêmes spectateurs;

3° Élargissement successif des escaliers principaux en descendant, ou augmentation du nombre, par l'établissement d'escaliers spéciaux de sortie, droits, sur les flancs de la salle, déversant la foule immédiatement dans les rues latérales, afin d'éviter toute concentration et encombrement sous le portique;

4° Portes de sortie ayant la même largeur que les dernières marches et se développant au dehors.

La promptitude de l'évacuation peut être calculée mathématiquement en tenant compte de ce qu'une porte ordinaire, à deux vantaux, laisse passer de dix à douze personnes en une minute, par 0m,55 de largeur; donc une porte de 1m,65 laissera passer 36 personnes par minute, une porte de 2m,30, 48 personnes, et, en cinq minutes, 240 personnes.

Il ne faut donc que cinq portes à deux larges vantaux pour assurer, sans précipitation, la sortie de 1,000 spectateurs en cinq minutes, et éviter ainsi tout encombrement retardant l'évacuation.

Les anciennes ordonnances de police, prescrivent une porte minimum de 1m,50 par 300 personnes, et, au delà de 2,000 places, 0m,60 de plus de largeur de sortie, par chaque centaine de places.

Mais comme la nuit, surtout par le mauvais temps, les spectateurs ne peuvent être, c'est le cas de dire, à la porte ou sur le pavé, sans abri, le où les portiques remplissent de nouveau une fonction des plus utiles; ils méritent donc toute la sollicitude de l'architecte pour leur donner une disposition commode, une ampleur suffisante et des ouvertures faciles.

Ceux du Théâtre-Français, de V. Louis peuvent encore être cités, comme modèles, de difficultés vaincues; car leur étroitesse est corrigée par la multiplicité des sorties sur trois côtés et par l'étendue du vestibule. (Planche 11.)

La fréquence des incendies de théâtres, le nombre des victimes, surtout à celui de Vienne, ont provoqué plusieurs projets ingénieux sur la construction des escaliers et la disposition des issues, parmi lesquels on peut citer ceux qui enveloppent la salle d'escaliers à paliers, entre les murs d'un double couloir; ce qui assure, ainsi, jusqu'à six et huit escaliers au premier étage.

Les *Mémoires de la Société des Ingénieurs civils* (1883) rendent compte d'un projet conçu dans ce sens par M. Piccioli.

En définitive, la solution de ce problème se réduit, en grande partie, à une question de place, et c'est le terrain qui est le plus parcimonieusement mesuré à l'architecte.

A Paris, l'Opéra est le seul théâtre où l'on ait prodigué les dégagements et les facilités de sortie; dans tous les autres, il y a insuffisance, même dans les cirques, qui sont cependant isolés.

Parmi ceux de province, on nous permettra de citer le théâtre de Reims, où le public a à sa disposition, pour la sortie, deux larges escaliers descendant sur les flancs de la salle, et déversant les spectateurs des étages aux extrémités du portique, sur les rues latérales, de façon à éviter tout encombrement au centre; les places du premier étage ayant, en outre, à leur disposition l'escalier particulier de la loge municipale, débouchant directement dans la rue Tronson-Ducoudray. La sortie a lieu, ainsi, par neuf escaliers et sept portes à deux vantaux. (Planches 15, 16.)

## EXPLICATION DES PLANCHES DE LA PREMIÈRE DIVISION

ACCÈS, ENTRÉES, VESTIBULES, ESCALIERS, FOYERS, SALLES

Les plans d'ensemble donnés pl. 57-58 et 59-60, permettent de se rendre compte des dispositions générales et des rapports de proportion entre les parties de chaque édifice et la salle.

Quant aux détails, ils sont donnés, suivant l'ordre chronologique, dans les planches **11-12**, **13-14**, **15-16**, **17**, ainsi que par la pl. 6-7 pour les vestibules des théâtres de Parme et de Gênes.

### VESTIBULES

*Pl. 11-12. Figure 1. — Vestibule de la salle de l'Opéra.*

Cette salle fut construite par Moreau, au Palais-Royal en 1764 ; elle offre un premier spécimen d'un vestibule monumental précédé de portiques convenables et accompagné d'escaliers décorés, disposés architecturalement, et distincts, pour chaque catégorie de places et aussi le premier exemple d'une disposition ingénieuse, imitée plus tard dans d'autres théâtres, l'enfoncement du vestibule sous la salle.

Les galeries latérales qui communiquent avec celles du Palais public, facilitaient beaucoup l'entrée et la sortie.

Les détails de ce théâtre et ceux de sa machinerie, se trouvent dans l'*Encyclopédie du XVIII*[e] siècle.

*Fig. 2 et 3. — Théâtre de Bordeaux.*

Plan d'une partie du portique, du vestibule et de la cage d'escalier, montrant l'importance des améliorations apportées par V. Louis dans cette partie des théâtres jusqu'alors négligée; au point de vue de l'étendue, de la simplicité, de la clarté de la disposition, de son caractère grandiose, et de l'habileté avec laquelle les effets de l'architecture sont préparés.

Le portique, qui est aussi ajouré que possible, s'offre bien à tous, car il n'est élevé que de quelques marches au-dessus de la rue; il aboutit aux portiques latéraux qui pourtournent le monument.

Le vestibule, composé de cinq nefs dirigées dans le sens de la circulation aboutissant chacune à une ouverture, aussi bien pour pénétrer dans la salle que pour sortir sous le portique est, par ses dimensions et sa disposition, une vaste salle d'attente des plus commodes.

L'atrium, à la suite, dans lequel se déploient les rampes du grand escalier qui conduit aux premières places et au foyer, par les belles galeries du premier étage est une création des plus originales. Les portes figurées dans les entrecolonnements, n'existent que dans le mur du fond.

Les entrées du parterre et les escaliers des places supérieures sont dans les angles du carré formé par le mur de pourtour, comme on peut le voir sur le plan de la salle, pl. 3-4.

*Figure 4. — Théâtre-Français.*

Plan du vestibule avant la restauration de 1861 et la construction du grand escalier, qui a supprimé la galerie de droite, en la remplaçant par la sortie sur la place du Théâtre.

Outre l'originalité et la commodité de cette disposition si ingénieuse du vestibule sous la salle, qui a permis de trouver une surface suffisante, et proportionnée au nombre des spectateurs, ce plan montre encore, par le rapport entre les vides et les pleins, la *hardiesse* et l'*habileté* de la construction ; car malgré leur ténuité, ces élégants points d'appui en pierre portent depuis un siècle, dans un quartier bruyant, toute la salle, ses 6 étages et ses annexes, dont les planchers sont remplacés par des voûtes plates. (Voir la coupe, pl. 22.)

*Pl. 13-14. Fig. 1. — Grand-Théâtre de Lyon.*

Plan du vestibule. Autre spécimen d'un vestibule sous une salle qui a aussi été imité, notamment à Strasbourg. Les colonnes de l'hémicycle portent le pourtour de la salle. Par sa grande profondeur, le portique peut tenir lieu de premier vestibule, il est surmonté du foyer, de même surface.

*Fig. 2. — Théâtre du Châtelet, à Paris.*

Spécimen de disposition économique et cependant très pratique dans laquelle la largeur des deux grandes rampes obvie à l'étroitesse du vestibule et du couloir; la proximité des escaliers conduisant aux étages supérieurs, facilite la rapidité des sorties, condition essentielle dans un théâtre populaire.

La figure 8 du parallèle, pl. 59-60 montre le plan d'ensemble de ce théâtre, dans lequel on remarquera les petits escaliers latéraux pour les places supérieures à bon marché, qui, en divisant la foule, évitent les encombrements.

*Fig.* 3. — *Grand-Opéra.*

Plan des escaliers et de la salle. Nous y reviendrons plus loin, le plan d'ensemble donné pl. 57-58 fig. 8, montre l'importance et la disposition des portiques et des salles d'attente qui précèdent la cour de l'escalier.

La planche 22 donne un fragment de la coupe.

*Planches* 15-16. *Fig.* 1. — *Théâtre de Reims.*

Plan du rez-de-chaussée, montrant la disposition et les proportions du portique, du vestibule et des escaliers d'accès et de sortie.

*Fig.* 2.

Coupe sur le vestibule, les escaliers et les galeries d'étages.

*Fig.* 3.

Coupe longitudinale du monument sur le foyer, la salle et la scène (cette dernière par anticipation, car elle ne peut être séparée de l'ensemble).

*Planche* 17. *Id.*

Détails des couloirs sur le palier du grand escalier; les colonnes portent en même temps le mur auquel est adossé l'amphithéâtre des places supérieures, indiqué dans la coupe longitudinale.

FOYER

*Planche* 18. *Id.*

Vue perspective du foyer prise du salon de la Tragédie.

SALLES

Comme complément à cette étude, revoir les plans des salles de Bordeaux, pl. 3-4, fig. 6; de la Comédie Française, pl. 5, fig. 1; du Théâtre-Lyrique, pl. 5, fig. 2; de la Scala, pl. 6-7, fig. 1; de l'Opéra, pl. 13-14, fig. 3.

*Planche* 19-20. *Fig.* 1, 2, 3. — *Théâtre de Reims.*

Plans du premier étage, du deuxième étage et du troisième ou amphithéâtre des places à bon marché.

*Pl.* 21. — *Acoustique des salles.*

Plan et coupe du projet d'Opéra populaire conçu par MM. Davioud et Bourdais, d'après les données mathématiques de cette science. Extrait de la *Nouvelle revue d'Architecture et des travaux publics*, 4me année, 1er décembre 1875. La forme de la salle est demi-circulaire pour la partie opposée à la scène.

La partie antérieure est tracée suivant une courbe qui n'est ni un cercle ni une parabole, mais déterminée par des points de telle sorte que divisée en 20 parties égales, chacune d'elles sert de répercuteur du son à 20 parties différentes de la salle, ainsi subdivisée.

Cette partie antérieure constitue le cadre de la scène, forme un immense porte-voix pour l'orchestre, les acteurs et les chœurs.

La conque qui forme le fond de la scène, est une surface de révolution engendrée par une courbe de même nature que celle précédemment décrite, de manière à envoyer en avant tous les sons perdus d'ordinaire.

En outre, afin d'augmenter sensiblement les effets de sonorité, 72 vases renforçants accordés à l'avance suivant les notes successives d'une gamme chromatique de 6 octaves, et rendus muets ou parlants au moyen d'un mécanisme spécial, sont établis près de l'orchestre.

La courbe montante du plancher est tracée de telle sorte que chaque rangée domine la précédente de 0,20 cent. entre les yeux et les crânes, tenant ainsi compte des coiffures des dames.

**Disposition. Décoration.**

*Planche* 22. *Fig.* 1.

Coupe de la salle du Théâtre-Français, telle qu'elle fut exécutée primitivement par V. Louis (voir page 14); elle montre le premier essai en France d'une construction incombustible, par la substitution du fer au bois dans les charpentes; le remplacement du chevronnage et du voligeage par un hourdis en poteries creuses, sur lequel est fixée la couverture en ardoises.

La métallurgie de l'époque ne pouvant confectionner que des fers martelés de petites dimensions, on peut juger de la nouveauté de la conception et des difficultés de l'entreprise.

*Fig.* 2.

Coupe sur la salle du Grand-Opéra de Paris à l'échelle de $0^{m},004$ seulement. On peut dire qu'elle marque l'apogée du système inauguré par Louis, dans la salle de l'Opéra de la place Louvois. Malgré sa petite dimension, ce petit dessin suffit à faire comprendre, par comparaison avec la coupe de la salle de la Scala, pl. 6-7; la différence radicale entre les deux systèmes, français et italien.

La coupe du théâtre de Reims, pl. 15-16, montre un spécimen de l'autre système de disposition et de décoration des salles françaises; celui dans lequel le pourtour est formé d'une série d'arcades semblables, sur colonnettes en fonte (système des théâtres de la place du Châtelet). Seulement ici les colonnes sont dégagées et visibles dans toute leur hauteur.

*Pl.* 23-24. *Fig.* 1, 2, 3. — *Plafonds.* — *Disposition et décoration.*

Plafonds des salles de V. Louis, à Bordeaux et au Théâtre-Français.

La différence entre les dimensions des deux salles provient, ici, de ce que dans la première, les voussures couvrent l'amphithéâtre supérieur, agrandissant ainsi la surface invisible de la salle; car la façade des loges est fort en avant, tandis que dans la seconde, où cet amphithéâtre est supprimé et remplacé par des petites loges peu profondes, la décoration s'arrête devant ces loges, diminuant ainsi sensiblement la surface de la voûte; ce qui trompe sur les dimensions respectives de ces deux salles.

*Fig.* 5. — *Coupole et voussures de la salle du Grand-Opéra.*

Celles-ci couvrent aussi l'amphithéâtre supérieur, mais ne se confondent pas comme à Bordeaux.

La coupole, construite en feuilles de cuivre doré, reçoit directement la peinture de M. J. Lenepveu, représentant les heures du jour et de la nuit, avec le soleil du côté de la scène et la lune de l'autre; l'aurore et le crépuscule entre les deux, à droite et à gauche.

*Fig.* 4. — *Plafond de l'Opéra-Comique.*

Ce plafond a été peint par M. Lavastre jeune, sur une surface concave unie; aussi les moulures de l'architecture figurée sont-elles peintes en trompe-l'œil; les archivoltes des petites arcades du pourtour reposent sur les colonnettes en fonte, du dernier étage de loges, puis sur la plate-bande irrégulière de l'avant-scène, où elle est alourdie par deux triangles en porte-à-faux, signalés comme une lacune dans le cours de l'article.

Le dernier étage de loges est couvert d'un plafond uni qui ne participe pas à la décoration.

*Fig.* 6. — *Plafond du théâtre de Reims.*

Il est divisé en caissons rayonnants, dont les panneaux sont, par leur construction, enfoncés entre les champs et les moulures en relief, le raccord entre la couronne circulaire et l'arc doubleau au droit des avant-scènes se fait ici naturellement grâce à la grande voussure pénétrée par les arcades du pourtour, qui sont beaucoup plus larges que dans le théâtre précédent. L'étendue et la hauteur de l'amphithéâtre supérieur ne nous ont pas permis de raccorder le plafond avec celui de la salle, quoique plus élevé, nous l'avons figuré pour marquer les dimensions de celle-ci à cet étage.

*Planche* 25.

Détails à l'échelle de $0^{m},020$ pour mètre, de la salle du théâtre de Reims; les balcons et les voussures de l'entablement sont en staf; les ornements gaufrés en relief, en meublant toutes les surfaces, leur retirent tout aspect mesquin ou maigre.

*Pl.* 26-27. — *Même salle.*

Détail à $0^{m},05$ d'une travée du plafond. Si la décoration de la voussure et de l'entablement est en relief, celle de la coupole, panneaux et champs est en peinture; ce qui a permis de lui donner plus de moelleux et d'aider ainsi à l'effet ascensionnel. Les figures des panneaux ont été peintes par M. Emile Bin.

*Planche* 28.

Les six premières figures montrent quelques spécimens des deux formes de balcons, les plus usitées et les plus rationnelles, pour la forme des jambes que ces garde-corps sont destinés à cacher. La courbe des balcons du Vaudeville, fig. 4-5 est la plus ancienne, elle offre l'avantage de dégager l'appui pour renfler la base; mais elle est moins logique et dans les petites longueurs, elle alourdit les balcons, qui doivent avoir la légèreté de toute construction suspendue.

Tandis que la courbe contraire employée aux théâtres : Français, du Châtelet, Lyrique, et de Reims, etc., épouse mieux la forme des jambes, et donne plus de légèreté aux balcons, surtout lorsqu'ils sont en corbeille. La grosse moulure de base de celui du Châtelet est en cuivre, ajourée pour le passage de l'air chaud. La panse est lisse et décorée de peintures, tandis que les ornements des balcons de Reims sont en relief.

La même planche contient les détails de construction des voussures, sur lesquels nous reviendrons, à l'article construction.

## APPAREILS D'ÉCLAIRAGE

Bien que la plupart appartiennent à la scène, nous les avons placés ici eu égard : 1° aux appareils anglais, utilisables seulement dans le foyer, les couloirs et la salle où leur emploi rendrait de grands services à défaut de l'électricité. (L'état dans lequel se trouve la splendide cage du grand escalier de l'Opéra, est assez démonstratif. Bien qu'on n'illumine que trois fois par semaine, les *pierres* des étages supérieurs sont déjà *noires*, et dans les couloirs les parties des *plafonds* avoisinant les becs sont *brûlées*.)

L'appareil dit *Sun Burner* (fig. 11) est très applicable dans les grandes cages d'escaliers, les foyers et dans les salles, il est appliqué en Angleterre aussi pour l'éclairage des salles, notamment à l'Adelphi, dont nous avons précédemment donné le plan. Le nombre des becs, réduit à 9 dans les petits appareils, peut être porté à 550 dans les plus grands, produisant ainsi une immense lumière.

2° Aux globes lumineux ventilés pour l'éclairage des couloirs (fig. 10), et aussi projetés pour l'éclairage des loges du premier étage au théâtre de Reims (fig. 12), conformément à la description donnée page 57.

Les appareils de la scène sont : Figure 1, jeu d'orgue ; fig. 2, rampe de terrain, fig. 3, rampe de l'avant-scène ; fig. 4, rampe du Théâtre-Lyrique (ancienne) ; fig. 5, rampe projetée par le général Morin ; fig. 6, rampe électrique de l'Opéra ; fig. 7, portants ; fig. 8, boîte conique à effets ; fig. 9, herse.

### *Rampe électrique de l'Opéra.*

La rampe électrique existant actuellement à l'Opéra est en fer; elle est montée comme l'indique le dessin sur la cheminée d'appel des becs de gaz : elle suit donc le mouvement de bas en haut et de haut en bas, que l'on imprime à la rampe à gaz à l'aide d'un treuil.

La boîte, dans laquelle courent les fils, est en tôle de 2 millimètres, de place en place et afin de soutenir les fils sur la longueur de la rampe, des supports en ardoise sont fixés dans cette tôle.

Les lampes sont placées sur des tiges en fer, munies de raccords; les douilles des lampes viennent se visser sur ces raccords. La rampe électrique est maintenue sur la rampe à gaz par des attaches en fil de fer.

L'installation de cette rampe établie dans des conditions absolument provisoires dans l'intervalle de deux représentations, serait susceptible d'améliorations pour le cas d'un éclairage à installer dans un théâtre en construction.

## CHAUFFAGE ET VENTILATION

(D'APRÈS LE COMPTE RENDU FAIT A LA SOCIÉTÉ DES INGÉNIEURS CIVILS)

### *Pl. 31. — Coupe transversale sur la salle de l'Opéra de Vienne.*

La surface de section des canaux d'air, comparée à celle de la salle, montre de suite l'importance de ce service. On voit qu'avant de commencer la construction, on a eu la volonté d'arriver à un bon résultat et qu'on a eu l'énergie de faire la dépense, c'est-à-dire les sacrifices nécessaires ; aussi le résultat répond-il aux efforts et aux sacrifices.

1. Note communiquée par les constructeurs de la Société de la lumière électrique, Edison.

## DEUXIÈME DIVISION

# SCÈNE

PL. 32-33, 34-35, 36, 37-38, 39-40, 41, 42-43, 44-45, 46, 47-48, 49 et 50 (1).

A la suite de la salle, où sont les spectateurs, se trouve la *scène*, sur laquelle est représenté le spectacle et où se développe le poème lyrique, tragique ou comique, exposé d'une série de faits et de situations, qui nécessitent la mise en mouvement de nombreux personnages et la vue des lieux où se passe l'action, c'est-à-dire : l'apparence de la vérité.

Or, l'illusion à laquelle nous tenons absolument, ne peut s'obtenir que par un simulacre aussi exact que possible de ces lieux, montagne ou forêt, palais ou prison, au moyen de nombreuses peintures de toutes formes, *dites décors*, accompagnés de meubles et autres objets réels, puis des personnes qui concourent à l'action, les *acteurs*, et les *figurants*.

Il faut donc que la surface de la scène suffise non seulement à tous ces déploiements, mais encore à leur préparation, leur montage, démontage et rangement hors de la vue du public, et rapidement ; au moyen d'une machinerie compliquée. Or, cette promptitude de manœuvres ne peut être obtenue qu'autant que les *machinistes* trouvent sur les côtés des dégagements suffisants ; car, après avoir circonscrit l'action dans un étroit espace, il faut pouvoir l'ouvrir tout à coup, et l'étendre jusqu'à figurer la nature sous ses formes les plus diverses : plaines, forêts, cours d'eau, même la mer ; en un mot passer d'un cabinet ou d'un cachot à une place publique, ou à une campagne animée.

De là, nécessité d'affecter à l'ensemble de la scène un bâtiment immense, surtout en largeur et en hauteur ; de l'accompagner de vastes annexes, telles que : remises à décors, magasins pour les accessoires, salles de service, de réunion, de toilette, chambres des acteurs, vestiaires, etc.

C'est le cadre de l'avant-scène qui détermine les proportions et les dimensions de la scène ; cependant, quelle quelle soit, la profondeur a une limite imposée par la nature : la taille des acteurs et des figurants.

Effectivement, si le peintre peut simuler sur ses toiles les horizons les plus lointains, il ne peut diminuer proportionnellement les personnes qui doivent en approcher ; aussi les décors figurant les lieux habités ne peuvent-ils guère être éloignés de plus de seize à dix-huit mètres sans disproportions choquantes, à moins, de recourir aux enfants, ce qui n'empêche pas de représenter au delà, sur des toiles de fond, les perspectives les plus fuyantes pour lesquelles les peintres ont, sur leur palette, toutes les facilités d'éloignement. Contrairement à l'opinion des décorateurs du XVIIIe siècle, qui faisaient faire des scènes plus profondes que larges, les grandes profondeurs ne sont pas nécessaires pour produire de grands effets. Celle du Grand-Opéra (pl. 59, fig. 8), qui a été prévue pour tous les déploiements imaginables, a vingt-sept mètres, tandis que la scène de la salle des machines aux Tuileries en avait quarante (Page 8) (2).

1. Pour rendre les explications qui vont suivre plus pratiques, nous avons adopté de préférence une scène de théâtre ordinaire, aussi avons-nous pris les plans et coupes de la scène du théâtre de Reims, comme étant celle que nous connaissons le mieux ; toutefois avec le supplément de profondeur de 1m 70 qu'elle eût dû avoir, si la Ville s'était décidée à acquérir au début une petite maison (achetée plus tard), dont la saillie importune sur le rectangle affecté au monument, nous a obligé à replier notre plan de quelques mètres. (Voir pl. 59-60, fig. 10.)

2. Voir les plans donnés par Dumont, Patte, et l'*Encyclopédie*.

Mais, par contre, la largeur et la hauteur sont plus que jamais indispensables pour répondre aux exigences de la mise en scène et satisfaire à l'impatience des spectateurs, lors des entr'actes et dans les changements à vue.

Comme le contenant doit être fait pour le contenu, nous ne pouvons traiter cette question des dimensions de la scène qu'après avoir expliqué le matériel scénique qui y est renfermé.

---

## MATÉRIEL SCÉNIQUE ET DISTRIBUTION DE LA SCÈNE

Les moyens principaux employés pour produire l'illusion des lieux, en représenter l'apparence, sont : les peintures sur toiles dites *décors*, qui se divisent en plusieurs parties distinctives (voir pl. 39-40 et 41).

1° Les châssis verticaux, de côté et mobiles, dits *coulisses* (C, pl. 35, et C, D, G, F, pl. 39-40), ou feuilles de décoration, qui forment les plans successifs de la perspective et représentent les murs, les piliers, les arbres, les premières maisons des rues et des places publiques, les collines, qui précèdent les chaînes de montagnes, les rochers au bord de la mer, etc. Tous sont dressés de chaque côté de la scène, et amenés en place par une manœuvre des *dessous*.

2° Les décors du milieu dits *fermes équipées* (A, pl. 35 et 39-40), qui occupent tout ou partie de l'intervalle entre les coulisses, dont les bâtis sont adaptés sur des châssis de charpente, dits *fermes* qui, sortant des dessous, émergent du plancher de la scène, dans les changements à vue, et montent quelquefois très haut jusqu'aux *bandes d'air*.

3° Les plafonds, frises, bandes d'air ou de ciels, vols, ou gloires ; toiles suspendues au-dessus de la scène et descendues du cintre par des fils manœuvrés du *gril* (B, pl. 39-40).

4° Les toiles de fond qui occupent toute la largeur visible de la scène (pl. 35, 37, 39-40), et sur lesquelles sont représentés les *lointains*, les *horizons*, etc., sont également suspendues et manœuvrées du gril.

5° Les *praticables* (pl. 35, G, pl. 41), constructions légères, horizontales ou en pente, élevées à bras sur la scène, pour représenter les étages des tours et des maisons, les ponts de navire, les escaliers, les paliers dans les rochers, les ponts, etc.

6° Les *terrains* simulant les haies, les buissons, etc. sur des petits châssis découpés apportés à bras, ou sortant des dessous.

En résumé, trois systèmes de décors : les premiers venant des côtés, les deuxièmes montant des dessous, les troisièmes descendant du cintre.

Les dimensions et les divisions du bâtiment de la scène sont motivées par les nécessités de chacun de ces trois systèmes.

Les divisions horizontales sont donc au nombre de quatre (pl. 39-40) : 1° les *dessous* à deux, trois ou quatre étages, destinés à la manœuvre des coulisses, à l'équipement des fermes, à leur montage et à leur descente ; 2° la scène proprement dite appelée aussi le *terrain*, destinée à recevoir tous les développements de l'exposition et à leur préparation ; 3° le *cintre* pour les toiles de fond et les plafonds, rétréci de chaque côté par des ponts fixes de service ; 4° le *gril*, où aboutissent tous les cordages de suspension des toiles précitées. Toutes ces divisions dépendant de la scène et étant réglées par elle, nous en donnerons d'abord l'explication.

*Scène* (pl. 35-36 et 41), dite aussi le *terrain*. — Vaste plancher, en pente de 35 à 40 millimètres par mètre, depuis la *face* à l'avant-scène, jusqu'au *lointain* au mur du fond, afin de faciliter la vision des spectateurs du rez-de-chaussée et la perspective.

Ce plancher est précédé de la saillie du *proscenium* ou avant-scène, élevé de $1^m,20$ au-dessus de l'orchestre, qui pénètre dans la salle suivant une courbe plus ou moins arquée, plus saillante dans les théâtres lyriques que dans les théâtres de drame ou de comédie, afin de permettre aux chanteurs de mieux faire entendre leurs modulations. Cette sortie hors du décor, contraire à la réalité de l'illusion, acceptée pour la musique, doit au contraire être beaucoup moindre sur les scènes tragiques ou comiques, car les monologues et les dialogues ne peuvent être débités que sur place, entre décors. Cette avancée sert à loger *la rampe* d'éclairage et le trou du souffleur (voir pl. 32et 36).

Le cadre de l'avant-scène qui termine la salle et arrête sa décoration, ne règle pas seul l'ouverture de la scène ; il est accompagné d'un encadrement mobile, composé de tentures rouges, dit le « *manteau d'Arlequin*, » formé d'un lambrequin et de deux draperies tombantes, une de chaque côté (C, pl. 35 et 41), soit trois parties mobiles, se rapprochant ou s'éloignant, pour rétrécir ou élargir la scène, formée par les décors, suivant la plantation.

Le sol de la scène est divisé dans sa profondeur parallèlement au cadre, en plusieurs parties appelées *plans*, correspondants à ceux de la perspective et indiqués par des rainures (pl. 34-35 et 36).

Chaque plan est lui-même divisé en plusieurs parties dont la première et la plus grande, se nomme *rue* (II, pl. 36), celle-ci généralement d'une largeur de $1^m,15$ à $1^m,20$, occupe toute la largeur de la scène ; elle est décomposée en panneaux d'environ un mètre appelés : *trappes* (A, pl. 36), la plupart mobiles, posés sur des feuillures dans lesquelles ils glissent. La deuxième partie est elle-même subdivisée en deux (1) nommées *petites rues* (Id.), occupées par les *trappillons* (c et c), entre les *costières*, dans lesquelles sont les fentes ou rainures destinées au passage des tiges en fer des *mâts*, qui soutiennent les décors de côté C et D, 44-45), ces fentes, de $0^m,025$ à $0^m,03$, toujours ouvertes pour ce service, sont fermées au moyen de tringles, avant les danses.

Les fentes et les trappillons se prolongent au delà de l'ouverture de la scène, comme nous le verrons tout à l'heure.

Lorsqu'on *ouvre une rue*, les trappes se séparent depuis le milieu de la scène, et disparaissent, l'une à droite, côté *cour*, l'autre à gauche, côté *jardin*, et se perdent sous le plancher à un endroit nommé la *levée*..... (pl. 36).

La largeur de la scène étant ainsi ouverte, il faut que les trappes trouvent, sous la partie immobile du plancher une longueur égale à celle qui a été déplacée, dite le *tiroir*, c'est-à-dire à la moitié de la scène visible. Les plans doivent donc avoir quatre fois cette demi-largeur, ou deux fois celle de la scène visible. Cette largeur, qui est aussi indispensable pour la rentrée des châssis de coulisses avec leurs chariots, doit, en outre être élargie de chaque côté d'un espace suffisant pour : préparer les accessoires, disposer les cheminées des contrepoids, ranger les *tas* ou décors qui attendent, grouper les choristes et les figurants, organiser les défilés, etc. Aussi est-on amené, pour la commodité et la promptitude du service, à donner au bâtiment de la scène de 4 à 8 mètres de plus que la double largeur de l'avant-scène, qui a en moyenne les trois quarts du diamètre de la salle.

Ainsi, lorsque l'avant-scène a 12 mètres, le bâtiment de la scène doit avoir $12 + 12 + 4 = 28$ ou 30 mètres. Avec cette proportion, nulle entrave, nul embarras (2).

Tandis que si la scène est étroite, les châssis ne peuvent être rentrés en entier de côté, il faut ou les

1. En Allemagne et en Angleterre, il y en a 3, 4 et même quelquefois 5.
2. La scène de Reims, qui nous a servi pour cette explication, a 28 mètres pour un encadrement d'avant-scène de 11 mètres.

plier, au risque de les froisser, ou les faire étroits, et alors les multiplier, pour éviter que les spectateurs des places de côté ne voient entre deux plans, au risque de briser les effets, par cette multiplicité de découpures et d'encombrer les manœuvres.

Les scènes larges au contraire, permettent l'emploi de larges châssis, plus meublants, plus espacés, augmentant ainsi l'effet, et donnant plus de facilité aux décorateurs, pour les plantations obliques, des places publiques, des grandes salles, églises, palais, etc.

Elles rendent aussi les manutentions plus rapides, la main-d'œuvre plus économique, surtout lorsque les *cases*, ou dépôts pour les décors du répertoire courant, se trouvent de chaque côté.

Derrière le manteau d'Arlequin, dans la largeur de la première rue, sont les petites loges rouges (pl. 35 et 36), restes de l'ancienne et encombrante tradition du *Banc des Seigneurs*, qui, malgré tous leurs inconvénients pour l'illusion, n'ont pu être supprimées ; telle est la puissance de l'habitude (1).

Il est vrai que, pour les utiliser, on installe derrière les escaliers de service, les postes de surveillance des pompiers, les loges d'attente pour les personnes qui ont à surveiller la scène ou qui y sont appelées à un moment donné.

En avant de ces loges, contre le cadre, glisse le rideau de fer, entre les deux piédroits du mur en maçonnerie, fermeture destinée à arrêter les flammes, si un commencement d'incendie venait à se déclarer sur la scène.

Comme il est l'objet d'un article spécial au chapitre des précautions contre l'incendie, nous sommes obligé d'y reporter la description plus loin.

Après la largeur, la dimension la plus importante du bâtiment de la *scène*, c'est la hauteur ; son point de départ est celle de l'avant-scène réduite par le manteau d'Arlequin, dont l'élévation est elle-même déterminée par l'intérieur représenté ; un salon ne pouvant avoir la même hauteur qu'une église, et par le rayon visuel mené de la toile de fond (hauteur de l'œil), aux spectateurs des places supérieures.

Quel que soit l'éloignement de cette toile de fond, qui ne doit guère dépasser 18 mètres pour conserver la proportion des personnages, il faut souvent abaisser le manteau d'Arlequin pour éviter que les spectateurs de l'orchestre ne voient à travers les bandes d'air et que le son ne se perde trop ; aussi ne peut-on le placer d'après une règle précise.

Mais avant de parler des décors et des machines qui occupent les *dessus* (le sommet), il nous faut faire connaître la base : les *dessous*.

*Dessous.* — Pour les raisons données précédemment, le dessous (pl. 32-33, 34, 39-40, 41 et 44) occupe la même surface que la scène ; car, d'une part, tout ce qui y est présenté, doit, dans certains cas, pouvoir y rentrer et, d'autre part, les chariots de coulisses qui ont quelquefois plus de base, doivent y trouver toute facilité de recul. Quant à la profondeur, elle doit être suffisante pour permettre de *fondre* toute une décoration avec ses fermes de fond ; aussi doit-elle se rapprocher de celle de la scène, sans être inférieure à 7 mètres.

Pour la facilité des manœuvres et le placement des tambours, le dessous est divisé en étages, généralement trois, quelquefois quatre et cinq dans les théâtres exceptionnels, comme au Grand-Opéra de Paris.

Lorsque le niveau de la couche d'eau fait obstacle, on est obligé d'élever d'autant plus le plancher et conséquemment la salle, ce qui permet d'utiliser le dessous de la salle pour des vestibules (2).

1. Car c'est le plus souvent devant elles que jouent les acteurs ; autrement, avec la saillie du proscénium ils ne paraîtraient qu'au loin.

2. Voir les théâtres : Français, de Lyon, de l'Opéra.

Le premier dessous, haut de $1^m,90$ à 2 mètres, entre plancher et sablières, est l'étage le plus rapproché de la scène ; son plancher, parallèle au terrain, est réservé aux chariots de coulisses et à la manœuvre des trappes. Le deuxième dessous, qui a aussi les mêmes dimensions et le même plancher mobile, composé de plateaux s'enlevant à la main, sert à la manœuvre des fermes et des treuils. Quant au troisième dessous (dernier), il reçoit les tambours ou rouleaux modérateurs, enfin toute une série de chevilles de retraite.

*Cintre* (planches 37-38-39-40 et 41). — Le cintre surmonte la scène: il constitue, à proprement parler, son magasin de toiles de fond, plafonds, ciels, bandes d'air, etc. Les plus hautes doivent pouvoir y être relevées entièrement de toute leur hauteur, sans plis, ni froissements, afin d'éviter toutes les altérations qui en résulteraient. Aussi doit-il y avoir, dans cette partie du théâtre, une hauteur un peu plus grande que celle de la scène, afin d'avoir, au-dessus, un espace libre pour faciliter le service des cordages de manœuvre.

Comme les toiles, suspendues au cintre, n'occupent que la largeur visible de la scène, il reste, de chaque côté, une partie libre ou occupée par les corridors. Ceux-ci sont reliés entre eux, au-dessus de la scène, par les passerelles volantes et par les ponts fixes. Au-dessus, et posé sur les entraits du comble, se trouve le *gril*.

Dans certains théâtres, au-dessus du gril est placée une autre plate-forme appelée *petit gril*.

*Gril* (planches 37-38-39-40-41-42-43). — Plancher à jour de même surface que la scène, qui reçoit les fils de manœuvre montés sur les tambours. La hauteur, bien inférieure à celle du cintre, permet d'installer une partie de la machinerie sous les rampants du comble. Dans tous les cas, il doit être assez spacieux pour que les multiples manœuvres auxquelles il sert n'y soient pas gênées, et assez bien éclairé, pendant le jour, pour éviter l'usage des lumières.

En résumé les hauteurs du bâtiment de la scène se subdivisent ainsi :

| | |
|---|---|
| 1° Dessous de . . . . . . . . . . | 3/4 à 1 |
| 2° Scène visible, de . . . . . . . . | 1 |
| 3° Cintre, de. . . . . . . . . . . | 1 à 1 1/4 |
| 4° Gril, de . . . . . . . . . . . | 2/3 à 1 |
| Total. . . | 4 |

---

## MACHINERIE

*Machinerie.* — Si le décor est *l'effet*, la machinerie est, après la peinture, le *moyen*, et de beaucoup le plus important, matériellement parlant, en tous cas le plus encombrant. Elle comprend deux divisions : celle des dessous, celle des cintres.

Les dessous contiennent : 1° les machines qui servent à 1° faire avancer ou reculer les châssis de coulisses (*chariots, mâts*) ; 2° soulever les fermes équipées, les bâtis des apothéoses (*cassettes*) ; 3° à faire monter, par les trappes, les personnages dans les apparitions, puis à les faire disparaître.

2° La charpente des planchers, qui porte hommes et choses, fait corps avec la machinerie elle-même; aussi commencerons-nous par expliquer la partie de celle-ci qui comprend : les engins de manœuvre de coulisses, la manœuvre des fermes et leur équipement, la construction et le fontionnement des trappes et des praticables.

*Machinerie des coulisses.* — Nous avons dit que les décors de coulisses étaient des toiles peintes, formant les plans successifs de chaque côté de la scène, profilées suivant les contours des décors; clouées sur des châssis en menuiserie, elles sont maintenues verticalement sur des mâts en sapin, simples ou doubles, atteignant jusqu'à sept ou huit mètres de hauteur. Les mâts de *perroquet*, de *chantignole*, sont simples (C, pl. 39-40), les *faux-châssis* sont doubles ensemble (D, pl. 44-45).

La vraie machinerie, dans la manœuvre des coulisses, est le chariot, porteur des mâts; ces derniers se composent d'un chevron garni d'échelons assemblés; les faux-châssis de deux chevrons, entre lesquels

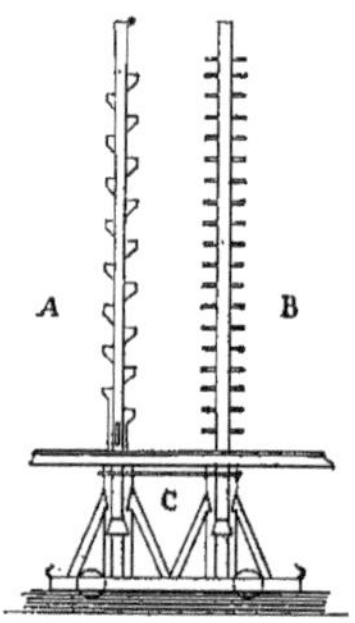

MATS
A. Mât à chantignole. — B. Mât de perroquet. — C. Chariot double roulant au moyen de galets sur un rail en fer fixé au plancher du premier dessous.

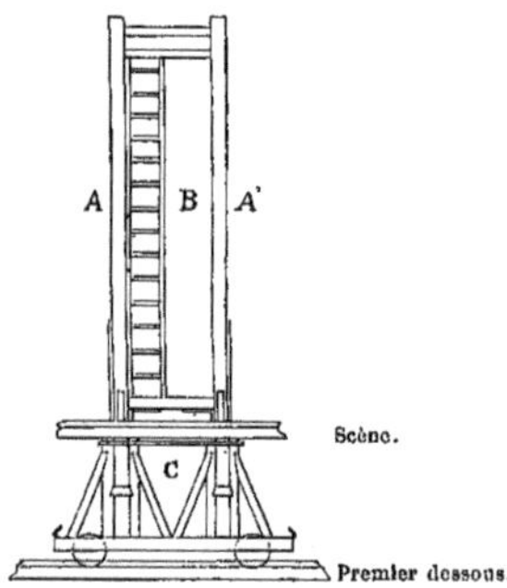

FAUX-CHASSIS
AA'. Montants emboîtés dans le chariot. — B. Échelle. — C. Chariot roulant sur des galets encastrés dans le patin.

est élevée une échelle. Le mât est monté sur son chariot, à sa partie inférieure, et assemblé avec les montants du chariot; l'appareil roule par des galets à gorge sur un rail fixé sur la sablière du premier dessous. Aux abouts des côtés du châssis sont placés des petits crochets servant à fixer les fils de manœuvre aboutissant aux tambours et aux contrepoids. Les chariots, dont la course est limitée par des heurtoirs, peuvent être poussés, soit directement à bras, soit indirectement, c'est-à-dire actionnés par des cordages, amarrés aux tambours des dessous et aux contrepoids correspondants (pl. 39-40).

Les autres décorations verticales, manœuvrées des dessous, sont les *fermes de fond* (A, pl. 39-40), ou châssis de décors : grandes décorations qui occupent tout ou partie de l'intervalle des coulisses, et qui, dans les changements à vue, surgissent du sol, par les trappillons, puis y rentrent.

Les grandes dimensions des châssis de décors, soit en hauteur, soit en largeur, surtout avec l'obligation de les maintenir verticalement, rendent leur manœuvre très difficile.

Comme les châssis de coulisses, on les boulonne sur des montants en bois, appelés *âmes*, qui entrent et glissent dans un étui particulier nommé *cassette* (K, pl. 39-40) fixé aux fermes de dessous.

Les cassettes se placent verticalement contre les sablières des dites fermes, par des brides, boulons, jambes de force; chacune d'elles se compose d'une glissière faite de quatre pièces assemblées par des frettes en bois (pl. 39-40, 44-45).

A son sommet ou tête, et de chaque côté, est encastrée une poulie AA' sur laquelle roule un fil C qui, descendant dans une rainure intérieure, passe sous l'âme et va se fixer au côté opposé. Ce fil, porteur de l'âme, sert à la faire monter ou descendre. Les fils des cassettes d'une même ferme sont montés sur un même tambour, où ils sont enroulés et tenus en tension par les contrepoids.

Les cassettes, étant mobiles, sont appliquées aux points où doivent passer les âmes : dans une petite rue pour une ferme de fond, et dans une grande rue, pour les trappes et les praticables.

Les grandes fermes qui remplissent la largeur de la scène sont ordinairement fixées sur quatre ou cinq âmes, dont les fils sont réunis sur un tambour (O, pl. 39-40), lequel en manœuvrant, soit d'un côté, soit de l'autre, fait monter ou descendre (en termes de métier, *appuie* ou *charge*) la ferme, au moyen d'un contrepoids qui, soulageant la manœuvre, descend quand la ferme monte, ou, au contraire, monte quand cette dernière descend. Les cassettes ont été simplifiées : d'abord en les remplaçant par deux coulisseaux réunis par des frettes, le fil y étant maintenu verticalement, empêche les âmes de se déverser ; en cas de rupture, il est facile à remplacer sans démonter l'appareil.

Au Vaudeville, à l'Opéra, les cassettes sont en fer et munies de galets sur lesquels roule l'âme.

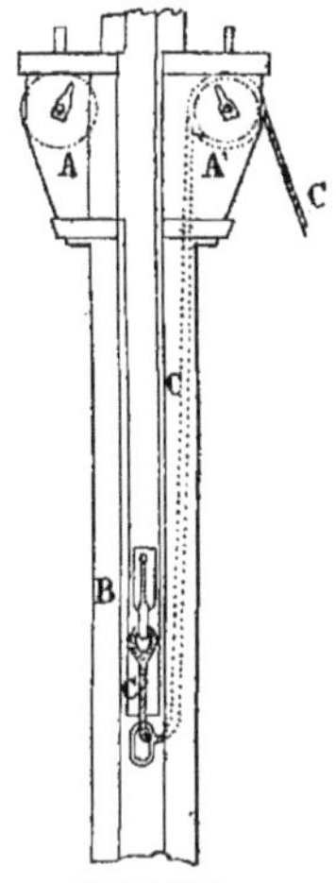


CASSETTE

AA'. Chapes avec poulies (accouplées). — B. Mousqueton en fer sur la glissière, où vient s'accrocher le fil de manœuvre. — C. Fil passant par un anneau sous l'âme, s'accroche au mousqueton, l'autre extrémité glisse sur la poulie A pour aller s'enrouler sur le tambour de manœuvre.

Grand bâti pour une apothéose avec parallèle pour groupement de figurantes.

Les bâtis avec figures pour les apothéoses, gloires, ou bien l'apparition de la reine des eaux avec ses ondines, des féeries aquatiques, en un mot tous les groupements de personnes surgissant du sol, s'élèvent par une même manœuvre de tambours sur des âmes dans des cassettes.

On s'en sert aussi pour monter les planchers de certaines parties des praticables, par exemple, ceux des ponts de navire, figurer les soulèvements volcaniques, etc.

« En général, dit Moynet(1), on appelle praticables un assemblage de fermes portant des paliers, des planchers destinés à transformer le sol du théâtre en l'élevant plus ou moins, des rampes et des escaliers servant d'accès : c'est ainsi qu'on figure les montagnes, etc. »

Ces constructions provisoires mobiles sont montées à bras, soit pendant les entr'actes, soit derrière

1. *L'Envers du Théâtre*, par Moynet. Paris, Hachette, 1874.

la toile de fond, d'une prison, d'un salon, d'une grotte, etc., où les auteurs des opéras et des féeries intercalent des scènes de transition.

*Trappes, Trappillons* (planche 46, figures 1, 2, 3, 4). — Comme nous l'avons expliqué plus haut, le plancher de la scène est divisé en un certain nombre de plans, chacun composé d'un certain nombre de parties : une grande rue pour les trappes, deux petites rues pour les trappillons; les planchers y sont mobiles entre les lignes de *levée*, partant du cadre du rideau pour limiter la partie visible de la scène, et fixes au delà.

Chaque grande rue est divisée, dans sa longueur, en panneaux de un mètre appelés *trappes*, portés sur les rainures des costières; ces panneaux se lèvent, disparaissent, moitié à droite moitié à gauche, au delà de la ligne des levées ; c'est ce que l'on appelle : *ouvrir une rue*.

C'est par les trappes que montent ou descendent les personnages à apparition : diables, fées, génies ; les meubles, tables, ponts de praticables, les bâtis des apothéoses, des gloires, des pièces à trucs. Les feuillures dans lesquelles glissent les trappes, s'abaissent vers la levée, afin que le panneau descende de l'épaisseur nécessaire à son passage sous le plancher. Elles s'abaissent ainsi, une à une, à mesure qu'elles passent à la levée. Lors du retour en place, on ramène la trappe, dans la feuillure agrandie, au niveau du plancher, au moyen d'un levier qui a été abaissé avant le passage.

L'inclinaison du fond de la feuillure forme ainsi un plan incliné dont le sommet est à l'axe de la scène et le point le plus bas, à la ligne des levées; toutefois au delà de la ligne des levées où le plancher est fixe, au-dessous des madriers est pratiqué, dans les costières, une rainure qui prolonge le plan incliné. La manœuvre des trappes se fait à la main quand il s'agit d'entraîner la moitié d'une rue ; au moyen d'un levier B, mobile qui abaisse la trappe d'un rouleau A autour duquel est entouré une corde entraînante. La figure 2 montre clairement ces divers mouvements (pl. 46).

La figure 1 (pl. 46) démontre comment s'opère, au moyen de deux cassettes transversales, la montée d'un personnage dans une apparition. Le mouvement inverse exécute la descente.

Mais les manœuvres des chariots, des fermes et des bâtis ne peuvent se faire à bras qu'indirectement, au moyen de machines dites *treuils* de relevage à contrepoids.

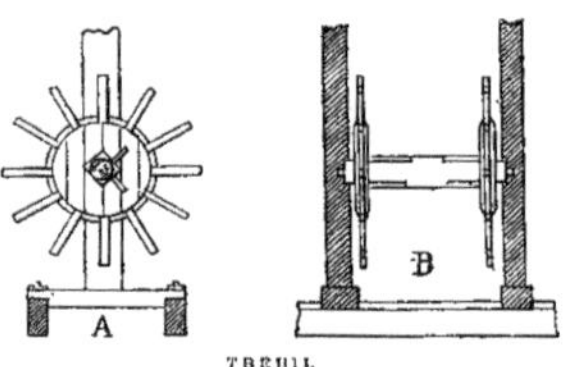

TREUIL
A. Vu en bout. — B. Vu de côté.

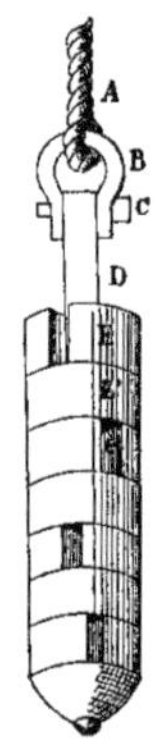

CONTREPOIDS
A. Fil de manœuvre. — B. Anneau d'attache. — C. Goupille de serrage. — D. Tige centrale. — EE'. Rondelles métalliques dites *pains*, servant à charger, à volonté, les contrepoids. Leur introduction autour de la tige D se fait par la section *e*.

*Treuils*. — Ils servent à lever et à régler les contrepoids, dans toutes les manœuvres exigeant de la force.

Ils sont composés chacun d'un cylindre tournant à bras sur un axe au moyen de deux plateaux appelés *tourtes* et munis de palettes (fig. F).

Les axes ou tourillons en fer tournent dans des coussinets, ou dans des crapaudines fixées aux montants de la charpente du deuxième dessous, dont nous allons parler.

Les treuils sont placés sur les côtés du deuxième dessous(1) pour dégager le centre, où montent et descendent les fermes, trappes, ponts et praticables.

Les contrepoids sont suspendus à des cordages et renvoyés, à droite et à gauche, dans des cages en bois dites *cheminées*, adossées aux murs latéraux. Chacun d'eux se compose d'une tige en fer rond avec boucle d'attache, terminée par un culot en fonte, sur lequel on pose un plus ou moins grand nombre de pains ou demi-pains : rondelles en fonte munies d'une fente permettant de les placer ou sortir à volonté, et, par conséquent, de régler la charge du contrepoids suivant les poids de la décoration à enlever (pl. 39-40. Fig. G, F F', *e*).

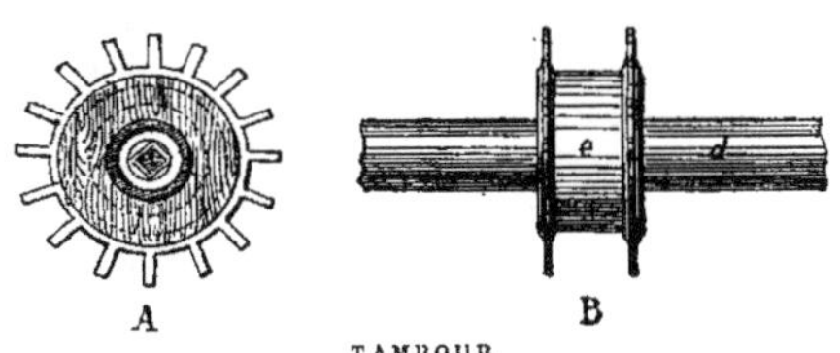


TAMBOUR

A. Vu en bout. — B. Vu de côté. — *e*. commandes. — *d*. retraites.

*Tambours* (Voir planche 37 et suivantes). —Les appareils de manœuvre par excellence de la machinerie théâtrale sont les *tambours*, ou cylindres en bois, de diamètres différents, au moyen de renflements, montés sur un arbre et placés dans les dessous et dans le cintre, parallèlement à l'axe de la scène; ils sont destinés, dans le dessous, les uns, à manœuvrer les trappes, les praticables; les autres, dits *tambours à changements*, toutes les décorations de coulisses, les fermes de fond et autres. Les premiers sont placés latéralement dans le deuxième dessous, de manière à ne pas gêner la manœuvre des treuils en laissant libre la partie centrale, les seconds sont placés dans le troisième dessous.

Le tambour est en réalité composé de deux tambours de diamètres différents, montés sur un même arbre; le plus grand porte le nom de *tambour des retraites*, l'autre celui de *tambour d'appel*. Chacun est formé de douves en sapin arrondies, placées longitudinalement et fixées sur l'arbre par l'intermédiaire de plateaux circulaires intérieurs. Chaque grand tambour porte une double série de palettes comprises chacune entre deux plateaux cloués, à contre-sens, et dits *tourtes*. C'est sur la circonférence de ces tourtes que sont clouées les tringles qui forment le renflement du tambour.

De distance en distance, sur les douves, on fixe les prisonniers destinés à servir d'attache aux cordages. Les abouts des arbres sont frettés, comme ceux des treuils, et armés de tourillons dont les crapaudines ou coussinets sont portés par des jumelles horizontales ou verticales qui doivent accompagner chaque tambour et se fixent sur les *montants*.

Le tambour d'appel reçoit les divers cordages ou fils qui font mouvoir les décorations. Sur le tambour des retraites se fixent d'une part : le fil qui se rend au contrepoids, fil dit *de retraite au contrepoids*, et, d'autre part, un second cordage, dit *retraite à la main*, qui passe sur un rouleau modérateur et s'arrête, par plusieurs tours, à un nœud sur une cheville de retraite.

Ces tambours se placent sous la scène, car ils ne gênent pas la descente des décors, lorsque la profondeur est suffisante pour que ceux-ci ne descendent pas jusqu'aux tambours. Dans l'axe se placent les tambours des *changements à vue*, destinés à faire manœuvrer, d'un seul coup, toutes les décorations de coulisses, fermes de fond et autres, qui doivent disparaître et toutes celles qui doivent les remplacer.

Comme les parties du tambour d'appel desservent les décorations, les tambours de retraite, qui se

1. Voir pl. 34 et suivantes, jusqu'à 42.

placent en regard des grandes rues, doivent être croisés de telle façon, dans leur installation, que chaque rue, petite ou grande, soit desservie au moins par un tambour d'appel.

Chaque tambour devant avoir son contrepoids, est desservi par un treuil, qui sert à régler celui-ci. Les fils de ces contrepoids, après s'être enroulés sur plusieurs poulies et remontés jusqu'au cintre, redescendent dans les cheminées des contrepoids.

*Construction des dessous* (pl. 32, 33, 34, 39-40, 44-45). — Des explications qui précèdent, il résulte que le plancher de la scène et celui des dessous devant être ajourés, et mobiles par bandes transversales, dites grandes rues, petites rues ; les charpentes de support doivent être dans le même sens. Seulement malgré les charges à porter et contrairement aux règles de la bonne construction, elles ne peuvent être reliées entre elles que par des crochets mobiles et faciles à décrocher pour le passage des pièces, tout en offrant de la résistance. Il faut donc remédier à cette faiblesse, par une combinaison de supports qui, malgré la longueur des sablières, donne le maximum de stabilité ; ce qui ne peut être obtenu que par la multiplication des points d'appui.

Chacune des solives de ce plancher à jour, est ainsi devenue une sablière de ferme, ou mieux de pan de bois, facilement acceptée, malgré les inconvénients de cette multiplicité. Chacun de ces pans de bois dits *fermes*, se compose de poteaux de fond espacés de deux mètres et de $0^m,20$ à $0^m,30$ d'échantillon dans les grandes scènes (Pl. 44-45).

Les pieds des poteaux (Pl. 33) reposent sur des sablières, dés ou parpaings en pierre disposés transversalement, pour recevoir, en même temps, les trois poteaux, des trois fermes qui constituent un plan, et assurer ainsi leur stabilité et leur fixité.

Les écartements entre les plans sont de $2^m,20$ compris les petites rues, pour se répéter de plans en plans.

Chaque cours de poteau (pl. 44-45) est coiffé d'une sablière transversale, dite *chapeau de ferme*, placée parallèlement au plancher de la scène, soit, avec une pente de $0^m,035$ à $0^m,040$ par mètre, comme il a été dit précédemment.

L'écartement de deux mètres, des poteaux de la ferme, même suffisant pour le passage des tambours, diminue la portée des sablières, qui peuvent ainsi être faites avec une section réduite.

Sous chaque sablière, les poteaux sont reliés par des crochets mobiles, en fer, posés sur les poteaux comme il est indiqué aux points... On les décroche pour le passage des pièces à monter ou à descendre.

Dans le premier dessous, chaque poteau est remplacé par deux jumelles, espacées de $0^m,09$ à $0^m,12$ ; chaque cours de jumelles porte une sablière dite *costière*. Les deux costières laissent entre elles un vide de $0^m,025$ à $0^m,030$, dans lequel passe le tenon des chariots portant les décors de coulisse ; aussi la sablière du deuxième dessous qui reçoit les jumelles, porte-t-elle un rail en fer sur lequel glissent les chariots.

Les jumelles, à leur tour, sont reliées, sous les grandes et petites rues, par des crochets en fer mobiles.

A leurs extrémités, les abouts des costières et des sablières sont fortement étrésillonnés par deux fortes longrines parallèles aux murs latéraux. Au delà, c'est-à dire, après la double largeur de la demi-levée, le plancher de chaque côté, jusqu'aux murs latéraux est porté par des solivages construits d'après les méthodes ordinaires.

Les fentes de $0^m,025$ à $0^m,030$ entre les jumelles se bouchent avec des tringles en bois garnies de ferrures pour les empêcher de passer en dessous, on les pose avant les ballets.

Le plancher du proscénium (Pl. 36), celui de la scène jusqu'au manteau d'Arlequin, sont composés de madriers jointifs posés dans le sens longitudinal.

Ce mode de construction, avec ses innombrables potelets, convertit les dessous des grands théâtres en une véritable forêt de poteaux (Pl. 34). Il est vrai que les machinistes s'en accommodent pour y clouer, visser, boulonner toutes les pièces mobiles de la machinerie, cassettes, tambours, treuils, suivant les besoins de la mise en scène; mais elle n'en constitue pas moins un encombrement, et par la grande quantité de bois emmagasiné sur un seul point, un grand danger d'incendie.

Aussi, depuis longtemps, cherche-t-on à simplifier cette construction compliquée, qui a pour elle, il est vrai, l'ancienneté, la facilité des modifications, et la multiplicité des moyens d'attache qui l'ont fait résister à toutes les critiques.

Avant de parler des modifications apportées dans la machinerie théâtrale qui, pour le Grand-Opéra, ont fait l'objet d'un concours et d'un examen très approfondi, par une commission spéciale, nous mentionnerons seulement celles réalisées dans la construction des dessous, par l'emploi du fer et de la fonte.

Déjà au théâtre du Vaudeville, érigé par la ville de Paris, tous les dessous avaient été construits en fer, suivant le système Reygnard, du nom de son inventeur. Les jumelles y sont à crémaillères, le plancher est mobile par rues, les sablières sont supportées par des poteaux en fer qui glissent dans des cassettes, montant ou descendant au moyen d'une crémaillère et de roues dentées, engrenées à la façon des crics.

Un arbre de transmission, venant d'un moteur à vapeur, faisait tourner ces roues et, par conséquent, monter ou descendre les crémaillères.

Ce système, très compliqué, qui exigeait l'emploi d'une machine à vapeur, ou d'un moteur à gaz, n'était acceptable qu'avec une exécution très parfaite et des soins minutieux; la rupture d'une dent suffisait pour arrêter tout; aussi après quelques insuccès est-il resté inappliqué.

L'incendie de l'Opéra de la rue Le Peletier, en obligeant à activer les travaux d'achèvement, fit abandonner les essais de machinerie mécanique (1); on retourna à l'ancien système en se contentant de le perfectionner.

Les poteaux en bois furent alors remplacés par des colonnes en fonte espacées de sept mètres; les sablières, les chapeaux de fermes et les costières, par des poutres en tôle de cornières, présentant ainsi plus de résistance et de stabilité, moins de matières combustibles et, surtout, dégageant les dessous toujours trop encombrés (pl. 47-48).

Les plans et les coupes des dessous de la même scène (pl. 32-33, 47-48), construite en charpentes métalliques, feront mieux comprendre les avantages de cette substitution.

*Manœuvres des cintres* (pl. 37, 38, 39-40, 41, 42-43). — Après les coulisses, qui viennent des côtés, les fermes de fond, les terrains, etc., où s'élèvent des dessous, les autres décorations, toiles de fond, rideaux, plafonds, ciels, bandes d'air, vols, etc., sont suspendus, au-dessus de la scène, dans la partie recouvrant cette dernière et appelée le *cintre*.

Parmi les décorations suspendues, les toiles sont les plus importantes. Elles occupent toute la hauteur du cintre au-dessus de la scène vue; comme elles doivent être tendues, leur bord supérieur est cloué sur une perche suspendue par cinq fils qui passent à travers le plancher du gril, dans des poulies, dont les chapes sont fixées au plancher lui-même; puis viennent s'enrouler sur les tambours de manœuvres

1. L'un d'eux, dû à M. Quéruel (pl. 49), dans lequel les pistons hydrauliques remplaçaient le moteur à bras, méritait cependant par son ingéniosité et sa simplicité, une application, si restreinte que l'administration eût choisie. Nous le ferons connaître plus loin.

dits *à renflement*, après que leur longueur a été réglée sur la hauteur de la descente (Pl. 39-40, 42-43).

Ces tambours sont posés sur le gril ou sur son plancher d'étage, suivant les besoins, afin d'éviter aux fils, les coudes trop brusques et par conséquent les déperditions de force; ils sont maintenus en équilibre par la tension des contrepoids, calculés d'après la pesanteur du rideau à enlever.

La manœuvre, ainsi simplifiée, se fait, d'après M. J. Moynet (l'*Envers du théâtre*), de la manière suivante :

« Sur le grand diamètre du tambour a été fixé un fort cordage, qu'on fait passer sur une des grosses poulies placées de chaque côté du gril : soit au côté *cour*, soit au côté *jardin*. A l'extrémité de ce cordage est un contrepoids calculé sur la pesanteur du rideau pour le contrebalancer.

« On comprend qu'une impulsion, même légère, doit suffire pour précipiter la descente du contrepoids. Pour en être maître et le guider à volonté, et, en même temps, pouvoir le manœuvrer du premier corridor, c'est-à-dire à portée de la scène, afin d'agir juste au moment opportun, on équipe deux autres fils ou *commandes* sur le grand axe du tambour, en sens inverse l'un de l'autre.

« Ces deux fils envoyés sur deux poulies dans la même chape, viennent aboutir au plancher du premier corridor. Le machiniste n'a qu'à appuyer sur l'une ou l'autre des deux commandes, en faisant tourner le tambour dans un sens ou dans l'autre, pour que le rideau entraîne le contrepoids ou, à son gré, faire entraîner le rideau par le contrepoids. »

Les petits plafonds, les bandes d'air étant moins pesants, sont équipés sur le second tambour; ils sont manœuvrés à la main, avec un nœud de repère, ou fils, afin qu'ils ne soient envoyés ni trop haut, ni trop bas.

Les vols obliques sont réglés par des équipes spéciales au moyen de cassettes horizontales placées sur le gril.

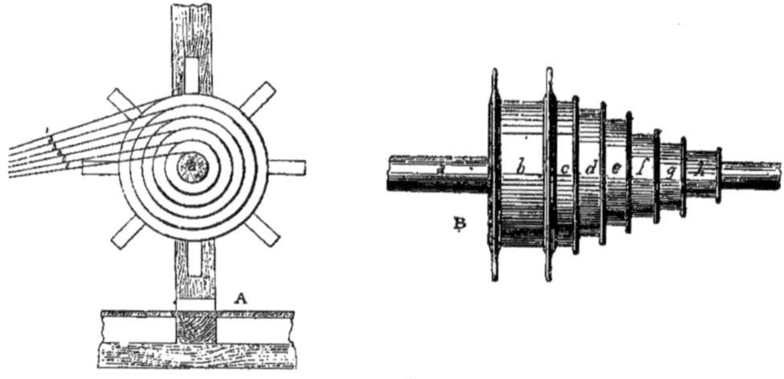


TAMBOUR A DÉGRADATION

A. Vu en bout. — B. Vu de côté. — 1, 2, 3, 4, 5, 6. Fils enroulés. — *a, b, c, d, e, f, g, h.* Diamètres différents.

Les enlèvements, les apothéoses, se manœuvrent par des tambours; les nuages mobiles des gloires, qui doivent pouvoir se masser en *gâteaux*, se développer ou se rentrer suivant les montées ou les descentes, se manœuvrent par des tambours à dégradation qui servent à manœuvrer les fils avec une vitesse inégale.

La construction du cintre exige donc : 1° un espace de mêmes dimensions que la scène, partie visible avec un peu plus de hauteur qu'elle ; 2° sur les côtés des balcons dits *corridors*, pour recevoir les machinistes et les arrêts des fils; 3° au-dessus un espace de même largeur dit *le gril* qui occupe le dessous du comble.

Au point de vue de la construction, le problème consiste, pour l'architecture, à couvrir cet espace immense par une charpente à grande portée, de grande résistance, peu encombrante, composée du minimum des pièces indispensables, laissant entre elles les plus amples dégagements.

Car il faut porter, sur les entraits, les poids des toiles et leurs contrepoids, ceux des machines accumulées dans le gril, puis tous les corridors latéraux avec leurs treuils, et enfin les ponts volants.

Malgré toutes les qualités du fer et de l'acier, c'est toujours un problème de construction difficile à résoudre.

Aussi à l'Opéra, dont le bâtiment de la scène a cinquante mètres de largeur, l'architecte a-t-il trouvé plus simple de prendre ses appuis sur les pignons, entre lesquels il a lancé de grandes poutres auxquelles il a pu suspendre tous les planchers du gril et du corridor, etc.

Ces corridors latéraux, au nombre de deux, trois et même de quatre, occupent les espaces libres de chaque côté des toiles relevées au-dessus des châssis de coulisses; ils sont employés pour le service du cintre; ils reçoivent les poignées des rideaux, des plafonds et des commandes qui mettent en mouvement les tambours placés en dessous; les treuils des tambours; ils servent aussi de balcon d'observation pour les machinistes, voir monter les plafonds, disposer les herses, lumières, etc.

Sur les deuxième et troisième corridors, outre des commandes et un tambour, sont dans les grands théâtres les treuils des contrepoids, qui desservent les tambours du gril, même ceux des dessous; puis les moufles des contrepoids, disposées de manière à pouvoir se placer à cheval sur les cages des contre poids.

Les planchers de ces corridors, composés de solives allant du mur latéral à une poutre parallèle et de planches espacées de trois centimètres pour le passage des fils et cordages, sont suspendus à la charpente du comble par des aiguilles qui prennent les poutres, comme on le voit sur la coupe pl. 42-43; dans les grands théâtres, tels que l'Opéra, ces grandes saillies sont supportées à mi-saillie par des colonnes de fonte, comprises dans les cloisons des cases à décors, pour les tas.

Ces corridors sont reliés entre eux d'un côté à l'autre, 1° par des balcons courants le long du mur de fond, dits *ponts du lointain*, et soutenus soit par des aiguilles, soit par des consoles; 2° par des passerelles étroites ou *ponts volants* jetés au-dessus de chaque plan, et dans l'axe des grandes rues, suspendues au gril par des cordages munis de garde-corps en corde et servant aux machinistes à passer entre les toiles de fond, pour le service des fils, les raidir et les dégager, et l'installation des herses et des réflecteurs; 3° entre eux, dans le sens latéral et d'étage à étage, par des escaliers dans les angles, par des échelles traversant les parquets par les passages dits : *trous de chats*.

Le *Gril*, ou plancher à jour ($0^m,03$ d'écartement entre les frises), recouvre toute la surface de la scène.

Les poutres qui portent les solives du gril, étant d'une grande longueur et très chargées, doivent cependant offrir une grande résistance; elles sont soulagées par des aiguilles qui les relient aux arbalétriers.

La ferme du comble tracé sur ces deux coupes... est celle du théâtre de Reims.

Dans les théâtres de premier ordre, la surface du gril étant insuffisante pour le nombre de tambours, on le surmonte d'un second plancher, dit *petit gril*, où sont installés les tambours supplémentaires et ceux à dégradation.

Ces planchers et ces solivages sont en bois, la matière préférée des machinistes, qui le trouvent plus maniable et, surtout, facile à tailler et recevoir des clous. des vis, etc. Aux théâtres de la place du Châtelet et au Vaudeville, on a remplacé les planches par des lames de tôle; mais on a été, bientôt après, obligé de les recouvrir de nattes pour éviter le bruit.

---

## CONSTRUCTION EN FER DES DESSOUS

PL. 47-48

Depuis deux siècles les constructions scéniques, à quelques détails près, restaient immuables, lorsque la construction du nouvel Opéra vint provoquer l'invention des ingénieurs, réveiller les machinistes; l'opinion publique demandait l'application des progrès réalisés dans l'art de bâtir. Des projets sérieux, logiques, pratiques furent produits, plusieurs même pris en considération; une enquête fut ouverte; mais la guerre et l'incendie de l'ancienne salle, en obligeant à précipiter les travaux, les firent écarter. Cependant il y eut des perfectionnements notables réalisés dans la nouvelle salle.

Parmi les améliorations à apporter dans la construction des scènes, la substitution du fer au bois, dans la charpente des dessous, est la plus désirable, pour diminuer les risques d'incendie et y faciliter la circulation en réduisant, au quart ou au tiers le nombre des supports, elle est la plus facile et la moins dispendieuse.

En effet, en ne se préoccupant que de la machinerie proprement dite, conservée telle qu'elle est, il est très facile de remplacer les bois des poteaux par des colonnes de fonte; celui des sablières des chapeaux de ferme par des solives en fer double I; également celui des jumelles par des fers à simple ou à double T.

La résistance des planchers pouvant être évaluée à deux cents kilogr. par mètre superficiel sur le *terrain*, on peut combiner les portées avec les sections, et, grâce à la supériorité des assemblages métalliques sur ceux en bois, à l'efficacité de l'entretoisement, à la limite du recul des chariots, on peut obtenir autant de stabilité avec des points d'appui deux ou trois fois plus espacés que dans la construction en bois.

A l'Opéra, où la résistance du plancher est calculée pour porter même de la cavalerie, les colonnes ont été espacées de $7^{m},50$, sans inconvénients.

Pour faciliter la comparaison et faire ressortir les avantages de la construction métallique, nous présentons un projet de substitution pour la scène de Reims, étudié d'après les modèles exécutés jusqu'alors, et en n'employant que des fers de commerce (pl. 47-48).

Les poteaux de base sont remplacés par des colonnes creuses en fonte de $0^{m},15$ espacées de 5 mètres. Chaque plan réclamant trois supports, les trois colonnes correspondantes sont assemblées dans un sommier en fonte et boulonnées avec lui. C'est le seul trait d'union possible, mais il peut être assuré par des soins.

Elles montent du fond jusqu'au plancher du premier dessous; mais, à la hauteur du deuxième dessous, elles portent des consoles en fonte sur lesquelles reposent les poutres de ce plancher, de même qu'à leur sommet pour le deuxième.

Ces poutres en fer à T, sont maintenues, contre les colonnes, par des plaques de jonction qui les empêchent de déverser, en outre, chaque cours de poutre est entretoisé par un fer, de même section, de chaque côté et à l'extrémité des rainures des chariots contre les murs.

Les panneaux mobiles, toujours en bois, qui composent chaque plancher, sont portés sur des entretoises mobiles allant d'une poutre à l'autre, mises sur cales.

Le chapeau de ferme en fer à T porte directement les rails et les chariots; sur ses flancs les deux jumelles entre lesquelles passent les dits sont en fer ⟷ à ailes ordinaires, ou à ⊥ ; elles sont coiffées et reliées à leur extrémité par un fer à U ou à ⊥ dans lequel s'assemblent les costières en bois, disposées comme dans l'ancienne machinerie.

Ces jumelles sont aussi reliées, les unes aux autres, dans les grandes et les petites rues, par des crochets mobiles qui se lèvent à la main pour le passage des trappes et des fermes équipées dans les dessous.

Les assemblages des jumelles contre les chapeaux de fermes et les costières, étant élargis et consolidés par des plaques, les résistances en tous sens sont beaucoup plus assurées qu'avec la charpente en bois.

Le fer peut encore être substitué au bois dans la construction des chariots simples ou doubles, et des cassettes (Vaudeville, Opéra); seulement, il y faut éviter le bruit en multipliant les roues en bronze, en apportant des soins plus minutieux à l'entretien journalier.

Les cassettes se fixent sur les ailes des sablières et des chapeaux de ferme par des pattes à un petit boulon à écrou comme on peut le voir à l'Opéra.

Pour répondre aux objections des machinistes sur la grande difficulté d'appliquer à volonté toutes leurs machines au moyen d'un simple clouage, nous pensons qu'on pourrait plaquer sur les faces des fers des madriers de $0^m,045$ à $0^m,055$, encastrés dans les ailes des fers qui donneraient ainsi toutes facilités de clouage.

## MACHINERIE HYDRAULIQUE

Perfectionnement, projet Quéruel, pl. 49 (1).

Parmi les nombreux et intéressants projets de machinerie nouvelle, présentés à la Commission spéciale chargée de cette étude, lors de la construction du nouvel Opéra, il en est un que nous ne saurions passer sous silence : c'est celui de M. Quéruel, ingénieur civil, lequel, s'il n'a pas été mis à exécution, a du moins apporté un élément nouveau, le moteur hydraulique et un résultat, la mobilité du terrain.

Les caractères fondamentaux de ce projet, sont l'utilisation de l'eau, comme force, substituée au contrepoids, la charpente métallique des dessous avec des points d'appui tubulaires, contenant des pistons hydrauliques, le fractionnement nouveau du plancher de la scène et sa mobilité absolue.

Avant d'entrer dans les détails techniques du projet, nous dirons de suite, d'après M. Quéruel dans ses rapports (2), que l'idée première consiste en un immense plateau ou gril, occupant toute la superficie des dessous de la scène, et percé de trous dans lesquels passent soit les guides, soit les colonnes de construction, soit enfin les tiges métalliques qui supportent les tabliers du plancher. Ce plateau, placé à deux mètres au-dessus du fond des desssous, a de grandes ouvertures au droit des grandes et petites rues, afin de laisser le libre passage aux fermes supportant le plancher de la scène et aux bâtis équipés dans les dessous.

Le gril se meut verticalement au moyen de traverses motrices, à deux âmes de $1^m,30$ de hauteur (fig. n° 3), traversant tout le théâtre, et établies en équilibre, à leur centre, sur un grand piston de presse hydraulique.

Quand le piston monte, les traverses montent; quand il descend, les traverses descendent.

Pendant l'ascension ou la descente, les espaces vides, ménagés dans le gril, laissent passer, à frottement doux, les guides, les colonnes et autres supports des cases du plancher.

1. D'après les *Bulletins de la Société des Ingénieurs civils*, 1874.
2. Rapport à la commission technique de la machinerie de l'Opéra ; Ch. Garnier, le *Théâtre*.

On comprend que si les tiges de support sont percées d'ouvertures disposées *ad hoc*, que si, dans ces ouvertures, on introduit facultativement une clavette faisant saillie sur la tige, il arrivera que le gril, dans son mouvement ascensionnel vertical, rencontrera la clavette dépassante, la soulèvera et entraînera avec elle, par le même effet, la tige mobile retenant la clavette.

Si, au lieu d'une seule tige et d'une seule clavette, on emploie plusieurs clavettes se rapportant à un même ensemble de tiges; ces tiges seront soulevées simultanément et, suivant leur accouplement, s'élèveront en soulevant avec elles telles fractions voulues des sablières du plancher.

Maintenant, si on clavette les tiges à des hauteurs différentes, il s'ensuivra, lors des ascensions, des hauteurs différentes dans les cases du plancher, c'est-à-dire des surfaces horizontales parallèles, suivant les besoins de la disposition du terrain. Si le clavetage des quatre tiges portantes de chaque case se fait, par exemple, deux à deux, à des hauteurs différentes; si l'on suppose la jonction des tiges et des sablières pourvue d'une articulation à coulisse, on comprend aisément aussi la facilité d'une élévation oblique. De cet ensemble de moyens, il résulte la possibilité d'une mouvementation calculée du plancher de la scène.

Dans le projet de M. Quéruel, la largeur utile de la scène de l'Opéra, qui est de $30^m,60$, et la longueur, de 26 mètres, sont divisées en dix plans de $2^m,60$ de surface chacun; chaque plan n'ayant qu'une grande rue et une petite rue (fig. 1, 2, 3).

Chaque plan comprend une grande rue de $1^m,35$ de largeur par 16 mètres de longueur et une petite rue de $0^m,25$ de largeur sur une longueur de 22 mètres. Le plancher est supporté par vingt poutres P, en fer de treillis du type tubulaire, soit deux poutres par plan. Ces poutres, en forme de parallélipipède, traversent tout le dessous de scène avec une longueur de $32^m,50$, $0^m,34$ de largeur et 1 mètre de hauteur. Établies avec deux rails intérieurs, leurs côtés supérieurs étant fendus longitudinalement d'une rainure de $0^m,03$ de largeur, elles sont la costière par laquelle passeront les pieds des mâts portant les châssis de décorations. Ces poutres (fig. 4), sont la réunion des deux lambourdes du système actuel. C'est dans ces poutres, appareillées par paires et sur les rails ménagés à l'intérieur, que roulent les chariots C, lesquels sont en fer et à quatre roues. La division parcellaire de la scène est de dix plans dont huit seulement sont mobiles, celui d'avant-scène et celui du lointain demeurant fixes.

Sur la largeur utile de la scène, $30^m,60$, 16 mètres de la partie centrale sont seuls mobilisés. Les huit plans sont coupés par des perpendiculaires espacées de 2 mètres en 2 mètres; ce qui produit soixante-quatre rectangles parcellaires dont huit transversaux et huit longitudinaux.

Les poutres tubulaires sont placées transversalement à la scène. Seize d'entre elles sont sectionnées, dans leur partie centrale, en huit tronçons de 2 mètres de longueur, correspondant à la dimension des parcelles de plancher qu'elles supportent.

La fig. n° 4 de la planche n° 49, expose clairement la structure de ces poutres qui se compose : 1° d'un fer à U ou fourchette qui en est la base; 2° des fers cornières qui encadrent trois côtés des extrémités des tronçons et qui servent de brides de raccordement; 3° des croisillons qui en forment les côtés verticaux; 4° de deux fers à Z sur lesquels sont fixées deux frises en chêne qui forment le côté supérieur des poutres et bandelettes de remplissage à la surface du plancher de la scène; 5° de deux fers cornières adossés, un de chaque côté, aux fers à ⊏ et formant fond de feuillure de glissement des trappes. Ces fers cornières sont relevés sur le bord, de manière à retenir les trappes et à les empêcher d'échapper.

Les poutres du premier et du deuxième dessous, P′, P″ (fig. 3) de forme tubulaire, entre elles de même échantillon, sont de même longueur et de même largeur que celles du plancher de la scène; elles n'en diffèrent qu'en ce qu'elles sont à deux âmes pleines, que leur hauteur est de moitié, et que eur longueur est continue et parfaitement rigide. L'arrêt dans les murs se fait au moyen de puissants encastrements scellés dans les murs latéraux et recevant à dilatation les extrémités des poutres.

A la limite des rues et dans les parties non traversées des plate-bandes, des tubes rectangulaires contreventent et relient les poutres des trois étages.

Les deux étages des dessous sont portés par quatre rangs de colonnes creuses en fonte de $0^m,30$ de diamètre. Les bases de colonnes sont jumellées deux à deux par le socle S en fonte. Les deux rangs de colonnes des côtés reçoivent des arceaux de reliement dans trois sens.

Les poutres en treillis, du plancher de la scène sont maintenues, pour leurs fractions fixes, à leurs extrémités par les encastrements dans les murs, et près de leurs sections par des colonnes Δ.

Pour supporter les tronçons mobiles et les mouvoir verticalement, au centre et sous la base de chacun des tronçons est boulonné un tube E en fer, cylindré au tour, de $0^m,18$ de diamètre extérieur.

Ces cylindres, appelés *épontilles*, au nombre de 128, supportent les 128 tronçons; ils ont 13 mètres de longueur, descendent, en traversant des douilles placées dans l'axe des poutres intérieures, jusque dans le dernier dessous; ils sont percés diamétralement de mortaises destinées à recevoir des clavettes pour les tenir à la hauteur voulue. Il suffit de mouvoir verticalement une traverse portant autant de douilles qu'il y a d'épontilles par poutre, pour que les tubes clavetés soulèvent ou abaissent les tronçons qu'ils supportent.

Voici comment est conçue une de ces traverses : soit la traverse T (fig. 3) à deux âmes en treillis de proportionnelle résistance et placée en projection verticale des poutres et ce, dans le deuxième dessous.

Cette traverse est munie de huit douilles alésées dans lesquelles passent les huit épontilles des huit tronçons de la poutre supérieure; sa longueur est de 15 mètres, sa hauteur au centre de $1^m,50$. Son moteur est le piston d'une presse hydraulique dont la course serait de 4 mètres.

Le piston hydraulique H est relié à la traverse T par un fort boulon traversant la tête du piston dans sa partie supérieure et centrale, de façon à permettre certain jeu d'oscillation.

La tête du piston est guidée dans son mouvement vertical, par un galet à grand diamètre.

Le piston traverse la poutre inférieure du deuxième dessous pour plonger dans le corps de presse.

L'économie du système consiste donc, en huit plans mobiles, composés de soixante-quatre parcelles de plancher. Ces soixante-quatre parcelles sont portées par cent vingt-huit tronçons de poutres qui reçoivent le mouvement par leurs tiges tubulaires de seize traverses fixées aux têtes de seize pistons de presses hydrauliques.

Veut-on faire évoluer le plancher? Élever une poutre? L'introduction d'une clavette au point voulu, l'ouverture du tiroir de distribution d'eau à la presse hydraulique et le mouvement ascensionnel se produit avec une vitesse et une durée à la merci du conducteur. Doit-on l'abaisser? Le mouvement inverse imprimé au tiroir produit la descente au point voulu.

Il est facile, en laissant tel tronçon d'une poutre en repos et mouvementant les autres, à diverses hauteurs, de donner à la scène toutes les inclinaisons voulues.

Par l'addition de traverses motrices T', dans le troisième dessous, produisant des mouvements exactement opposés à ceux des pistons hydrauliques, au moyen des fils descendant des premières traverses on obtient, à vue, les mouvements les plus variés et les plus opposés : remplacement d'une montagne par un gouffre, faire surgir une montagne d'une paisible vallée.

Enfin M. Quéruel a utilisé ses presses hydrauliques pour la manœuvre verticale des fermes de décoration équipées dans le sous-sol.

Ces fermes sont posées sur des châssis mobiles M en bois (fig. 3), armés de fer qui règnent dans toute la longueur des petites rues, et sont tenus verticalement par des mâts en fer qui peuvent s'implanter dans tous les points des châssis. Chaque châssis est guidé dans son mouvement vertical, par quatre fortes coulisses N en acier ; au moyen de deux palans inverses par presse, les réas courants O dans les traverses mobiles et les réas dormants O' dans la poutre inférieure.

Une objection ayant été faite dans le cas où on élèverait un seul côté de la scène, il est certain que la somme des poids agissant sur une seule branche de la traverse T romprait l'équilibre et tendrait à la faire basculer. Voici comment l'auteur du projet pare à la difficulté :

« Supposons le centre de gravité de la charge au point Q de la traverse T dont le centre repose sur le piston moteur H. Il est évident que le poids Q tendra à renverser en B ; mais si l'on attache à l'extrémité B de la traverse un fil métallique *b*, que ce fil monte verticalement, qu'il passe sur la poulie D, qu'il descende sur la poulie D', qu'il traverse la sous-scène, passe à tours adhérents sur D", d'où il remonte se rattacher à A, extrémité opposée de la traverse, on voit de suite la propriété de cette disposition qui transportera de B en A la moitié des moments du fardeau et établira ainsi un *équilibre absolu.* »

Cette disposition de fils permet de solidariser le mouvement de deux ou plusieurs presses ensemble et d'obtenir ainsi une simultanéité de mouvements, au moyen de poulies folles tournant sur les arbres *ii*, (fig. 3) et pouvant y être embrayées.

Pour achever ce qui regarde le plancher de la scène, nous ajouterons que M. Quéruel avait consciencieusement étudié son projet, ainsi que le prouvent ses Mémoires à la Société des Ingénieurs civils, année 1874.

Ainsi donc, par l'adoption du système expliqué ci-dessus, on peut facilement produire les mouvements suivants :

1° Élévation horizontale d'une partie du plancher ; 2° descente horizontale d'une partie du plancher ; 3° élévation horizontale de tout le plancher ; 4° descente horizontale de tout le plancher ; 5° élévation oblique d'une partie du plancher ; 6° descente oblique d'une partie du plancher ; 7° élévation oblique de tout le plancher ; 8° descente oblique de tout le plancher ; 9° élévation et descente simultanées de deux parties horizontales de plancher ; 10° élévation et descente simultanées de deux parties obliques du plancher ; 11° élévation et descente simultanées d'une partie oblique et d'une partie horizontale.

*Cintres.* — Nous avons vu que les rideaux et les plafonds sont suspendus aux cintres par une série de fils qui les tiennent par des vergues (pl. 39-40 et 41). Ces fils, disséminés dans la longueur du rideau roulent séparément sur une poulie du gril pour aller, de là, se grouper et s'enrouler sur un tambour.

Le même ingénieur proposait comme modification de supprimer ces tambours, très encombrants, et de faire descendre les faisceaux de fils directement dans les cheminées, qui existent aux côtés de scène, en faisant rouler le faisceau de fil sur une poulie folle placée au sommet des gaines pour aller s'accrocher, par une boucle finale, aux fiches fixées sur les garde-corps des corridors du cintre. Les moteurs généraux de ces faisceaux de fils seraient des câbles métalliques courant verticalement dans les cheminées. Ces câbles seraient entraînés, de haut en bas, par des machines hydrauliques et seraient munis de crochets porte-mousqueton pour saisir les boucles des faisceaux des fils.

Disons en passant qu'on néglige beaucoup trop, en France, le pouliage de la scène. Il a le grand défaut d'être de diamètre trop petit. Les poulies de moufles de levage n'ont, d'ordinaire, que de 0$^{m}$,07 à 0$^{m}$,11 de diamètre, les moufles dites *à plat* du gril, celles d'*appel* servant à la manœuvre des herses, fermes à bâtis, rideaux de fond n'ont guère plus ; puis celles pendantes sous le gril pour la manœuvre des frises, bandes d'air, etc, qui n'ont que 0$^{m}$,07 au plus. Ces dimensions devraient être portées au double.

Cette augmentation de grandeur aurait pour conséquence de supprimer, en première ligne, la trop grande fatigue imposée aux machinistes, le laminage et la torsion des fils ; enfin, de causer moins d'encombrement et partant plus de sécurité dans la manœuvre.

En effet, si les poulies étaient de plus grand diamètre dans beaucoup de cas, il serait possible de renvoyer directement aux contrepoids et, par conséquent, diminuer le nombre des tambours et d'alléger ainsi le gril toujours trop chargé.

Nous terminons notre exposé par quelques mots sur l'éclairage des cintres.

L'éclairage des parties hautes de la scène se fait au moyen de rampes à gaz suspendues comme les rideaux, ce qui permet de les guinder à la hauteur nécessaire. L'éclairage des décorations latérales se fait actuellement au moyen de *portants* en bois (pl. 29, 30, n° 6), sur lesquels sont installés verticalement des becs alimentés de gaz par un tube en cuir qui monte des dessous.

Cette disposition, insuffisante au point de vue de l'intensité de l'éclairage, ne peut se prêter, par suite de son immobilité forcée, aux variations de nuance de lumière si vivement réclamées.

Ce système a aussi le grave inconvénient de faire suivre à la lumière le sort des décors auxquels sont accrochés les portants; c'est-à-dire que ces portants sont placés et enlevés, que ces becs sont allumés et éteints à chaque changement de tableau. Les longs tuyaux en cuir ou en caoutchouc qui serpentent sur le plancher, après l'avoir traversé, sont un embarras pour la circulation et souvent un obstacle au glissement des trappes. M. Quéruel proposait à la place :

Un tube en fer de 0$^{m}$,050 de diamètre garni d'un certain nombre de becs, selon l'intensité à fournir, jusqu'à trente. L'extrémité inférieure fermée au moyen d'un robinet à raccord; l'extrémité supérieure munie d'une douille de raccord pour le tube flexible conducteur du gaz. Le tube serait suspendu, verticalement, un peu au-dessous du raccord supérieur, à la hauteur des corridors, à une potence à mouvement radial pouvant se mouvoir dans un grand rayon, et se prêtant très bien à l'usage des verres de couleurs avec ceux ordinaires (pl. n° 49, fig. 2 et 3).

Au dire de M. Quéruel, quelques appareils de ce genre disposés de chaque côté de la scène suffiraient pour tous les besoins d'un éclairage latéral sérieux, U, X.

En résumé, ces projets constituaient une véritable révolution dans la machinerie des théâtres, qui entrait ainsi dans la mécanique moderne ; aussi doit-on lui souhaiter une application qui la fasse passer dans la pratique.

## ANNEXES (1)

Les représentations théâtrales ne se faisant qu'avec une mise en scène compliquée, au moyen d'un matériel encombrant et de diverses natures, l'emmagasinage de celui-ci exige un emplacement considérable qui, dans les grands théâtres, égale la surface de la scène.

Le magasin principal des décors étant éloigné, il faut, au théâtre même, non seulement des remises pour les décorations du répertoire courant (très considérable surtout dans un théâtre de province, où il faut souvent passer, dans la même soirée, d'un proverbe à une féerie, ou d'un vaudeville à un opéra), mais encore des magasins pour les accessoires et le mobilier, dépôts, etc...

*Remises à décors.* — Les décorations des coulisses, dites aussi *feuilles de décoration*, se replient et se

1. D'un théâtre ordinaire.

rangent, latéralement, chacune de leur côté, *cour* ou *jardin*, dans des *cases* hautes, étroites et peu profondes, de trois à quatre mètres, séparées seulement par des supports en charpente où les feuilles susdites sont rangées, classées, étiquetées, comme les in-folio dans une bibliothèque.

Ces cases, lorsqu'elles ne peuvent être appuyées contre les murs de la scène, doivent être établies dans les bâtiments en ailes où elles nécessitent une plus grande main-d'œuvre, tout en occupant plus de place, car il faut y ajouter les passages.

Celles du Grand-Opéra, disposées sur la scène même, peuvent être citées comme des modèles à suivre. (Voir pl. 57-58, fig. 8.) Malheureusement, le budget de la construction de la plupart des théâtres ordinaires ne permet pas de donner une largeur suffisante au bâtiment de la scène.

Il faut alors économiser, le rétrécir et se contenter des petites remises installées dans les bâtiments en ailes, en les faisant communiquer avec la scène par deux portes, ayant la hauteur de la partie visible de celle-ci.

L'entrée des décors construits et montés dans les ateliers spéciaux doit être préparée latéralement, en face de l'une de ces ouvertures, afin que les feuilles pliées et les toiles puissent de suite être portées ou enlevées en place sans être obligé de les tourner, ce qui, eu égard à leur hauteur, est toujours une manœuvre difficile.

La porte sur rue, tout en étant très haute, doit avoir aussi une largeur suffisante pour l'entrée du mobilier, même d'une voiture.

L'accès des chevaux sur la scène ne peut avoir lieu que par un ascenseur qui exige l'emploi d'une machine élévatrice, hydraulique, à vapeur ou à bras ; ou par une rampe qui prend cinq mètres de développement pour monter un mètre (les chevaux ne pouvant gravir une pente de plus de vingt centimètres à vingt-cinq centimètres par mètre, comme celle dont l'amorce est figurée à droite (pl. 39-40) qui est mobile.

A défaut de rampe fixe, on en construit une en panneaux de la même manière que les praticables ; la présence des chevaux sur la scène étant rare dans les théâtres ordinaires.

Outre les remises à décors, toute scène complète, organisée, doit être accompagnée 1° d'un petit atelier de même hauteur que les remises pour les réparations d'entretien des décors, où il faut trouver, à la fois, les établis, outils et le matériel primaire du menuisier, serrurier, ferblantier ; puis du peintre, doreur et cartonnier. Cet atelier doit être assez spacieux pour que la feuille à réparer puisse être portée debout ou déployée à terre ; 2° du cabinet du chef machiniste à la suite ; 3° d'un petit magasin pour le tapissier, assez grand pour contenir les sièges ; 4° d'un autre plus vaste pour tous les accessoires de la scène, entouré de casiers et nécessitant une surface d'environ le sixième de celle de la scène ; 5° du dépôt dit *la Régie* ; 6° du dépôt des appareils d'éclairage : portants, herses, rampes, tuyaux, etc. ; 7° du poste du luminariste ; 8° du poste des pompiers de service ; enfin du cabinet du régisseur et des foyers, pour les artistes et les figurants.

Parmi ces pièces, les foyers ont une importance architecturale, surtout par le nombre des acteurs qu'ils sont appelés à recevoir.

Celui des artistes principaux est leur salon d'attente, il mérite une disposition particulière et une décoration convenable. C'est là qu'ils se préparent à entrer en scène, le plus souvent debout et causant en se promenant ; aussi la surface doit-elle être calculée en attribuant à chacun une moyenne de *trois à quatre mètres superficiels* par personne.

Dans les grands théâtres, ce salon est décoré, meublé avec art, tels ceux de l'Opéra, des Français.

Ceux des figurants et des figurantes ne sont que des salles d'attente garnies de banquettes ; leur surface peut être évaluée à raison de *un mètre cinquante à deux mètres* par personne. Nous ne parlons pas des choristes ou des danseuses qui n'ont de foyers spéciaux que dans les théâtres de premier ordre, seulement des salles d'attente.

*Services divers. Musiciens.* — Le service de tout orchestre, comprenant un chef d'orchestre et des instrumentistes exige un cabinet pour le premier, dans lequel sont les partitions; puis un foyer pour les musiciens, entouré d'armoires destinées au rangement des instruments et garni de banquettes, assez vaste pour qu'ils puissent y prendre l'accord, aussi sa surface doit-elle être calculée à raison de *un mètre cinquante à deux mètres* par musicien (les armoires en dehors). Ce foyer doit, ce qui est difficile à obtenir, être à la fois d'un accès facile, à partir de la conciergerie, pour éviter les allées et venues des musiciens dans les dessous, et à proximité de l'orchestre auxquels ceux-ci accèdent par le couloir qui occupe l'intervalle séparant le manteau d'Arlequin du grand rideau, puis, par deux petits escaliers, aux extrémités de la rampe.

A Reims, nous l'avons placé sous l'orchestre même, utilisant ainsi une partie de ce rez-de-chaussée sous la salle qui, sauf l'espace nécessaire aux calorifères, est place perdue.

*Loges d'artistes* (Pl. 50). — Ces Messieurs et ces Dames qui concourent directement ou indirectement à l'action représentée, ne paraissent sur la scène qu'en grand costume; il leur faut donc, à proximité, des loges et des vestiaires accompagnés de garde-robes, des dépôts de costumes; puis des ateliers de confection, de réparation et des cabinets pour les coiffeurs, les habilleurs et les habilleuses, les tailleurs, les costumiers.

Dans tout théâtre, petit ou grand, ces locaux sont nécessaires, sauf à leur donner des dimensions proportionnelles, ou à en multiplier le nombre.

1. Loges d'artistes à proximité de la scène. Celles des premiers rôles, dont les costumes sont les plus riches et les plus soignés, doivent comprendre une loge proprement dite d'environ *trois mètres sur quatre* pour les meubles nécessaires, toilette, grande glace partant du sol, sièges, etc..., puis un cabinet pour les costumes (Fig. 1).

2. Celles des seconds rôles : une loge de huit à dix mètres de surface libre, plus une grande garde-robes; celles de l'Opéra peuvent encore être citées comme modèles.

3. Les vestiaires des *figurants* et des *figurantes*, ou accompagnateurs et accompagnatrices et des *choristes*, sont des salles communes dans lesquelles ils s'habillent avec les costumes apportés de l'atelier ou du magasin; mais subdivisées par des cloisons basses en menuiserie, dans le genre de celles des stalles des dortoirs, pour éviter la confusion, avec un large passage au milieu (si la rangée peut être double) pour permettre à deux personnes de s'y rencontrer (fig. 2).

Chaque stalle peut être disposée pour deux ou quatre personnes, à raison de *deux ou trois mètres* superficiels par personne ; car il y faut de l'aisance pour éviter de froisser les costumes, et donner toutes facilités aux habilleuses. Chacune de ces cases doit être meublée d'une tablette de toilette, d'un rayon, d'un porte-manteaux et d'une armoire.

4. Vestiaires des *Comparses* qui figurent les masses, la foule, etc., un pour chaque sexe; même disposition, mais plus exigus, calculés à raison de *un mètre cinquante* par personne (voir pour modèle ceux de l'Opéra).

L'étage du bâtiment faisant suite à la scène peut être attribué à chacun de ces services, auxquels il faut adjoindre la loge ou poste du coiffeur, celle des habilleuses et des habilleurs, les dépôts des costumes d'hommes et de femmes, les ateliers de couture, celui des accessoires, tels que les armures, des cabinets de W. C. de chaque côté.

Tous ces étages doivent être desservis par des escaliers à paliers larges, faciles, partant des vestibules d'entrée.

Les postes des coiffeurs, des habilleurs et des habilleuses sont de simples cabinets de *huit à dix mètres* carrés qui doivent être contigus aux vestiaires et aux loges; tandis que les deux magasins de costumes sont des salles rectangulaires, entourées d'armoires, avec table et porte-manteaux et bien éclairées par des

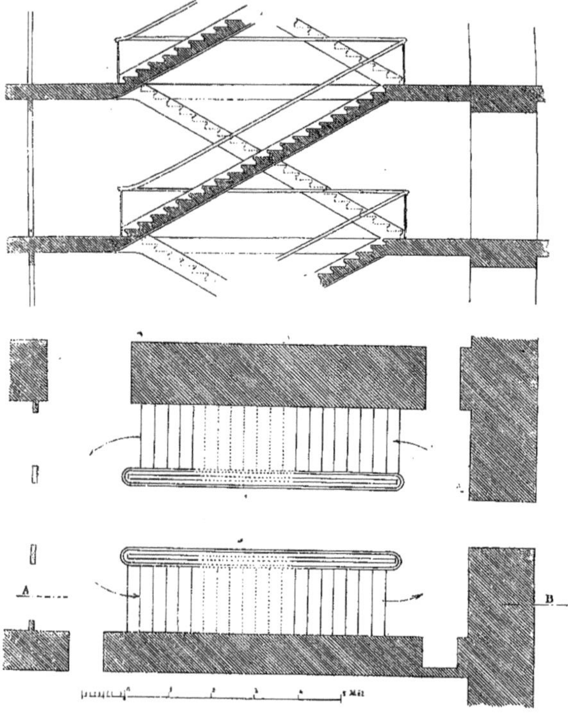


Opéra de Paris. — Escalier des services de la scène.

fenêtres, percées sur les petits côtés, de préférence au nord; leur surface peut se calculer à raison de deux mètres superficiels, tout compris, par personne à habiller.

On comprend que ces dépôts doivent se trouver près des paliers des escaliers.

Les ateliers de couture pour tailleurs et couturières, à proximité des magasins, doivent avoir des plafonds plus élevés, des fenêtres plus larges et une surface calculée à raison de trois mètres par ouvrier, plus la table du coupeur.

Le dépôt des accessoires de toilette, tels que les armures, les cannes, etc., ne sont que de longs cabinets garnis de rayons.

Les cabinets de W. C. doubles de chaque côté, entre autres conditions d'hygiène, doivent être éclairés et ventilés par une fenêtre.

Les escaliers étant la grande voie de communication d'un personnel nombreux qui doit parcourir, circuler promptement et à l'aise, surtout en costume, doivent réunir ces conditions: largeur suffisante pour le passage de trois personnes s'ils sont simples, de deux s'ils sont doubles; montée douce, marches de 0$^{m}$,17 en moyenne, droites, révolutions à paliers, éclairage par des fenêtres, de façon à faciliter la fuite en cas d'incendie; construction en pierre. Ceux de l'Opéra, que nous donnons ci-dessus, sont un perfectionnement d'une disposition attribuée originairement à Palladio et sont des modèles parfaits, les meilleurs à proposer.

*Administration.* — Elle comprend dans les théâtres ordinaires : la conciergerie, au rez-de-chaussée la direction et la caisse au même étage ou à l'entresol, puis la bibliothèque; enfin un ou des logements de surveillants.

La conciergerie se compose: d'un vestibule *d'attente* pour l'entrée dite des artistes et pour le personnel de la scène, communiquant avec les couloirs des escaliers; d'un parloir et d'un logement de concierge composé de trois pièces avec sous-sol et soupente.

La direction et la caisse exigent trois cabinets de *douze à quinze mètres* carrés précédés d'une antichambre commune de même surface, donnant sur le vestibule, un pour le caissier, avec guichet; un autre pour le secrétaire ; celui du régisseur doit être près de la scène.

La bibliothèque, ou dépôt des partitions et des cahiers de distributions des rôles, doit être préférablement près des salles de répétition.

Quant aux logements, on peut dire d'eux : *pas trop n'en faut*, car outre les étrangers à la scène qu'ils introduisent dans le théâtre, ils y multiplient les risques d'incendie.

Néanmoins comme il est utile que ceux qui ont la responsabilité de l'édifice y soient souvent, et surtout la nuit, c'est l'usage de loger le chef machiniste et le directeur ou le régisseur; mais ces appartements, réduits au nécessaire, doivent être éclairés sur des rues latérales, desservis par un escalier séparé, et n'avoir de communication avec le théâtre que par une petite porte en fer munie d'une fermeture efficace contre l'entrebaillement.

---

# ÉCLAIRAGE DES THÉATRES

PLANCHES 29-30.

Au point de vue de l'éclairage, un théâtre est divisé en quatre parties: 1° l'extérieur; 2° les entrées, foyers, escaliers; 3° la salle; 4° la scène et l'administration.

La lumière électrique n'étant pas encore, en France, d'un usage général, surtout pour l'éclairage intérieur, il faut continuer à avoir recours au gaz extrait de la houille, malgré ses inconvénients au point de vue de l'hygiène : dégagement de chaleur, de gaz délétères, combustion de l'oxygène de l'air des appartements, etc., mais d'un usage commode par sa grande divisibilité, sa promptitude à donner une lumière, facile à régler, enfin son pouvoir éclairant.

Mais son inflammabilité étant un grand danger de propagation d'incendie, on ne laisse en charge, le jour, que les conduites indispensables à l'éclairage des parties obscures : la scène et les dessous, aussi faut-il une introduction et un compteur différents par service, de façon à rendre impossible l'extinction subite de toutes les parties du monument en cas d'accident.

1. L'éclairage extérieur, qui avec le mode des rampes sur les corniches, accompagnées d'inscriptions, d'emblèmes, etc., prend les soirs de fêtes publiques une grande importance au profit de la voie publique mais au détriment du monument (1), est alimenté par des branchements directs sur la canalisation de la rue, non embarrassants pour la construction.

2. L'éclairage intérieur, comme nous venons de le dire, nécessite trois ou quatre prises sur la voie publique par des conduites en fonte, qu'il est prudent de continuer en mêmes tuyaux ou en fer ; pour les mêmes raisons de sûreté, les compteurs doivent être placés dans des caveaux voûtés, aérés, éclairés par un soupirail à jour, où la visite soit facile.

Au sortir du compteur, la grosse tuyauterie doit être en fer, pour la mettre à l'abri des chocs, etc. Elle comprend, comme celle de l'eau, une conduite horizontale sur laquelle sont piquées des colonnes montantes pour chaque section et passant dans les angles.

Si les vestibules, les couloirs et les escaliers, qui sont éclairés toute la soirée avec la même intensité, peuvent être éclairés par les mêmes robinets, il n'en est pas de même du foyer dont les becs sont tenus en veilleuses dans les intervalles des entr'actes ; aussi son service exige-t-il une conduite spéciale.

3. Quant à *la salle*, lorsqu'elle est éclairée par un lustre, le gaz y est amené en passant par le *jeu d'orgue* (fig. 1), appareil de centralisation des robinets qui règlent l'introduction du gaz dans les conduites d'alimentation de l'éclairage de la salle et de la scène, afin de concentrer dans une seule main la manœuvre générale et pouvoir satisfaire aux exigences de la mise en scène en variant les lumières à l'infini, et quelquefois instantanément. Aussi le jeu d'orgue doit-il être installé sur la scène ou sous le proscénium, de telle façon que l'homme de service, *le luminariste*, puisse apercevoir, à la fois, la scène et le lustre, et faire concourir les deux éclairages.

Du jeu d'orgue le gaz monte, par une conduite en fer, dans le comble au-dessus de la salle et est amené au lustre par deux moyens :

1° Soit par un gros tuyau en caoutchouc ou en cuir enroulé sur le tambour d'un treuil en bois, et qui, comme les câbles, passe sur une poulie supérieure, suit les mouvements ascendants et descendants du lustre ;

2° Par un tube à genou creux qui peut aussi monter et descendre avec le lustre.

Le lustre est suspendu à la charpente par deux câbles en fils de laiton qui, passant par deux poulies, vont rejoindre le treuil, où il est maintenu en équilibre par deux contrepoids suspendus par deux câbles en fils de laiton. Lorsqu'ils sont bien réglés, un léger effort du treuil suffit à opérer la montée ou la descente.

Lorsque le lustre est petit, on peut faire le trou assez grand pour pouvoir le remonter, en enlevant le panneau, alors l'allumer, le visiter, le nettoyer, mais c'est un cas très rare ; dans la plupart des théâtres on le descend, au contraire, ce qui n'exige dans le grenier qu'un supplément de longueur à donner au câble et au tuyau.

1. Mieux vaudrait éclairer les fenêtres, car c'est l'éclairage intérieur qui, en envoyant au dehors des rayons lumineux, lui donne un *air de fête*. « Mon palais étincelle, ce soir de mille feux, » dit un personnage de l'opéra d'*Haydée* ; ce qui n'empêcherait pas d'illuminer la voie publique, par la multiplication des lumières de toutes formes.

La cheminée qui surmonte le trou du lustre, destinée à l'évacuation des produits de la combustion, des fuites et de l'excès de chaleur de la salle, doit être hermétiquement fermée dans le grenier, construite en plâtre et fer ou en tôle, avoir une forme conique et se raccorder exactement avec la lanterne hors du toit.

Les autres lumières de la salle, telles que les appliques, girandoles, couronnes de globes lumineux, à l'entablement comme à l'Opéra, sont réglées également par un robinet du jeu d'orgue ; par conséquent les canalisations qui les alimentent partent de là.

L'éclairage de *la scène* est le plus minutieux, il comprend :

1° Les lumières fixes, becs à papillon enfermés dans des lanternes vitrées et grillagées, posées un peu partout, dans les dessous, sur la scène, et dans les dessus, pour les besoins du service ;

2° La rampe d'avant-scène, fig. 3, 4, 5 ;

3° Les appareils mobiles des portants, fig. 7 ;

4° Les herses et les traînées, fig. 2 ;

Toutes ces lumières sont réglées par le jeu d'orgue.

Celui dont nous donnons une vue (pl. 29-30, fig. 1) comprend les conduites principales venant du compteur, pour la salle ou la scène, ainsi que leurs conduites de secours ; celles de la rampe ; celles des herses, quatre ou six ou huit colonnes montantes suivant les dimensions de la scène, avec secours ; enfin celles des portants, également avec secours et branchées pour côté cour ou côté jardin.

Chaque tuyau est, ainsi que son secours, armé d'un robinet réglé à l'avance pendant les répétitions, au point voulu, pour obtenir un effet de demi-jour ou d'obscurité sur tel point qu'on veut.

Au moment opportun, le luminariste n'a qu'à fermer entièrement le robinet principal pour que l'éclairage se trouve réglé comme il convient.

Il ne faut pas que les robinets de secours soient trop fermés, sans quoi on s'exposerait à une extinction complète par une fermeture brusque du gros robinet.

L'appareil est fixé contre le mur au moyen de colliers et de crochets, à la demande. Il doit être un peu éloigné du mur, pour que le graissage et le nettoyage des robinets puissent se faire facilement.

*Rampe d'avant-scène* (fig. 3, 4, 5). — Appareil d'éclairage de la face de la scène, destiné à mettre en lumière les acteurs et le mobilier et ainsi nommé parce qu'il est installé sur l'arête de la saillie du proscénium sur l'orchestre, à droite et à gauche du trou du souffleur. Il est composé d'une file de becs, à courant d'air, à la flamme entourée d'un tube en verre, les rayons lumineux sont renvoyés sur la scène au moyen de réflecteurs.

Malgré les réclamations séculaires, auxquelles donne lieu ce mode d'éclairage anormal, puisqu'à l'inverse du soleil, il éclaire d'en bas, fatiguant ainsi les yeux des acteurs, qui ne peuvent en atténuer l'éclat par les saillies de la coiffure, telles que visières, bords de chapeaux, etc., incommode par la fumée et la chaleur qu'il dégage et développe sous la bouche et les yeux, dangereux comme risque d'incendie, il n'a pas été remplacé.

Tous les perfectionnements qui y ont été apportés n'ont que diminué le risque d'incendie, par l'invention des becs à flamme renversée, dont nous allons parler.

Il est vrai que le mode actuel d'éclairage de la rampe a l'avantage d'éclairer les acteurs en face, de telle sorte qu'aucune nuance du jeu des physionomies ne soit perdue ; de les éclairer tous de la même façon, enfin que ses feux vont en s'adoucissant vers le fond du théâtre.

La rampe qui fait saillie sur le plancher, est montée sur un bâti mobile pour monter ou descendre selon les besoins et même disparaître complètement dans certains cas *de nuit complète,* par exemple.

Elle est divisée en deux parties par le trou du souffleur, alimentée en son milieu par le conduit venant du jeu d'orgue; elle se place sur un dossier en bois, cintré sur plan suivant la courbe de l'avant-scène, et garni de fer-blanc en guise de réflecteur.

Les becs sont montés sur le tube d'alimentation et espacés d'environ $0^m,15$. Dans les grands théâtres, ils sont doubles et même triples, avec des verres de couleur, pour obtenir les différentes colorations de la lumière, accompagnant la mise en scène.

Le danger d'incendie étant un des plus grands inconvénients de la rampe, inquiétant surtout pour le bas des jupes des actrices, principalement celles des danseuses, on a, depuis longtemps, cherché des préservatifs, d'abord en appliquant devant la rampe, à une certaine distance de la flamme, un grillage métallique; puis en renversant la flamme, par une invention de M. Lissajou, professeur de physique à Paris, en 1860, et immédiatement appliquée à l'ancien Opéra, rue Le Peletier, en 1862 (1), puis à Londres et en troisième lieu à Vienne.

Déjà, en 1860, le rapporteur de la commission nommée par la ville de Paris pour l'étude du chauffage et de la ventilation, le général Morin, avait proposé d'utiliser pour la ventilation la chaleur des becs de gaz, en appelant à l'extérieur les gaz produits par la combustion.

« Le dispositif proposé consistait, dit-il (2), à entourer les becs d'une enveloppe cylindrique dont la partie postérieure convexe, tournée du côté de la salle, était en métal poli, réfléchissant d'autant plus qu'il avait une forme concave, tandis que la partie antérieure était en verre poli ou dépoli.

« En arrière des becs, entre eux et l'enveloppe, était une seconde enveloppe, métallique, concentrique à la première, formant avec elle un conduit courbe terminée à un tuyau horizontal parallèle et inférieur à la rampe, communiquant, à chaque extrémité, avec des tuyaux verticaux d'évacuation des gaz de la combustion.

« L'air nouveau étant introduit par des ouvertures ménagées en avant des becs (fig. 5). »

Les essais faits en décembre 1860, avec un appareil construit par la maison Chabrié avaient réussi; l'appel des gaz de la combustion se produisait sans occasionner dans la flamme des becs des vacillations désagréables. Il restait, sans doute, quelques perfectionnements à trouver, notamment dans la partie vitrée, etc.; aussi est-il regrettable que ces essais n'aient pas été poursuivis et soient restés suspendus lors de l'apparition, quelques mois plus tard, de la rampe à flamme renversée de M. Lissajou.

Celle-ci est placée sous le plancher de la scène, par conséquent invisible; les becs sont entourés d'une demi-enveloppe cylindrique, ils sont à flamme descendante, c'est-à-dire que la lumière, au lieu d'être en dessous est en dessus des verres, ceux-ci sont traversés, de haut en bas, par la flamme qu'attire, à la partie inférieure, un fort courant, produit dans un tube horizontal (analogue à celui du général Morin), par un ventilateur mécanique ou par des brûleurs à gaz installés dans deux cheminées placées aux deux extrémités du tube et débouchant au dehors. Ce courant doit être assez fort pour que la flamme soit aussi nette que si elle montait naturellement; la lumière est réfléchie par des miroirs courbes et, par eux, renvoyée sur la scène.

Avec ce système on obtint, enfin, la suppression de tout danger d'incendie et de l'ascension des gaz chauds. La description du mécanisme des appareils d'alimentation, de ceux qui servent à soulever chacune des deux parties, les descendre bien ensemble, des raccords avec les cheminées d'aspiration, etc., nous entraînerait hors du cadre que nous nous sommes tracé.

1. Bien que depuis quelques auteurs ignorants, imbus d'une vieille manie française, en aient attribué le mérite de l'invention à des Anglais.

2. *Études sur la ventilation*, Paris, 1863.

Le modèle de montage le plus parfait est à l'Opéra de Paris où il peut être étudié *pièces en mains*. La construction de ces appareils exige les plus grands soins. Nous ferons seulement remarquer que la température des gaz entraînés dans les cheminées est assez élevée pour exiger l'emploi de mêmes matériaux que pour les conduits de la fumée : tôle, fonte, ou terre cuite.

*Portants* (fig. 7). — Ce sont des appareils mobiles, verticaux, composés d'une série de becs, quatre, cinq, dix, même vingt, étagés en colonne se détachant sur un réflecteur demi-cylindrique; ils se placent derrière les châssis de coulisses pour refléter sur les toiles des châssis opposés.

Ces colonnes alimentées par des conduits en caoutchouc venant des dessous, s'accrochent soit derrière les traverses des dits châssis, soit à un mât. Ces becs, bien qu'enfermés dans des verres, sont les plus dangereux pour la communication du feu, aussi les règlements de police obligent-ils de les protéger par des grillages.

*Rampes de terrain ou traînées* (fig. 2). — Petites rampes horizontales plus ou moins longues qui se placent sur le sol derrière les premiers plans d'herbes, de fleurs, d'arbustes ou accidents de terrain. Ce sont des tubes en fer ou en cuivre garnis de petits becs comme ceux des éclairages extérieurs; elles sont également alimentées par le dessous, et disposées devant un réflecteur concave.

*Herses* (fig. 9). — Ce sont les appareils qui servent à éclairer les parties hautes des décorations et les bandes de ciel; aussi sont-ils suspendus aux tambours du gril par des cordages en fil de fer, qui permettent de les monter ou de les descendre au point voulu. Une herse se compose d'un tube, en fer ou en cuivre, horizontal, qui traverse la scène, percé d'une série de petits becs comme dans les rampes, disposé devant un réflecteur concave, protégé en avant par un grillage. Elle est alimentée au moyen d'un tuyau en cuir ou en caoutchouc, venant des corridors.

A part ces trois séries de lumière, nécessairement mobiles, toutes les autres qui éclairent la scène, les dessous, les corridors et le gril, doivent être enfermées dans les lanternes vitrées et grillagées à courant d'air et fumivore, posées avec les précautions les plus minutieuses pour éviter tout contact inflammable.

Les remises à décors sont éclairées au moyen de mêmes lanternes, ainsi que les magasins.

L'éclairage des annexes de la scène, escaliers, couloirs, foyers, loges, vestiaires, ne présente d'autre particularité que d'éloigner suffisamment les becs, de tous les genres d'appareils, du contact des toilettes bouffantes, des perruques, coiffures montées et échevelées, etc.

Au théâtre, la crainte du feu est réellement le commencement de la sagesse.

Heureusement les progrès de la science électrique, permettent d'espérer la substitution de cet éclairage à celui du gaz hydrogène.

Les problèmes relatifs à la division, au fractionnement, étant résolus par la lampe à incandescence, celui relatif aux arrêts, à l'allumage par des appareils très ingénieux, ces applications ne peuvent manquer de se multiplier.

Sans doute les conducteurs doivent être isolés de tout contact inflammable, mais ce n'est qu'une question d'isolement, et de fourreau en terre cuite au passage des parties en bois.

Maintenant qu'on est parvenu à remplacer les rampes et les herses au gaz, par des rampes et des herses à lampe Édison, de trois couleurs, il n'est plus permis de douter du succès final.

Le théâtre de la Scala (Milan), dont la salle est aussi grande que celle de l'Opéra de Paris, est, ainsi que ses dépendances, complètement éclairé par deux mille cinq cents lampes, dont cinq cents pour le foyer, les arrivées et le café.

Le moteur vient d'une usine centrale, ce qui offre l'avantage d'éloigner tout danger d'explosion ou d'incendie.

La lumière vient de quatre circuits différents et séparés. Un circuit dessert toute la scène où le courant se divise en dix-sept circuits secondaires alimentant les herses, la rampe, les coulisses et le dessous de la scène. Le régulateur divisé en dix-huit sections permet de régler d'un seul point du théâtre l'intensité de la lumière de chaque groupe de lampes.

Un second circuit alimente tous les services de la scène, c'est-à-dire les loges d'artistes, les ateliers des peintres et les couloirs de la scène.

Le troisième alimente le grand lustre et l'orchestre; il dessert également les corridors et les couloirs de la salle, ainsi que les loges du public.

Le quatrième enfin alimente l'atrium (grand vestibule) et le foyer.

La séparation des circuits est une garantie très sérieuse pour le fonctionnement régulier de la lumière.

Le nombre des lampes, d'une valeur de seize bougies chacune, est de :

946 alimentées par le premier circuit.
273 — deuxième —
470 — troisième —
105 — quatrième —

C'est donc bien une application décisive qui, espérons-le, fera école.

---

## EXPLICATION DES PLANCHES

*Pl. 32. — Plan des dessous. Construction en fer.* (Plan à l'échelle de $0^m,01^c$.)

Poutraison sous le plancher de la scène avec la construction de l'avant-scène.
A. Chapeaux de fermes fixes avec lambourdes où se visse le plancher fixe (avant-scène, lointains, côtés latéraux).
B. Solive intermédiaire.
*b*. Entretoises fixes.
C. Sablières fixes latérales.
D. Chapeaux de fermes des rues avec lambourdes à rainures pour trappes.
E. Chapeaux de fermes des petites rues (trappillons).
R. Crochets d'écartement en fer.
*r*. Entretoises mobiles avec crochets.
Sablières des premiers dessous, établissement des rues.
A. Sablières des fermes fixes (avant-scène, lointains).
B. Sablière intermédiaire.
*b*. Entretoises fixes.
C. Sablière fixe latérale.
D. Sablières des premiers dessous.
R. Crochets d'écartement en fer.
*r*. Entretoises mobiles, avec crochets en fer.
G. Cheminées des contre-poids (dans les 2 plans).
H. Sablière fixe de consolidation.

*Pl. 33. — Troisièmes dessous. Construction en bois.*

A. Dés en pierre scellés au niveau du sol.
B. Sablières encastrées dans les dés.
▨ Poteaux assemblés avec les sablières B.
E. Tambours des dessous.
F. Tambours des changements à vue.

*Construction en fer.*

●. Colonnes en fonte encastrées dans les parpaings, assemblées avec les fermes.

*Pl. 34. — Plan des dessous. Construction en bois.*

Premier dessous.
A. Sablières de fermes fixes (avant-scène, lointains et intermédiaires).
*a*. Entretoises fixes.
B. Sablières des fermes latérales.
C. Sablières portant les rails sur lesquels glissent les chariots.
E. Moufles d'appel et de recul des chariots.
I. Entretoises mobiles, d'écartement des fermes.
R. Roulettes des fils du tambour des changements à vue.
*r*. Crochets en fer.
Deuxième dessous.
A. Sablières des fermes fixes (avant-scène, lointains, intermédiaires).
*a*. Entretoises fixes.
B. Sablières des rues.
C. Rues dans lesquelles sont équipés les décors se manœuvrant des dessous.
E. Entretoises mobiles des fermes mobiles.
*e*. Crochets en fer.
F. Sablières des fermes latérales.
G. Tambours des trappes et des praticables.

*Pl. 35. — Plantation de décors.*

Salon fermé.
A. Mâts doubles, fixant le décor venu des dessous.
B. Portes ouvrantes.
C. Châssis de coulisses.
P. Châssis de rues, avec mâts.
Panorama avec des praticables.
A'. Mâts simples glissant sur chariots.
O. Ouverture dans le décor.
E. Petit décor fixé avec des crochets en fer.

*Pl. 36. — Construction en bois. Premier plancher.*

Solivage. Terrain.
P. Crochets en fer reliant les rues entre elles.
L. Leviers pour la manœuvre des panneaux de trappes.
R. Rouleaux des trappes pour l'ouverture et la fermeture des rues.

*Pl. 37. — Plan des corridors.*

Premier corridor. — Deuxième corridor.

*Pl. 38. — Gril. Construction en bois.*

Solivage. — Plancher.
A. Grand diamètre (commandes) d'un tambour, sur lequel s'enroule le fil Y.
B. Petit diamètre (retraites) d'un tambour, sur lequel s'enroule le fil W.

V. Moufles des contrepoids, placées sur les cheminées.
X. Moufles du gril où roulent les fils allant aux tambours.
(Échelle de $0^m,01^c$. par m.)

*Pl. 39-40. — Scène de Reims. Coupe transversale.*

1. 1. Dégagements de la scène.
2. Porte des dessous.
3. Dégagements des corridors.
A. Ferme équipée d'un salon fermé, en place sur la scène, côtés avec châssis.
*a*. Même ferme équipée dans le dessous, manœuvrée par des tambours.
B. Plafond plat, manœuvré du cintre.
*cc*. Les mâts glissant sur chariots, placés dans le premier dessous, appuient les châssis *cc*, placés à droite et à gauche de la ferme équipée.
D. Mât simple, dit de perroquet (2 mâts sur le même chariot).
E. Mât double, formant échelle, faux-châssis.
F. Décor monté sur un chariot double.
G. Décor monté sur un chariot simple.
H. Cheminée des contrepoids, encloisonnement en planches.
I. Plan incliné, pour le service de la scène.
J. Tas (cases à décors).
KKKK. Cassettes sur lesquelles glissent les âmes.
*ffff*. Fils de commande des âmes, montés sur tambours.
L. Cordages des chariots, montés sur tambours.
M. Treuil des contrepoids.
P. Petit treuil.
N. Tambour des changements à vue.
OO. Tambours des fermes.
Q. Contrepoids ayant monté la ferme.
R. Contrepoids du rideau ou cintre.
S. Contrepoids du rideau abaissé.
T. Moufles et poulies des contrepoids et guides des fils.
U. Tambour du gril.
V. Moufles des contrepoids au gril, placées au-dessus des cheminées.
X. Moufles des fils, posées sur le gril.
Y. Retraites à la main, des tambours et des contrepoids.
Z. Retraites des tambours aux contrepoids.

*Pl. 41. — Théâtre de Reims. Coupe longitudinale. Construction en bois.*

A. Ferme équipée, salon fermé sur la scène.
B. Plafond manœuvré du cintre par des fils.
C. Châssis à décor manœuvré du dessous.
D. Plafond porte-voix d'avant-scène.
E. Lisse en draperie mobile, d'avant-scène.
F, F', F''. Grand châssis de panorama.
G. Praticable avec plancher (passage).
H. Rideau de fond.
I. Escalier du praticable.
J. Escalier, descente dérobée du praticable.
K. Calorifère.
L. Tambour des dessous.
M. Treuil des contrepoids.
N. Tambours des changements à vue.
O. Tambours des fermes.
P. Escalier des dessous.
Q. Cheminées des contrepoids.
R. R. Ponts des lointains.

S. Ponts volants.
T. Tambour du gril.
U. Échelles du cintre.
V. Rouleaux des retraites à la main.
X. Chevilles des retraites à la main.
Y. Manteau d'Arlequin.
Z. Escalier du foyer des musiciens.
W. Paliers et échelles de sauvetage (en fer).
αα'. Fils du porte-voix.
β. Fils d'arrière du plafond.
δ. Fils d'avant du plafond.
γ. Fils de la frise.
π. Fils du rideau de fond.

*Pl. 42-43. — Théâtre de Reims. Comble en fer.*

Coupe transversale (corridors, gril).
Coupe longitudinale (corridors, gril).

*Pl. 44-45. — Dessous. Machinerie en bois.*

Coupe transversale. Coupe longitudinale.
AB. Plan de la base du bâti de trappe.
C. Petit chariot.
D. Chariot double.
E. Grand chariot.
F. Cassettes dans lesquelles glissent les âmes.
G. Bâti de trappe.
H. Moufle de commande de la trappe.
I. 1. 1. I. Cordages de commande des cassettes pour la manœuvre des trappes, fermes équipées, gloires, etc.
J. Tambour commandant les fils.
*a. a. b b.* Mâts.
*c.* Crochets de châssis.
*d. d.* Broches fixées aux mâts, montés sur chariots.
*e. e.* Crochets d'écartement, en fer (grandes et petites rues). Plan du bâti de trappe.
1. 1. 1. 1. Coulisseaux.
2 et 3. Fermes d'écartement recevant le plancher.
4. Moufles.
5. Leviers mobiles.
7. Plancher mobile.
8. Trappillons.

*Planche 46.*

*Fig.* 1. Coupe longitudinale.

*Fig.* 2. Coupe transversale.

*Fig.* 3. Trappillon (échelle de 0.04 pour mètre).
A. Rouleau d'amenage.
B. Levier de serrage du panneau ramené.
C. Articulation du panneau ouvert.
D. Partie fixe du plancher.
E. Rainures de glissement.
F. Crochet d'écartement.
G. Chapeaux de ferme.
H. Sablières du premier dessous.

*Fig.* 4. Manœuvre d'une trappe (d'après Moynet).
A. Corde enroulée autour d'un rouleau et faisant avancer ou reculer le panneau dans les rainures du plancher.
B. Levier, manœuvré à bras, mettant le panneau à niveau du plancher de la scène.

*Fig.* 5. Équipe d'une trappe (d'après Moynet).
A. Bâti de la trappe.
B. C. Poteaux sur lesquels sont fixées les fiches de guindage.
D. D'. Poulies folles sur le plancher du premier dessous.
*d*. Poulies du contrepoids.
*e*. Poulie de la trappe.
*f*. Contrepoids.
G. Charge du bâti.
H. H'. Plate-forme où se place l'acteur.

*Pl.* 47-48. — *Dessous. Construction en fer.*

Coupe transversale.
*a*. Grand chariot à décoration.
*b*. Chariot simple.
*c*. Tambours des dessous.
*d*. Treuil des corridors du dessous.
Coupe longitudinale.
A. Colonnes en fonte de fer.
B. Poutrelles en fonte de fer.
C. Fer à T, armant les sablières (chapeaux de fermes).
D. Tambour des dessous.
E. Contrepoids de la trappe.
Détails.
*a*. Jumelles assemblées sur colonnes en fonte, supportant le plancher de la scène.
*b*. Assemblage des colonnes.

*Pl.* 49. — *Machine hydraulique* (système Quéruel).

*Fig.* 1. Plan.

*Fig.* 2. Coupe transversale.

*Fig.* 3. Coupe longitudinale.

*Fig.* 4. Détails.

## TROISIÈME DIVISION

# PRÉCAUTIONS CONTRE L'INCENDIE

# SAUVETAGE, CONSTRUCTION, PARALLÈLE, ASPECT EXTÉRIEUR

### PRÉCAUTIONS CONTRE L'INCENDIE

La multiplicité des toiles tendues, la présence d'un nombreux mobilier léger, la proximité des lumières de tous ces objets inflammables, font des théâtres les édifices les plus exposés aux incendies violents.

Aussi des règlements de police, parfaitement raisonnés, minutieusement décrits, énumèrent-ils toutes les précautions à observer dans le service, la surveillance, l'éclairage et le chauffage et enfin le sauvetage (1).

Grâce à cette prévoyance et aussi à la vigilance des pompiers de service, le tranquillité devrait être parfaite; mais comme en toutes choses il faut compter avec les oublis, les maladresses et les accidents fortuits, il est prudent de diminuer : 1° les risques d'un commencement d'incendie, en écartant les causes premières; 2° de le restreindre, de le localiser, en opposant les obstacles à la propagation des flammes; 3° d'assurer la promptitude des secours et l'évacuation rapide du public.

### DIMINUTION DES RISQUES

Ceux-ci proviennent : de l'approche du feu de corps inflammables, combustibles; de l'échauffement de corps gras fermentescibles; de la carbonisation lente; d'explosion du gaz; de la chute de la foudre.

Le remède est évidemment d'abord dans les soins, les précautions, la tenue de la maison; puisqu'on sait qu'en été, la fermentation de chiffons gras sur un plancher suffit pour mettre le feu (c'est, on le sait, une des causes d'incendie des fabriques de tissus); puis dans la substitution des matériaux incombustibles à ceux qui sont inflammables, comme les ouvrages en maçonnerie à ceux en bois, ce qui est facile dans un édifice à destination permanente, non sujet comme nos habitations, aux changements de distribution.

Celle de la lumière électrique au gaz de houille ou autre; celle des calorifères à eau chaude, à ceux à air surchauffé. La suppression ou, au moins, l'obstruction des coffres horizontaux ou verticaux qui, en cas d'incendie, deviennent, pour les flammes, des cheminées d'appel, et les portent rapidement à de grandes distances.

1. Voir le rapport du préfet de police de la Seine, le 10 juin 1881.

La construction incombustible est une des questions en permanence à l'ordre du jour, car la solution a contre elle l'économie mal entendue, l'apathie de nos constructeurs pour substituer aux solivages des voûtes légères, d'un usage général et heureux dans beaucoup d'autres pays, tels que : l'Italie (où on voûte encore (voir à Turin) les étages des maisons à loyer ; l'Espagne, la Hongrie (MM. Muller et Cacheux dans leur recueil de maisons ouvrières, à bon marché, nous en montrent qui sont voûtées); la précipitation, le désir ou le besoin d'aller au plus vite, enfin, la paresse d'esprit, l'habitude.

Et, cependant, grâce aux progrès de l'industrie des briques creuses, à ceux de la *métallurgie*, dans la fabrication des fers à chaînages, à la fabrication des ciments à prise rapide, la construction des voûtes légères n'a jamais été plus facile.

Rien ne s'oppose donc à ce que dans nos théâtres, hors à la scène, les voûtes soient substituées aux solivages, notamment autour de la salle, comme dans *presque tous les théâtres* italiens, les carrelages aux planchers ; les voûtes coniques aux fardements en menuiserie sous les gradins, en y élevant de distance en distance des cloisons d'arrêt pour les flammes et les courants d'air ; les fardements, par des hourdis en briques creuses ou en plâtre sur grillages ; les revêtements en stuc (à la truelle ou à la brosse), aux lambris de bois ; enfin surtout les marches en pierre, aux marches en bois.

La coupe du théâtre de Dumont précitée montre (1) que cette recherche était alors poussée très loin, celle des planchers en dalles de pierre du théâtre de Covent-Garden à Londres que nous indiquons au chapitre de la construction, montre une ingéniosité bonne à retenir, mais applicable seulement dans les pays qui fournissent des calcaires légers, résistants.

Enfin nous avons vu, en examinant les conditions de l'acoustique, les avantages de répercussion des parois en maçonnerie (page 48). Il y aura donc double profit à améliorer cette partie de la construction.

Les charpentes des grands combles ne peuvent évidemment être qu'en fer, mais pour deux raisons que nous développerons, couvertes légèrement au-dessus de la scène et de la salle.

Dans la machinerie, comme nous l'avons vu (chapitre de la Machinerie), la fonte et le fer peuvent remplacer le bois pour les poteaux et les sablières inférieures.

Mais le matériel scénique, les décorations, ne peuvent être rendus moins inflammables, que par l'application de diverses préparations, parmi lesquelles l'amiante serait la plus efficace ; mais le moyen de la fixer n'est pas encore complètement trouvé. On emploi généralement sur les bois, le silicate de potasse dissous dans l'eau, additionné de soude, appliqué à deux ou trois couches ; sur les décors, une dissolution de borax et d'acide borique ; les prix reviennent à vingt-un centimes le mètre superficiel.

Dans l'éclairage, le gaz avec ses canalisations multiples, est une grande cause d'incendie, puis de propagation et d'accélération. On peut espérer qu'il sera partout remplacé par l'électricité.

Nous avons vu, par l'exemple des théâtres italiens et allemands ainsi éclairés, que grâce à la lampe à incandescence, la plupart des parties d'un théâtre pouvaient être éclairées par la lumière électrique. Quoiqu'il advienne, comme il faut prévoir un arrêt, une interruption, un édifice aussi rempli de monde ne pouvant être exposé à rester dans l'obscurité, il y faudra toujours des lampes ou lanternes de sûreté dans les couloirs et les escaliers, passages, en quantité suffisante pour guider la foule à la sortie, et éviter les encombrements, les paniques. Il faut donc se préoccuper, en construisant, d'un éclairage secondaire indépendant du gaz ou de l'électricité ; les ordonnances de police prescrivent l'huile ordinaire, celles de schiste et de pétrole ayant d'autres inconvénients. En tous cas, ces lumières doivent être posées hors de

1. Voir son *Parallèle des Théâtres*, reproduit dans l'*Encyclopédie* de Diderot.

la portée de la main, dans des appliques fermées par des portes en verre et ventilées par de petits courants d'air qui servent d'échappement aux fuites et aux produits de la combustion.

C'est surtout sur la scène que les précautions doivent être minutieuses et incessantes; aucun bec ne doit être libre; les verres des lanternes doivent être protégés contre les chocs par des grillages, les herses, les portants, les rampes, de même. Les raccords des herses doivent être préparés, dans le même plan vertical que les prises de gaz, afin d'éviter que le tuyau d'alimentation en caoutchouc ne soit mis en contact avec une pièce de décoration (1).

Dans les loges d'acteurs les becs de gaz doivent être fixes et placés à cinquante centimètres de toute tenture, de tout porte-manteaux.

Dans tous les théâtres éclairés au gaz, les canalisations doivent être en fer, posées à l'abri des chocs, des coups, de la malveillance ou d'une imprudence.

Les compteurs, un pour chaque service, doivent être placés dans un cabinet isolé, voûté, aéré constamment et accessible directement du dehors, pour être immédiatement fermés en cas d'accident.

4° Pour le chauffage, on doit : proscrire les appareils dans lesquels l'air est chauffé directement au contact de cloches ou batteries en fonte, susceptibles de rougir et par conséquent d'envoyer de l'air surchauffé dans les planchers ou contre les boiseries, les meubles, etc...; isoler les conduits de $0^m,12$ de toute matière combustible, entourer les bouches de bandes d'encadrement en terre cuite, pierre ou marbre.

Mais quelles que soient les précautions prises, les soins, la vigilance, un théâtre a trop de recoins où ne peuvent passer les rondes et où passent et sont passés des machinistes, des gens de service et autres parmi lesquels il faut craindre les fumeurs de cigarettes; il contient aussi, exposées à l'air, trop de substances légères, facilement inflammables pour qu'un incendie y soit toujours à redouter; c'est la maladie mortelle des théâtres.

Il faut donc, dans la construction des théâtres, se préoccuper de restreindre les effets, les accidents, en localisant un incendie dans la partie où il a éclaté, en empêchant la propagation de proche en proche, en évitant la première conséquence, l'expansion des gaz et de la fumée qui peuvent porter ailleurs un autre fléau plus terrible que le feu: l'asphyxie, par des moyens de construction et d'extinction, puis de sauvetage.

### ATTÉNUATION DES INCENDIES ; LEUR LOCALISATION PAR DES PRÉCAUTIONS DE CONSTRUCTION ET DES MOYENS DE SAUVETAGE.

La première consiste dans la séparation de deux parties voisines, par des murs de fond, dépassant même les toits si possible, afin de pouvoir y concentrer un incendie.

Or les cinq grandes divisions d'un théâtre que nous avons décrites correspondent au foyer, aux escaliers, à la salle, à la scène et à ses dépendances. Ces différents services n'ayant pas la même importance peuvent, conformément à la logique architecturale, se détacher les uns au-dessus des autres suivant leur élévation, nécessitée par leur destination et suivant une gradation progressive, qui s'élève des bâtiments en aile, occupés par les services, jusqu'au bâtiment de la scène, avec ses pignons triangulaires; en passant par les faîtes du bâtiment, des escaliers, du foyer et de la salle.

La masse de l'édifice, est alors heureusement découpée, silhouettée, par cette mise en évidence de chaque partie; les yeux et le rationalisme y trouvent ainsi satisfaction.

Donc plus de toits uniques couvrant l'édifice comme un bloc, ainsi qu'on l'a fait autrefois dans certains théâtres, mais, au contraire, *variété dans l'unité.*

1. Plusieurs incendies de théâtres ont été occasionnés par la rupture d'un des caoutchoucs, au choc d'une feuille de coulisse.

C'est, du reste, le principe admis depuis longtemps à l'École des Beaux-Arts de Paris, dans les projets de théâtre présentés aux concours de classe; nous l'avons appliqué à Reims et Charles Garnier, en le perfectionnant, l'a consacré à l'Opéra de Paris (pl. 61).

Comme *les flammes montent*, ces gros murs leur *font arrêt*, pendant qu'elles embrasent le comble, les pompiers peuvent s'abriter derrière et protéger les parties voisines.

La scène, où le danger de l'incendie est continuel, est particulièrement facile à isoler en fermant le rideau en tôle et les portes de communication qui doivent être aussi en tôle et constamment fermées. Ne trouvant pas d'issues latérales, les flammes atteindront promptement le faîte; et là si le chevronnage et le voligeage n'offrent pas une longue résistance, elles sortiront librement; le foyer ainsi renfermé dans des murs épais, convenablement arrosé, s'éteindra progressivement comme dans un fourneau; si les parties voisines peuvent être aussi arrosées, le sauvetage n'est plus qu'une question d'eau.

Mais il est de toute rigueur que le rideau dit de fer ou grillagé le soit suffisamment pour être efficace, nous pouvons citer comme exemple celui du théâtre de Genève qui est à double maille et triple fil, deux en fer et un en cuivre.

Mais pour être réellement isolateur, pendant quelque temps, il faut que ce rideau soit suffisamment solide pour résister pendant un certain temps à l'action de la chaleur et n'offre aucun passage appréciable, à la fumée, pour les raisons que nous allons développer; or ces conditions ne peuvent être obtenues qu'avec des rideaux pleins, en tôle, dont l'opacité même est déjà un avantage dans les paniques, car la vue du feu seule suffit pour effrayer les spectateurs et leur faire perdre le sang-froid. Nous donnons (pl. 51, fig. 1) le tracé d'un rideau en tôle, disposé par panneau et renforcé par des cornières.

Le poids de ce rideau, lorsque les villes ont une pression et une canalisation suffisantes, ne doit plus être un embarras, grâce à l'emploi des pistons hydrauliques substitués aux treuils à contrepoids; il suffit alors de la manœuvre d'un robinet pour le faire monter ou descendre en une minute et même moins.

L'ensemble du rideau métallique que nous présentons dans la figure (pl. 51, n° 1) se compose de deux parties: une partie inférieure mobile dans laquelle est ménagée une porte de communication O, fermant hermétiquement; une partie supérieure fixe placée au-dessus de l'entrée.

Complètement composé de fer et de tôle, le rideau a son cadre fait en fer à U emboîtant les cornières horizontales et verticales qui en forment l'ossature et le divisent en panneaux rectangulaires. Ces panneaux sont faits de tôle de un millimètre et demi d'épaisseur renforcée par des barres horizontales et verticales très rigides, d'autres barres posées diagonalement, fixées sur un disque central, fait de forte tôle, viennent encore ajouter à la solidité.

Par une disposition nouvelle, la manœuvre s'opère sans le secours d'aucuns tambours, cordages au contrepoids, elle se fait par la pression de l'eau de la façon suivante:

En L se trouve un volant à manette calé sur un même arbre qu'un pignon denté actionnant une crémaillère verticale J. Lorsqu'on agit sur la manette, la crémaillère agit, à son tour, au moyen d'un autre pignon denté K, sur l'appareil récepteur A dans lequel se trouve le tiroir d'admission de l'eau, amenée par le conduit B. Le tiroir, en s'ouvrant, laisse l'eau pénétrer par le tuyau C dans la boîte D d'où elle se distribue en quantité égale et pression uniforme, dans les deux tubes conducteurs qui communiquent avec la base des deux cylindres G.

Quand l'eau arrive sous une pression de trois atmosphères, sous la base des pistons, ceux-ci montent, et, comme leur tête est fortement reliée par des oreilles-équerres H à la partie inférieure du rideau,

1. D'après l'exposé fait par M. Giraud à la société des Ingénieurs civils, 14 avril 1882.

celle-ci monte forcément, en glissant parallèlement au mur pour venir disparaître derrière la partie fixe du manteau d'Arlequin.

Le rideau, guidé dans toute sa hauteur, au moyen de cette manœuvre, aussi simple que sûre, monte en quelques minutes, quatre ou cinq au plus.

D'ailleurs dans le cas de l'élévation du rideau, le temps a peu d'importance puisque cette manœuvre n'a lieu qu'une fois par soirée avant l'ouverture du spectacle.

Par le mouvement inverse, c'est-à-dire pour la descente du rideau, manœuvre qui doit se faire presque instantanément, il suffit d'imprimer à la manette du volant un tour dans le sens inverse, la crémaillère en redescendant ferme l'orifice d'alimentation et, par un mouvement automatique, ouvre l'orifice de sortie. L'eau isolée dans le corps de pompe est vivement chassée en N, par le poids du rideau agissant sur le piston. Une demi-minute suffit à la manœuvre d'abaissement.

Indépendamment des rideaux en tôle mince assemblés, auxquels on a reproché de ne pouvoir résister à une haute température telle que celle qui résulterait de l'embrasement de la scène et, par conséquent, de n'offrir encore qu'un isolement momentané, plusieurs constructeurs ont proposé de remplacer les tôles planes par des tôles ondulées, notamment M. Plaff, ingénieur à Vienne, à la suite de l'incendie du Ring-Théâter (pl. 51, fig. 4) dont le projet de rideau se composait d'une série de tôles cintrées fixées en rangées horizontales contre des fers plats ou tirants verticaux qui suspendent leur ensemble à une traverse supérieure. Les tôles étant convexes du côté de la scène peuvent, sous l'action des flammes, se gondoler, se détériorer partiellement sans compromettre l'ensemble.

Les tirants étant placés du côté de la salle, à l'abri des flammes, sont libres sur toute la hauteur, sauf aux points de contact avec les tôles; ils ne peuvent s'échauffer outre mesure, et se trouvent, de la sorte, dans de bonnes conditions de résistance. Les tôles ont 0,0015 d'épaisseur.

L'ouverture de la scène est entourée d'un cadre creux ; les montants peuvent être en fonte, la traverse supérieure, qui doit protéger le rideau contre la chute des pièces tombant du cintre, est solidement construite en tôle forte.

Lorsque le rideau est abaissé, sa traverse s'appuie sur toute sa longueur sur la poutre en tôle du cadre, de telle sorte que le rideau se trouve suspendu par les tirants à une pièce rigide, ce qui explique sa résistance ; les montants lui servent de guides.

L'intérieur du cadre est en communication avec la distribution d'eau de la ville et se trouve constamment rempli d'eau. La traverse supérieure porte des ajutages munis de bouchons fusibles; en cas d'incendie, les bouchons cèdent, des jets d'eau arrosent le rideau, une circulation continue s'établissant, le cadre est refroidi et, par suite, conservé.

L'ensemble du rideau est équilibré par quatre poulies, au moyen de cables en fil de fer, il est équilibré par contrepoids, il est commandé par un élévateur hydraulique, avec une vitesse variable avec la pression de l'eau.

La descente est réglée par un robinet de décharge, commandé par des leviers placés en plusieurs points du théâtre.

Ainsi organisé ce rideau, combiné avec un arrosage suffisant de la scène, pouvait effectivement être assez efficace pour protéger la salle.

Les ingénieurs anglais, plus défiants, ont cherché une protection plus sûre en appliquant à la construction des rideaux métalliques le système des parois incombustibles.

MM. Clark, Bunnett et C° ont construit à Londres au Princes Theater et à Edimbourg, au Théâtre-Royal du Lyceum (projet de M. Phipps) des rideaux en plaques de tôle de 3 mm. d'épaisseur, séparées par un espace libre pour le passage de l'air, d'un poids de 17.500 kilog., pour une largeur de 9m,30 sur 8m,70, c'est-à-dire *énorme*.

La partie supérieure du rideau est rivée sur des solives en fer fixées sur des béliers hydrauliques, au moyen d'oreilles pattées et boulonnées. Les cylindres sont placés de chaque côté de l'avant-scène.

Un simple mouvement de l'un des leviers placés, l'un à droite l'autre à gauche de l'ouverture de scène, suffit pour élever ou descendre la partie mobile du rideau qui pèse 8.500 kilog., en quarante secondes, avec une dépense de 427 litres d'eau seulement.

Quant aux portes en tôle, d'après les règlements de police, elles doivent être maintenues fermées par des contrepoids.

Outre la propagation du feu par contact, de proche en proche, il y a celui de la fumée qui, on le sait, prend feu, et par les gaz inflammables.

Dans tous les incendies de théâtres qui, depuis quinze ans, ont attristé nombre de villes par le nombre des victimes, on a remarqué, surtout à Vienne, à celui du Ring-Théâter que la plupart étaient mortes asphyxiées sous la pression de la fumée et des gaz délétères tels que le carbone, etc.

La cause observée, c'est la pression que l'élévation de température développe dans l'atmosphère du local où l'incendie a pris naissance ; cette atmosphère se charge d'oxyde de carbone et autres gaz combustibles ; l'ouverture d'une porte, la chute de quelques carreaux, suffit pour donner issue à un torrent de flammes qui se précipitent à travers les couloirs et les cages d'escaliers et y portent le feu et l'asphyxie aux spectateurs attardés ; ce qui n'arriverait pas si les grandes salles, les grandes divisions de l'édifice étaient mises en communication avec l'atmosphère par des cheminées de section proportionnée à la quantité de matières inflammables qui peuvent être contenues dans la salle et munies de registres manœuvrés du dehors.

Lorsqu'un incendie éclate dans un bâtiment clos, les produits de la combustion n'ayant pas d'écoulement, l'atmosphère du local, dans lequel l'incendie s'est déclaré acquiert une grande force d'expansion, par suite de l'élévation de la température et de l'accumulation des gaz comburants. La densité de l'air se trouve augmentée par la fumée ; alors arrive, même par les ouvertures inférieures, *l'envahissement violent des parties* voisines non encore atteintes, ce qui n'arriverait pas si l'air chaud, les gaz et la fumée pouvaient s'échapper librement, au-dessus du foyer à mesure qu'ils s'en dégagent et de manière à éviter la pression résultant de l'accumulation forcée dans un local fermé, comme il est arrivé au Ring-Théâter, où le feu a pris sur la scène alors que le rideau était baissé.

D'après une relation authentique, la fumée commença à entrer par le trou du souffleur et emplit la salle, ce qui accusait une grande tension dans les dessous de la scène. Lorsque la fumée et les gaz eurent empli la salle, ils envahirent, chassés par la tension, les corridors et les escaliers des étages supérieurs et atteignirent les fuyards qui périrent asphyxiés, ce qui explique le grand nombre des victimes.

L'un des premiers médecins qui pénétrèrent dans l'intérieur déposa à l'enquête :

« Une violente fumée et une odeur suffocante avaient arrêté ceux qui tentaient de fuir. Leur face avait une nuance livide, rouge cerise, caractère des intoxications produites par le gaz oxyde de carbone. »

Ce que, dit M. Scheurer-Rott, explique :

1° Qu'avant que la flamme eut envahi la salle, la fumée avait pénétré partout et s'était répandue dans les corridors et les escaliers.

2° Que la fumée était chargée de gaz non comburés, tels que l'oxyde de carbone et l'hydrogène carburé signalés par une odeur suffocante, ces gaz sont les produits ordinaires d'une combustion incomplète comme cela a lieu dans les cas d'incendie en bâtiments clos.

3° Que l'invasion de ces gaz délétères a suffi pour donner la mort aux gens en fuite et que dans la plupart des cas, la suffocation a précédé la carbonisation des corps par la flamme.

De ces observations non contestées, il résulte la nécessité de prévenir l'accumulation de l'air chaud, des gaz et de la fumée, qui se dégagent du foyer de l'incendie, en leur ménageant des issues suffisantes pour que l'atmosphère du lieu incendié n'acquière pas cette pression qui refoule les gaz dans les parties latérales.

M. Scheurer-Rott demande qu'au-dessus de chaque grande salle il soit pratiqué des cheminées de dégagements, au milieu des plafonds et que l'enveloppe de ces salles soit fermée de gros murs et qu'aux plafonds légers, tels qu'on les établit généralement, offrant un aliment au feu, on substitue une voûte en tôle, assez creuse pour que le courant d'air se porte vers l'orifice de la cheminée d'appel, et non dans les couloirs. Il est évident que pour être efficaces, les cheminées doivent avoir une section calculée sur la capacité de la salle pour procurer aux produits de la combustion l'écoulement le plus rapide. Ces cheminées doivent être munies d'un registre en tôle qui empêche les courants d'air intempestifs, surtout en hiver, et manœuvré du dehors par une manivelle à levier.

On comprend effectivement que ces cheminées puissent être actives pour attirer à elles le tirage, et empêcher les flammes, la fumée et les gaz de chercher des échappées latérales, surtout si les murs d'enceinte présentent une certaine résistance. Mais en cas d'incendie qui pensera à ouvrir à temps le registre, sans lequel il y aura aggravation de risques? Avec la voûte en tôle, la salle dans laquelle éclatera le feu, si les portes sont fermées, deviendra vite un gazomètre.

On sait que dans presque tous les incendies, la plupart des accidents proviennent de la panique, de l'affolement qui s'emparent même de ceux qui ne sont pas en danger, le feu ayant la propriété d'effrayer.

Aussi, dans la pratique, comme le registre sera probablement calfeutré pour éviter la déperdition de chaleur en hiver et les courants d'air sur les spectateurs et les artistes, nous doutons de la manœuvre immédiate du registre, et il est fort à craindre que le mécanisme n'en soit rouillé ou même oublié et qu'on laisse passer le moment opportun de l'ouvrir, car si c'est trop tôt, il activera le tirage d'un commencement de feu que le pompier de service allait éteindre ; trop tard ce sera fini.

Hors des usines où tout le monde est familiarisé avec la manœuvre des machines, nous nous défions, avec bien d'autres, du jeu des mécanismes intermittents, il faudrait une fermeture automatique comme dans la cheminée de l'appareil anglais dit Sun-Burner (figure 12, pl. 29-30...)

L'observation de M. Scheurer-Rott doit cependant être retenue car elle est fort juste ; elle nous a d'autant plus frappé qu'ayant remarqué aussi la force ascensionnelle de la flamme et l'impossibilité d'arrêter un commencement d'incendie, nous avons diminué l'arrêt au faîte dans la construction du théâtre de Reims (de 1866 à 1872), nous n'avons couvert la salle et la scène que de matériaux qui, en cas d'incendie n'arrêteraient pas longtemps les grandes flammes dans leur marche ascendante (nous ne pensions pas alors aux gaz de la combustion), les charpentes sont en fer, mais le chevronnage et le voligeage de la couverture sont en bois.

En outre le sommet du comble de la scène est percé d'un grand abat-jour, la salle est surmontée de de la cheminée du lustre, le plafond qui est appliqué sur lattis et chevronnage en bois ne résisterait pas très longtemps.

Dans ces deux salles (enfermées entre des gros murs) les plus importantes, les plus à ménager, les flammes passeraient vite au-dessus du toit, et nous espérons que l'eau ne manquant pas, l'on pourrait préserver les parties voisines.

A part notre inquiétude sur la manœuvre du registre, et notre divergence d'opinion sur les plafonds en tôle, nous sommes d'accord avec M. Scheurer-Rott sur la nécessité de ménager partout des issues à la fumée et aux gaz, surtout dans les cages d'escaliers qui font cheminée d'appel, en les couvrant de lanternes vitrées que la chaleur brisera, dans les couloirs en les éclairant directement par des fenêtres faciles à ouvrir, les passages et au bas des escaliers de sortie en y pratiquant des panneaux vitrés, que le premier arrivant peut briser, car on sait qu'au Ring-Théâter, c'est derrière les portes pleines et fermées des escaliers de sortie que l'on a trouvé le plus grand nombre de cadavres d'asphyxiés ; un seul panneau vitré dans ces portes et ils étaient sauvés ! d'abord parce que du dehors on eût connu leur détresse dans cette impasse et que les gaz asphyxiants se fussent échappés.

---

## SECOURS

L'ennemi du feu, c'est l'eau mais employée en quantité suffisante. Il en faut donc trouver partout pour éteindre un commencement d'incendie et il en faut beaucoup pour éteindre un foyer.

Or l'unité de chaleur ou *calorie*, représentant la quantité de chaleur nécessaire pour élever de un degré la température de un litre d'eau, on a calculé que si l'on jette dans le feu un litre d'eau à la température de 10° (qui est celle des eaux dans les canalisations des villes), ce litre d'eau, en se vaporisant, enlèvera au foyer six cent quarante calories, *si une goutte d'eau n'en est pas* perdue, ce qui serait extraordinaire si ce foyer possède moins de six cent quarante calories, il sera éteint ; s'il en possède plus, il ne sera éteint qu'en partie et, s'il a conservé assez de chaleur pour que la combinaison avec l'oxygène ait encore lieu, avec la lumière le feu reprendra.

Le colonel Paris, des sapeurs-pompiers de Paris, auquel nous empruntons ces détails (*Mémoire sur les extincteurs*, Revue scientifique, 5 juin 1880) ajoute : « J'ai eu trois ou quatre fois l'occasion de constater que pour éteindre un grand incendie de bois, lorsque la masse est en combustion, *il faut trois mètres cubes d'eau par mètre cube de bois*, résultat du reste conforme aux indications de la science. »

D'où l'on peut tirer des indications pour les approvisionnements d'eau, soit dans des bassins, soit dans des conduites d'un diamètre suffisant. On peut dire qu'il faut avoir sous la main, au début, le tiers de la quantité totale qui serait trois fois le cube des matériaux et meubles combustibles dans un monument.

Si la pression des eaux de la canalisation n'est pas suffisante pour atteindre le faîte des bâtiments, il faudra avoir des bassins suffisants dans les combles en attendant l'arrivée des pompes et les tenir pleins au moyen de pompes placées dans le sous-sol et puisant dans la canalisation.

Dans la scène on peut compter, dans un théâtre à *trois dessous*, de quinze à dix-huit centimètres cubes de bois par mètre superficiel, ou environ seize mètres cubes par cent mètres superficiels.

La meilleure position de ces bassins nous paraît être le long des murs intérieurs ; en y faisant courir un tube ovale, porté sur des consoles et contenant de quarante centimètres à cinquante centimètres par mètre courant, on aura, dans une scène ordinaire de vingt-cinq mètres sur quinze mètres dont le contour est de quatre-vingts mètres, trente-deux à quarante mètres cubes d'eau, pour cette seule partie ; le même système peut être répété au-dessus de la salle, des remises à décors, etc.

Ce système de bassin en couronne intérieure, à l'abri de la gelée, offre l'avantage de porter l'eau partout par de courts branchements avec quelques descentes.

Quand bien même la pression des eaux de la ville dans la canalisation des rues, serait suffisante pour atteindre les toits supérieurs où elle n'y aurait, en tout cas, que peu de force, il faudrait encore, en prévision des accidents, de la diminution momentanée du débit des conduites, avoir en réserve l'eau des bassins intérieurs, car nous le répétons, c'est surtout au début d'un incendie qu'il faut trouver des secours sous la main.

Pour cette raison, il est aussi prudent de relier ensemble et directement les canalisations des rues qui entourent le théâtre, de se brancher sur les deux ou trois artères et de les mettre en communication.

L'approvisionnement d'eau étant assuré, il reste à organiser la distribution à l'extérieur et à l'intérieur de l'édifice.

Celle-ci plus minutieuse, plus ouvragée, plus délicate, peut fournir aux premiers besoins, à la possibilité d'inonder mécaniquement par une pluie torrentielle, l'embrasement des décors de la scène, danger toujours à redouter.

Car aussitôt qu'un incendie, dans une partie quelconque, prend une certaine importance, la fumée empêche les pompiers les plus résolus de faire leur service et l'intérieur est abandonné, c'est alors du dehors qu'il faut protéger les parties non encore atteintes, et éteindre celles enflammées.

La distribution intérieure doit comprendre :

1° Une conduite horizontale dans les dessous, pourtournant l'intérieur du théâtre, les murs de la scène, de la salle et des cages d'escaliers en avant ;

2° Des colonnes verticales montant jusqu'aux combles, embranchées sur la couronne inférieure et reliées au sommet par une seconde couronne supérieure pourtournant les murs intérieurs ;

3° Des raccords de tuyaux d'incendie terminés par des lances.

La première couronne inférieure branchée sur les deux conduites latérales par des prises d'eau de fort diamètre, manœuvrées du dehors, circule le long des murs intérieurs, au niveau du dessous du parterre.

Les colonnes verticales sont piquées sur celles-ci dans les angles ; quatre pour la scène, servant aussi pour les remises à décors, deux pour les annexes, deux pour la salle et deux pour les cages d'escaliers.

Contre le mur du foyer, puis reliées en haut savoir : celles des cages des escaliers et du bâtiment des services par des médianes à la hauteur des greniers ; celles de la salle, de la scène par une couronne supérieure pourtournant au-dessus du gril les murs intérieurs de la salle et de la scène qui sont à un niveau supérieur.

Sur chacune des colonnes verticales doivent être piqués, à chaque étage, des robinets sur lesquels sont vissés des tuyaux d'incendie terminés par une lance ; ce que l'on nomme *un établissement*.

C'est de chacun de ces postes d'eau que l'on peut diriger un jet sur un commencement d'incendie.

On peut aussi préparer dans la scène contre le rideau et au-dessus un tube d'arrosage, semblable à ceux usités dans les jardins, garnis d'ajutages, qui en cas d'incendie empêcherait le rideau de fer de rougir et par conséquent contribuerait à isoler la salle ; puis aux angles du cintre et sur les piliers, quatre ou huit colonnes garnies d'ajutages et lançant des jets puissants sur les cintres. Ce mode d'extinction, pour être efficace, exige une forte pression afin que les jets d'eau arrivent jusqu'au cintre, ce qui n'est possible que dans des cas spéciaux, c'est-à-dire dans certaines villes.

Quant à l'extérieur, il suffit de préparer sur les voies publiques et sur chaque façade une bouche d'incendie de très fort diamètre, suffisante pour alimenter une pompe à vapeur dont les pompiers dirigent le jet sur le foyer.

Pour faciliter leur service il faut préparer à ceux-ci, sur les façades, dans les cours de service, des échelles fixes en fer, puis sur les toits des bâtiments les plus bas, des balcons et des passerelles où ils puissent marcher en sécurité.

Dans un mémoire adressé à la préfecture de police en 1881 sur ce sujet : *Extinction des incendies dans les théâtres*, M. Storez, architecte à Paris, a présenté des observations très intéressantes sur cette question de secours motivée par les obstacles que crée la fumée qui met les pompiers en fuite bien avant les flammes.

Aussi demandait-il la création, dans la construction des murs d'enceinte de la salle et de la scène, de postes de sûreté blindés en briques, en communication avec le dehors, les cours, la rue ou les toits, par des couloirs également voûtés, d'où le pompier de service se sentant en sûreté et certain d'être relayé, peut conserver tout son sang-froid pour diriger un jet d'eau sur le feu; ces postes seraient effectivement une amélioration fort heureuse.

## SAUVETAGE DES PERSONNES. — FACILITÉS DE SORTIE.

On connaît les effets du fameux cri d'alarme : *Au feu !* ; au théâtre ils sont plus désastreux pour les personnes que ceux du fléau lui-même.

Pour éviter, s'il se peut, la panique, il faut que chaque spectateur et chaque employé de la scène sache, que quoi qu'il arrive, sa ligne de retraite est assurée par la multiplicité et la largeur des voies de dégagement; il faut qu'il sache bien qu'en quelques minutes il peut être dehors.

Outre les sorties de la salle, que nous avons énumérées précédemment au chapitre spécial : *couloirs, escaliers*, portes, et les précautions de construction : escaliers en pierre, couloirs d'allées, il faut : 1° et ceci dépend du fermier de la salle, que dans toutes les places communes : parterre, orchestre, amphithéâtres supérieurs, la circulation soit facilitée par des passages rapprochés et larges, aboutissant à des portes battantes à deux vantaux sur les couloirs; 2° que ceux des étages supérieurs aient des portes ouvrantes sur des terrasses, des fenêtres : 3° que les portes extérieures des escaliers de sortie, soient faciles à ouvrir du dedans sur le dehors, puis ajourées par des panneaux vitrés, sauf à y appliquer des grilles.

La sortie de la scène présente pour les machinistes plus de difficultés; néanmoins dans les dessous, la substitution de la fonte et du fer au bois, diminue considérablement les surfaces de contact de matières combustibles, les chances d'incendies, et facilite les dégagements, il n'y a plus de forêts de poteaux; mais il faut encore pour assurer la retraite une porte de sortie au niveau du rez-de-chaussée et remplacer dans les grandes scènes, les vieux escaliers en bois par d'autres en pierre qui ne prendront pas plus de place dans les angles et aboutiront sur la scène, près des portes de sortie.

Dans le cintre où cette substitution n'est pas possible, pour les raisons énumérées plus haut, d'ailleurs la chaleur empêcherait de marcher sur la tôle, on peut donner sécurité aux machinistes surpris, en éclairant les corridors par des fenêtres donnant sur les toits des bâtiments inférieurs, ou munis de balcons légers, sur les corniches, aux extrémités desquelles il est facile d'ajuster des échelles en fer.

Des précautions de construction peuvent donc assurer la retraite de chacun en bon ordre.

Car tout le personnel de la scène en connaît les détours et ne peut arguer d'ignorance comme le spectateur de passage.

Quant aux acteurs de tout ordre, d'autant plus intéressants qu'ils sont plus nombreux, surtout dans les étages supérieurs, et qu'ils sont plus près du cintre, grand foyer à redouter, leur sortie, même en cas de panique, peut être assurée en construisant, à chaque étage, devant les fenêtres de leurs loges et vestiaires, un ou deux balcons, communiquant avec l'étage inférieur et ainsi de suite par un petit escalier en fer, dit échelle de meunier, comme ceux établis sur la façade postérieure du théâtre de Reims (voir coupe pl. 41) et suffisants pour la descente de tout le personnel, même dans le cas d'un incendie au rez-de-chaussée.

Ces facilités étant connues, les accidents de personnes peuvent être conjurés.

Malheureusement le plus nécessaire en pareil cas, le sang-froid, ne peut être commandé ; les plus grands malheurs viennent de *l'affolement*.

## CONSTRUCTION DES BATIMENTS

La salle et la scène étant les seules parties qui puissent réclamer une construction originale, nous ne décrirons que les parties ou dispositions particulières nécessitées par celles-ci. Les autres rentrent dans la pratique ordinaire du bâtiment, sauf à tenir compte des précautions contre les risques d'incendie et mentionnées au chapitre spécial, combinées avec celles du sauvetage, telles que l'emploi des matériaux incombustibles; les isolements, etc...

Cependant, parmi les parties de la construction communes à tous les édifices, la science des escaliers trouve, dans un théâtre, l'occasion d'y appliquer tous les perfectionnements afin d'y allier la légèreté et la solidité; ainsi que l'art de construire des voûtes légères. Celles du vestibule du Théâtre-Français, qui ont résisté à bien des épreuves, depuis un siècle, sont des modèles éprouvés, à imiter dans les théâtres ordinaires. Son architecte, V. Louis, en y affirmant un bel exemple de l'alliance inséparable de l'art et de la science, y a réalisé le difficile problème de faire bien et beaucoup avec peu. La solidité de cette construction si haute, élevée sur de légers points d'appui, dans un carrefour aussi fréquenté, et si exposé aux vibrations du sol, est étonnante. (Voir pl. 11, 22.)

*Salle.* — Avec la disposition française, dont les étages ne sont que des balcons dégagés, la construction d'une salle présente des difficultés particulières que les progrès de la construction métallique ont heureusement aplanis, mais qu'il reste à mettre d'accord avec les exigences de l'acoustique et du confort des spectateurs, qui réclament la suppression des points d'appui devant quelques sièges, ou au moins leur amoindrissement, leur effacement ; puis leur rapprochement de la scène par de grandes saillies de balcons condamnées par l'acoustique.

Aussi l'architecte est-il obligé de se tenir dans ce juste milieu si difficile (où, dit-on, se trouve aussi la vertu).

Parmi les exigences de l'acoustique, auxquelles il lui est facile de satisfaire pleinement, celles relatives au choix et à l'emploi des matériaux sont à sa disposition.

Or, en nous reportant à ce chapitre, nous rappelons ces demandes : « 1° Installer l'orchestre sur un sol ferme ; 2° établir les gradins des amphithéâtres sur une base solide, telle qu'une voûte en maçonnerie, plutôt que sur des charpentes légères, ce qui était déjà recommandé au dernier siècle, ainsi que le prouve le projet de Dumont déjà cité ; 3° entourer la salle d'une paroi résistante, répercutante et non vibrante ; 4° la couvrir d'un plafond plat pour éviter les résonances nuisibles, les échos, la concentration des ondes sonores ; 5° atténuer, dit M. Lachez (*Traité d'acoustique*), les avant-scènes et y supprimer les colonnes et les reliefs trop saillants qui interceptent les sons et produisent, suivant leur position et leur volume, des répercussions nuisibles ; 6° corriger les vibrations des séparations des loges, qui lorsqu'elles sont lisses et formées de planches, vibrent sous l'influence des ondes sonores et donnent lieu à des sons dont le timbre est d'une autre nature.

L'établissement de l'orchestre et de l'amphithéâtre du rez-de-chaussée sur une base solide, c'est-à-dire sur des voûtes en maçonnerie et non sur des solivages en charpente, est des plus faciles, peu coûteux ; car ces voûtes, qui la plupart du temps ne recouvrent qu'un sous-sol sans importance, relient les bases de l'édifice, évitent un risque d'incendie au-dessus des calorifères des dépôts, etc., peuvent n'être que de simples berceaux parallèles, en briques de douze centimètres suivant la rampe de l'amphithéâtre et de telle sorte que le plancher peut être appliqué dessus, soit sur lambourdes noyées, soit sur bitume ; les tuyaux d'air chaud peuvent circuler sous les voûtes ou dans les flancs.

Ces voûtes en berceaux peuvent reposer sur des piliers en maçonnerie ou sur des poutres en fer, portées par des colonnes en fonte. Dans le nord de la France, en Hongrie, on trouve encore des briqueteurs habiles qui font économiquement des voûtes sphériques, très plates, portées sur quatre arcs reposant sur des colonnes, comme celles des citernes grecques de Constantinople, de façon à réduire considérablement les poussées.

Lorsque le dessous de la salle est occupé par un vestibule, il peut être voûté comme celui du Théâtre-Français (pl. 22.). Quant au mur de pourtour de la salle, ce n'est qu'une question de superficie du terrain occupé ; la substitution d'un demi-mur même en briques, à une cloison légère, ne prendra que le double du terrain, seize centimètres au lieu de sept à huit centimètres et offrira l'avantage, eu égard à la résistance des murs circulaires, d'offrir un point d'appui suffisant, grâce à l'emploi des ciments et à l'addition de quelques renforts, qui permet de voûter les couloirs en briques plates, comme dans presque toutes les salles italiennes. La forme du plafond est une question d'architecture pour laquelle architectes et physiciens sont obligés aux concessions, car les Français n'acceptent pas les plafonds plats des salles italiennes pour couronner la décoration monumentale de nos salles ; préjugé, diront les savants inflexibles, mais très justifié par l'ampleur et la beauté des coupoles de nos théâtres, cette forme étant le couronnement le plus noble d'une salle de réunion.

Mais quelle que soit la courbure d'un plafond, il est toujours facile de le construire en matériaux non vibrants, tels que hourdages en briques creuses, quoiqu'ils offrent l'inconvénient dont nous avons parlé, au chapitre des précautions contre l'incendie.

Quant aux loges d'avant-scènes, si leur décoration dépend de l'architecture, leur suppression dépend de ceux qui les louent cher ; c'est une curiosité qu'il faudrait corriger. Lorsque ces loges ne trouveront plus de locataires à des prix supérieurs, elles disparaîtront.

*Construction des planchers* (pl. 52-53, 54-55). — Avec le système des balcons saillants, plus ou moins en encorbellement, la construction de leurs solivages nécessite des combinaisons particulières.

Autrefois les architectes, avec la construction en bois, n'avaient que la ressource des solives en bascule maintenues à leur portée dans le mur par un solide encastrement ; aujourd'hui l'emploi des fers à I, et des tôles découpées, assemblées avec des cornières, permet d'augmenter à la fois les saillies et la solidité.

La construction des solivages se fait généralement suivant deux types, selon qu'il y a ou qu'il n'y a pas de colonnes à la façade des loges.

Dans le premier cas, les solivages sont composés : 1° de poutres en tôle et cornières qui reposent sur le mur d'enceinte ou de pourtour du couloir et sur ces colonnettes en fonte, puis s'avancent en avant de toute la saillie de l'encorbellement.

Comme la colonne monte de fond, pour ne pas la couper au passage de la poutre, on la dédouble en deux moises, entre lesquelles passe la colonne.

2° De solives parallèles assemblées contre les poutres ; 3° de hourdis en plâtre. (Voir pl. 54-55.)

On n'a ainsi que des charges uniformément réparties. La section de la poutre se calcule d'après le poids à porter en comptant la surcharge à raison de cent cinquante à deux cents kilos par mètre superficiel; suivant l'espacement des gradins ou dossiers, c'est-à-dire le nombre de personnes à porter.

La forme se trace suivant les ressauts des loges, des gradins, des plafonds, des couloirs. C'est le système le plus simple de construction et le plus résistant; toutes les solives sont droites, parallèles, sauf les sablières de façade formant étrésillons, il y a ainsi une très grande cohésion entre toutes les pièces. Nous donnons comme exemple les solivages du théâtre de Reims, trois plans et une coupe. (Pl. 52-53.)

Dans le deuxième cas, toutes les solives sont rayonnantes et en bascule, depuis le fond des loges, solidement encastrées dans le mur du pourtour de la salle (un gros mur). Elles reposent sur une sablière en fer circulaire, noyée dans la cloison des loges, ou formant saillie dans les amphithéâtres supérieurs.

Toute la solidité de cette combinaison repose sur la résistance de l'encastrement, aussi les murs de pourtour des salles ainsi construites sont-ils maçonnés en ciment de Portland, car chaque solive forme un bras de levier auquel il faut faire un contrepoids égal à la saillie et à la charge.

Les extrémités des solives sont réunies par une ceinture qui les relie, et, lorsque les saillies sont trop longues, il est prudent d'étrésillonner fortement les solives, afin d'obtenir ainsi de l'ensemble un demi-cône renversé maintenu contre les avant-scènes. Nous donnons, pl. 52-53, 54-55, le plan et les détails d'un solivage de ce système : celui du Théâtre-Lyrique, place du Châtelet.

Lors de la reconstruction du théâtre Royal de Covent-Garden à Londres, dont nous avons donné la coupe pl. 8, l'architecte, E. M. Barry, a construit très ingénieusement les solivages en dalles de pierre d'York, de huit centimètres, dressées sur les deux faces, de façon à former à la fois dallage et plafond ; elles portent sur des fers laminés qui relient les poutrelles, portées elle-même sur les cloisons des loges, et cachées par celles-ci de telle sorte que dans le couloir elles forment caissons. Nous donnons un croquis de cette disposition économique, qui exige une roche à la fois compacte et résistante aux frottements, aux chocs, mais légères, comme les pierres de formation volcanique, et serait susceptible de se prêter à une décoration originale comme les soffites des plafonds des temples de l'antiquité, et ceux de V. Louis au Théâtre-Français (vestibule).

Quel que soit le système de solivages, les gradins des sièges, ceux des loges et des amphithéâtres sont formés de chevrons assemblés et de lambourdes sur lesquelles sont élevées les planches et les contremarches noyées, le vide doit ensuite être rempli de scories, dites mâchefer, ou autre corps léger et incombustible.

*Plafond* (pl. 52-53, 54-55). — Le plafond, lorsqu'il est remplacé par une voûte légère, ne peut se faire que sur une construction particulière portant le hourdis; qu'il soit en forme de segment de sphère, de 1/2 sphéroïde aplatie ou de cône, le hourdis doit être porté par une armature composée d'une ceinture, de rayons ou d'arbalétriers et de pannes ou d'étrésillons. Toute cette construction doit, ou reposer sur les colonnes du pourtour, comme nous l'avons fait à Reims, ou être suspendue aux entraits du comble comme à l'Opéra, construits pour remplir ce double but. Ces tirants de fermes formant poutres à grande portée, ont une hauteur énorme: car ils prennent leur point d'appui principal sur les murs extérieurs; les figures représentent les deux dispositions.

*Combles* (pl. 22, 52-53, 56). — Quelles que soient les subdivisions de l'édifice accusées extérieurement et correspondant à ses différentes parties, le comble de la salle ne peut être élevé que sur le mur d'enceinte du couloir. Sa portée est donc toujours grande, de vingt à trente mètres, aussi exige-t-elle une combinaison particulièrement résistante, le dessus de la salle étant souvent occupé par des ateliers de décoration. Les entraits faisant fonction de poutres peuvent être soulagés par des tirants de suspension descendant des arbalétriers.

Le premier comble en fer élevé sur un édifice public fut celui du Théâtre-Français (1787), dont la planche 22 montre le tracé de ces fermes très ingénieusement combinées, avec les fers de l'époque, qui étant martelés ne pouvaient avoir que des dimensions très petites et de faibles sections, d'où la nécessité de recourir à une multitude d'assemblages; de là la forme compliquée de toutes les fermes construites avec ces fers, jusque vers 1845, lorsque l'industrie métallurgique put livrer au commerce des fers laminés mécaniquement en forme de T et double T.

Depuis, cette forme a fait école, les combles circulaires sont passés dans l'usage pour couvrir les théâtres, même ceux de la ville de Paris, élevés sur la place du Châtelet en 1861, mais suivant un profil aplati, le dessus de la salle n'étant occupé que par les appareils et les cheminées de ventilation; les figures 2 et 3 (pl. 52) montrent la disposition du comble de ces théâtres.

Lorsque la décoration de la salle est combinée avec des colonnes de fonte, celles-ci peuvent être prolongées sous les entraits et poutres pour diminuer ainsi leur portée, augmenter leur résistance et, par conséquent, faciliter l'utilisation du dessus de la salle pour ateliers à décors.

Comme nous l'avons fait au théâtre de Reims, la figure 6 (pl. 53-54 et 56), montre la forme du comble ainsi que les détails, son poids total est de 40,000 kilogr.

Les combles en coupoles comme ceux de l'Opéra et du théâtre de Genève, qui en est une réduction, se construisent facilement avec des fermes rayonnantes, toutes les pannes formant autant de ceintures concentriques; la poussée, qui serait un inconvénient majeur de cette forme au-dessus de murs aussi élevés et percés de nombreuses ouvertures, est ainsi fort atténuée.

Les Anglais, qui n'aiment pas les grands toits, obvient aux difficultés de leur construction en les subdivisant en petits toits dont les chéneaux empanons portent sur des poutres en treillis fort élevées qui franchissent comme des ponts tout l'intervalle entre les deux murs.

La coupe du théâtre de Covent-Garden (pl. 8), montre cette disposition qui est du reste aussi peu architecturale que possible.

*Scène.* — Ce large bâtiment, dont nous avons discuté les dimensions, n'offre de particularité de construction que pour le comble qui ne peut prendre de point d'appui que sur les murs latéraux et d'autant plus chargé qu'il a à supporter tout le poids des toiles et des contre poids, des corridors et du gril.

Les entraits qui portent ce gril doivent donc offrir une grande résistance à la flexion, aussi pour éviter de leur donner une trop grande élévation qui constituerait un terrain perdu, on les relie aux arbalétriers par des aiguilles de suspension qui les subdivisent et les soulagent considérablement.

Nous citerons, comme exemples, les combles de la scène du Théâtre-Lyrique et du Châtelet (semblables), celui du théâtre de Reims (pl. 52-53), dont le poids est de 41,550 kilogr. et l'Opéra, dont la scène, avec les réserves de décors, a une dimension inusitée de 54 mètres. Ch. Garnier a préféré prendre tous les points d'appuis sur les pignons espacés seulement de 27 mètres, et il les a reliés par des pannes monumentales ayant la forme de poutres en treillis de 1$^{m}$,40 de hauteur, auxquelles il a suspendu les planchers du gril, au moyen de tiges verticales qui soutiennent des longrines sur lesquelles reposent des solives légères en fer. Les planchers des corridors sont portés en grande partie par les colonnes qui forment piédroits des cloisons séparatives des réserves de décors.

En donnant comme on l'a fait une épaisseur suffisante aux pignons, ce mode de construction est évidemment fort simple, aussi a-t-il été imité au théâtre de Genève (pl. 59, fig. 12).

Mais en reportant des charges énormes sur deux des quatre murs d'enceinte, les plus élevés et les plus chargés dont l'un, celui de l'avant-scène, est évidé par une large ouverture; il faut donner à ceux-ci non seulement une solidité exceptionnelle, mais encore une base incompressible, ce que tous les terrains ne peuvent assurer, d'une façon permanente, sans une dépense considérable.

Ce mode de construction est donc aussi subordonné à cette question préalable, qui est la plus impérieuse et nous ramène à notre point de départ: *On ne fait rien de rien.*

---

## PARALLÈLE DES THÉATRES

Après avoir exposé toutes les conditions que doivent réunir les théâtres, en avoir étudié toutes les parties dans leur ordre logique, au point de vue dit : dimension des dispositions, de la décoration, de la construction, il nous reste à montrer le groupement de ces mêmes parties dans différents édifices afin de permettre de juger des rapports de proportion entre celle-ci et l'ensemble, ainsi que de la forme générale et de l'aspect, ce qui ne peut même se faire que par une exposition ou parallèle de différents théâtres, justement appréciés, réputés.

Nous présentons donc deux séries de plans de divers théâtres, suivant leur importance, à l'échelle de $0^m,002$ pour mètre, la seule que nous permette le format de l'ouvrage.

La première planche (57-58) contient les plans de neuf grands théâtres de capitales, pour représentations d'opéra, par conséquent de premier ordre, et en tous pays.

Ce sont, par ordre d'ancienneté, ceux de : Milan, de la Scala; Bordeaux, l'Opéra de V. Louis; Madrid, d'Oriente; Gênes, Carlo Felice; Parme; Saint-Pétersbourg; d'Alexandra; Londres, de Covent-Garden; Paris, Opéra; Vienne, Opéra.

La laconisme des détails, surtout les chiffres des mesures, s'accordant seul avec la rédaction de cet article, nous avons préféré, pour ne pas l'allonger, les renvoyer dans l'explication des planches, où on trouvera : les surfaces occupées par les bâtiments, les dimensions des salles et des scènes, qui permettront de se rendre compte de leurs proportions et de leurs rapports avec l'ensemble. Quant à les comparer entr'eux, c'est impossible, pour être juste appréciateur, par suite des différences, dans les conditions imposées ou laissées à leurs architectes (terrains, exigences particulières, locales, même gouvernementales) par les programmes qui leur ont été remis; et dans celles d'exécution, par suite des difficultés ou des facilités de crédit, de dépenses, *vulgo* d'argent, qui ne sont pas les moindres.

Cependant ce parallèle met en évidence la grandeur de la salle de la *Scala* à Milan, la forme de sa courbe favorable; l'acoustique; les mérites de la conception de V. Louis à Bordeaux, la nouveauté et la justesse de ses inventions, dans la disposition des parties, leur distribution, leur décoration, surtout celle de la salle, qui toutes ont *fait école.*

L'originalité et l'ampleur du théâtre d'Oriente à Madrid, dans un terrain hexagonal; les beaux vestibules-accès des théâtres de Gênes et de Parme, la disposition monumentale (surtout pour l'époque) du théâtre *Alexandra,* son confortable intérieur; les ingéniosités industrielles, de la disposition, de la distribution et de la construction du théâtre de *Covent-Garden;* l'ampleur de toutes les parties de l'Opéra de [illegible], l'importance aussi du sacrifice fait pour l'installation de la ventilation et du chauffage, afin d'assurer, aussi bien l'été que l'hiver, le bien-être des spectateurs. Enfin, la grandeur de l'Opéra de Paris, l'ampleur de toutes les parties, la magnificence de leur décoration, sans doute, en tenant compte des différences précitées, réalisées avec de grandes dépenses, car avant celles de la construction, déjà considérable, il y a eu celle du terrain, probablement plus grande encore.

Mais aussi, la richesse de la décoration et des matériaux à part, ses qualités architecturales, son originalité, la logique et la clarté de la composition, de la distribution, l'appropriation caractéristique de l'édifice à sa destination, l'indication nette et saillante des divisions, toutes cependant subordonnées à l'ensemble, conformément au principe de la variété dans l'unité.

La seconde série, planche 59-60, contient les plans de treize théâtres de second ordre dont :

1° Deux élevés sur des terrains bizarres, irréguliers, et, par, suite ayant nécessité des inventions particulières, des dispositions spéciales.

D'abord l'ancien Théâtre-Lyrique, sur le boulevard du Temple, tel qu'il était avant 1861 ; si curieux avec son entrée, sa salle elliptique et ses amphithéâtres au centre, sa décoration élégante et ingénieuse, etc. ; puis le Vaudeville, à l'angle de la Chaussée-d'Antin et du boulevard, ainsi condamné à une entrée de côté, et à une façade de raccord avec les maisons voisines.

2° Deux théâtres, avec *façades circulaires*, montrant un exemple de chacune des deux combinaisons possibles avec ce système ; l'un celui de Mayence ayant façade, portique et foyer concentrique à la salle, voûtes annulaires et escaliers en aile, disposition en largeur ; l'autre, celui d'Anvers, ayant au contraire, vestibule et foyer demi-circulaires, en saillie sur le bâtiment de la salle, et couverts en demi-coupole ou demi-cône, les escaliers entre les deux parties, disposition allongée.

Enfin neuf théâtres différents, sur terrains rectangulaires ; ceux de l'Odéon, de l'Opéra-Comique, d'Angoulême (ainsi placé avant son tour d'ancienneté par suite des exigences de la mise en page), du Châtelet, Lyrique ou des Nations, de Reims, de Rouen, de Genève, de Constantine, permettant, à l'aide des renseignements, indications et mesures données avec l'explication des planches page 129, de comparer les différentes solutions données par leurs architectes à leurs programmes, sur des terrains tout en longeur, comme celui d'Angoulême ou tout en largeur, comme celui du Lyrique.

Quant à la comparaison des dépenses, soit par mètre superficiel de terrain couvert, soit par place, nous renvoyons à l'article suivant.

## EXTÉRIEUR DES THÉATRES

Sans vouloir traiter la question de l'architecture des théâtres, qui est complexe et de nature à exiger des développements trop étendus pour notre cadre, nous ne pouvons cependant clore cette étude sans mentionner au moins son caractère principal, ainsi que les deux systèmes d'architecture extérieure, caractérisés : le premier, par la concentration de toutes les parties de l'édifice ; le deuxième, par la division suivant les services, qui leur donne une silhouette découpée, plus originale. Car c'est l'adoption de l'un de ces deux systèmes, qui décide surtout de la forme extérieure d'un théâtre, par conséquent un peu de toute son architecture.

Le premier point doit donc être l'objet d'un examen sommaire.

### CARACTÈRE DE L'ARCHITECTURE THÉATRALE

Si, dans l'antiquité grecque, le but du théâtre fut primitivement une cérémonie religieuse, puis un enseignement, comme dans Sophocle ; dans notre monde moderne, c'est surtout l'attrait, la curiosité ; or celle-ci, même accompagnée des émotions littéraires ou musicales, n'est plus qu'une distraction.

Nous allons généralement au théâtre pour nous distraire, après une journée monotone pour les oisifs et lassante pour nombre de travailleurs ; en un mot pour rompre avec la banalité, et trouver d'autres émotions que celles de la vie courante.

Cette différence de vue, et nos habitudes de confortable, imposent donc tout un programme compliqué à l'architecte décorateur, mille exigences, difficiles à concilier surtout aussi le plus souvent avec un budget restreint. Quant à l'extérieur, on peut dire que celui d'un théâtre, tout en respectant les règles de l'architecture monumentale sur l'harmonie, les proportions, etc., doit avoir en outre un aspect ouvert, agréable et élégant ; qualités qui s'expriment en donnant dans les façades la prédominance aux vides sur les pleins ; aux ouvertures plus de hauteur que de largeur ; aux lignes verticales plus d'importance qu'aux horizontales en diminuant les nus et en les décorant par les moulures, les sculptures décoratives, puis en donnant à celles-ci plus de légèreté que de gravité, plus de vie que de lourdeur; enfin surtout dans tous les rapports de proportions, en tenant compte de l'échelle humaine ; les dimensions exagérées et les grosses moulures causant une autre impression que l'agrément.

Comme nous l'avons dit en parlant des porches et des portiques, il faut donner à la façade un caractère étudié, noble, sans doute, mais aussi un attrait qui invite, qui soit inspiré par la sociabilité française, exprimé par conséquent, sans affectation ni sans ces grands airs de pose qui sans doute en imposent aux passants, mais ne les attirent ni ne les retiennent.

Aussi, parmi les meilleurs, ceux de V. Louis à Bordeaux et au Théâtre-Français sont-ils restés des modèles.

### FORME GÉNÉRALE

*Premier système. — Concentration.*

Lorsque les théâtres modernes quittèrent les dépendances des palais et autres locaux provisoires (1), pour s'installer dans des monuments particuliers, indépendants, isolés, édifiés sur des places publiques ou de grandes voies, participant ainsi à la décoration des villes, la règle architecturale qui dominait alors sans conteste dans toutes les Écoles d'Art, c'était l'unité, la symétrie ; l'effet cherché, c'était la grandeur, et le moyen le plus fréquemment employé comme le plus sûr, c'était de la subordination des détails aux effets d'ensemble, aux grandes lignes, et l'emploi d'une majestueuse ordonnance pour obtenir un air de majesté qui alors en imposait à tout le monde ; tandis qu'aujourd'hui, c'est l'originalité du détail, qui a la faveur publique.

Les architectes ne pouvaient donc s'affranchir de ces préceptes, même dans la construction des Théâtres, au-dessus desquels ils gravèrent souvent la devise de la comédie, *castigat ridendo mores*.

Cependant ils ne méconnurent pas une exigence antérieure de l'architecture, *le caractère propre*.

Il est donc naturel qu'ils aient réuni les différentes parties de leurs théâtres dans un seul et même bâtiment, couvert par une toiture unique, sauf dans les plus vastes à la fractionner en deux gradations, un appentis précédant le corps principal.

1. Voir précédemment, pages 7 et suivantes.

Cependant, dans son Grand-Théâtre de Bordeaux, V. Louis sut varier la masse de son énorme bâtiment en détachant en saillie sur la façade un élégant portique, bien ouvert, couronné des statues des Muses et de même ordre corinthien que les pilastres des façades et, par conséquent, sans rompre l'harmonie générale, puis du milieu des toitures, le comble de la salle et de la scène, dont les pans coupés, ornés de lucarnes, annoncent la forme de la salle et furent le premier essai du motif, plus logique, du détachement du comble de la salle, consacré maintenant par l'Opéra.

On peut donc dire qu'il a posé le principe. Plus tard, en construisant le Théâtre-Français contigu au Palais-Royal et à des maisons élevées, puis le Théâtre de la Montausier, place Louvois, qui fut l'Opéra jusqu'en 1822, il ne put, sur des terrains aussi exigus, suivre la logique du système, et il dut se contenter de donner beaucoup d'échelle à l'architecture de ses façades simples, et à ses toits une forme originale empruntée à la Basilique de Paladio, à Vicence. Il les couvrit donc de combles circulaires qui, depuis, ont fait école partout et ont été considérés comme caractéristiques des théâtres, jusqu'aux combles du théâtre de la place du Châtelet qui, trop aplatis, en ont marqué la dégénérescence, le dernier emploi.

Ce système, quoique simple, oblige à hausser le bâtiment de la salle et de ses dépendances à la hauteur de la scène qui est le maximum de l'édifice. Il offre donc l'inconvénient d'un développement excessif de façade, aussi est-il d'une exécution délicate, appliquée aux grands théâtres dont la masse peut alors devenir écrasante ; effet naturel pour certains monuments, mais déplacé ici, parce qu'alors il faut que les détails agrémentent les faces du cube, les découpent, les ajourent, etc.

Or les portiques et les galeries à jour qui entouraient utilement et logiquement les immenses amphithéâtres des Romains, en élégissaient agréablement l'énorme enceinte, comme l'ont fait avec succès les architectes du Trocadéro, MM. Davioud et Bourdais, en entourant de portiques leur immense salle de concerts *diurnes*, n'ont plus de raison d'être.

Nos théâtres, bien qu'à étages, outre qu'ils sont *nocturnes* et fréquentés surtout en hiver, sont entourés de dépendances devant lesquelles les *loggie*, les galeries, ne seraient que des superfluités, non utilisées ; aussi nous n'avons plus la même ressource dont Palladio a tiré un si beau parti architectural, en entourant la célèbre basilique d'un large portique, pour lequel il inventa le motif qui porte son nom.

Mais, par contre, ce système est seul applicable aux petits théâtres, appelés à décorer les places publiques des petites villes. Leurs dimensions obligent à masser, à grandir l'ensemble par la concentration, le groupement de toutes ses parties ; la miniature et les petits effets étant peine perdue dans l'architecture monumentale.

### *Deuxième système. — Division.*

Reposant sur le principe de la logique architecturale, que la forme extérieure d'un édifice doit accuser la forme intérieure, se modeler sur celle-ci, il amène la *division* extérieure des parties différentes de cet édifice.

Or, dans un théâtre, nous avons constaté que ces diverses parties : les entrées, le foyer et les escaliers, la salle et dépendances, la scène et ses annexes, l'administration, avaient chacune leur importance très différente, surtout en hauteur

Tandis que la scène surmontée du cintre, puis du gril, réclame une élévation considérable dont nous avons fait connaître la règle proportionnelle ; les remises à décors, les dépendances de la salle n'en exigent que beaucoup moins ; il y a donc une gradation naturelle des diverses parties du théâtre devant et autour de la scène, et par conséquent pour l'architecte, un moyen logique et d'autant plus appréciable qu'il fournit une période en crescendo, de donner à son édifice une silhouette découpée, par une série de motifs variés sortant d'une base unique, d'une enceinte commune ; de telle sorte que sans s'écarter des règles de l'art le plus correct, il peut trouver *la variété dans l'unité*, enfin, chercher à atteindre le grand but, *le beau, le vrai*, tout en réalisant *l'utile*.

Les grandes divisions, tout en ayant des exigences diverses, des distinctions et des dimensions différentes, se relient cependant ensemble, ainsi que le montre l'examen de tous les plans. (Voir parallèles, pl. 57-58, 59-60.)

C'est cette communauté, ou cette similitude de hauteur dans les étages inférieurs, qui permet à l'architecte de donner à l'enveloppe de son édifice, à ses façades, une même base, une même hauteur de rez-de-chaussée ; puis de proportionner le ou les étages supérieurs sous un même entablement, dernier trait au-dessus duquel s'élèvent ensuite successivement chacune des parties suivant leur importance, formant ainsi une série de plans progressifs couronnés par des toitures différentes, caractéristiques, qui donnent à l'édifice une silhouette originale ; le foyer, les escaliers, la salle ; enfin la scène, le couronnement, le cadre qui calme toutes les autres lignes.

C'est ainsi qu'a été compris l'Opéra de Paris dont nous donnons, planche, 61, une insuffisante projection de la façade principale (1).

Depuis longtemps déjà les concours de l'Ecole des Beaux-Arts montrèrent des tentatives heureuses de sortir du cadre unitaire du XVIIIe siècle, pour annoncer au dehors et accuser logiquement les grandes divisions d'un édifice complexe, mais il a fallu le double concours de l'Opéra, en 1861, pour permettre à son heureux architecte d'employer son talent au triomphe du système et à le porter de suite à son apogée ; il est maintenant consacré.

Pour les mêmes raisons, nous l'avons adopté en 1866 dans notre projet au concours du Théâtre de Reims, qui a eu la bonne fortune d'être jugé par les mêmes juges (les membres de l'Institut), mais n'ayant qu'un budget infiniment moindre, même par unité de surface, nous n'avons pu en tirer qu'un effet restreint aussi. Si ce système multiplie les surfaces de façade et provoque une augmentation de dépense sur le premier, celui du Théâtre-Français, il offre, au point de vue financier, une compensation dans la facilité de localiser un commencement d'incendie.

---

## PRIX DE REVIENT

Nous aurions voulu alors compléter cette étude technique en ajoutant au parallèle des théâtres, les prix de revient par mètre superficiel et par place.

Mais outre l'impossibilité d'obtenir des diverses administrations qui les ont fait élever des états de dépenses pour les seuls bâtiments, défalcation faite du terrain et du matériel scénique et aussi des magasins, appartements et autres locaux loués, qui y sont souvent incorporés comme à Paris, à Reims, à Rouen, etc., nous nous sommes heurté aux variations excessives des prix suivant les villes, qui ne peuvent être comparées, et celles d'une année à l'autre qui rendent *toute comparaison incomplète*. Ainsi parmi les théâtres qui ont été publiés, ceux de la place du Châtelet sont accompagnés et entremêlés de locaux de rapport, dont le coût comme construction devrait être retranché de la dépense totale, toutefois en tenant compte du prix des façades latérales qu'il eut fallu élever dans un édifice isolé.

1. Le système de reproduction par l'autographie adopté pour ce traité, ne peut donner que ce qu'il comporte; commode et clair pour des dessins au trait, il le devient moins pour une réduction d'un édifice aussi vaste, aussi richement décoré de nombreux détails. Aussi avons-nous regretté de ne pouvoir donner qu'une projection aussi réduite de cette façade avec toutes ses annexes.

Or cette séparation n'ayant pas été faite, on ne pourrait déduire que le capital correspondant au produit net de ces locaux et le défalquer.

Dans la comparaison entre les prix des théâtres à Paris et en Province, édifiés par les Administrations municipales, dans des conditions de durée supérieures à celles ordinaires pour les entreprises de l'industrie privée, il ne suffit pas de relater que la construction diffère d'un projet à l'autre de cinq ou de dix pour cent; car, dans la plupart des théâtres de province il a fallu le concours d'entrepreneurs de Paris, comme à Genève et à Reims, pour la charpente en fer, la décoration, l'ameublement, le chauffage, etc., dont les prix, augmentés des frais de déplacement, modifient sensiblement la moyenne.

Pour Paris, nous extrayons les chiffres suivants de la publication de M. Davioud, *Théâtres de la place du Châtelet*, et de celle de M. Narjoux sur les *Édifices de la ville de Paris*.

| | Nombre de places. | Prix total. | Par mètre superficiel. |
|---|---|---|---|
| Théâtre du Châtelet. . . . . | 3,800 | 3,437,328 fr. | 1,207 fr. 20 |
| — Lyrique . . . . . . | 1,700 | 2,247,815 | 964 48 |
| — de la Gaîté . . . . . | 1,600 | 1,500,000 | 720 » |
| — Vaudeville . . . . . | 900 | 1,800,000 | 1,800 » |
| — d'Angers . . . . . | | 1,200,000 | 724 » |
| — de Reims . . . . . | 1,250 | 1,305,000 | 650 » |

---

## EXPLICATION DES PLANCHES

*Pl.* 51. — *Précautions contre l'incendie. Rideau métallique.*

*Fig.* 1.

A. Conduite d'arrivée de l'eau.

B. Appareil récepteur avec valve d'obstruction.

C. Tuyau branché sur l'appareil, amenant l'eau dans la boule D.

D. Boule nourrice d'où l'eau est chassée également par les tubes E, sous les pistons F.

G. Corps de pompe dans lequel manœuvre une tige à piston, à l'extrémité de laquelle est adaptée l'équerre-oreille H, fixée au bas du rideau.

I. Rainure dans laquelle glisse, sur galets, le cadre du rideau.

J. Crémaillère de l'ouverture d'entrée de l'eau dans B, actionnée par un pignon denté K, calé sur un même arbre qu'un volant L, à manette M, porté par des consoles S.

N. Sortie de l'eau.

O. Porte réservée dans le rideau.

R. Élégissement du mur, passage du piston.

T. Course du piston. (Échelle 1/100)

*Fig.* 2. Porte métallique à contrepoids. Manœuvre à tirage.

A. Porte métallique à panneaux de tôle.

B. Porte métallique avec lames de tôle à recouvrement.

C. Cadre en fer à U dans lequel glisse la porte.

D. Traverses basses et cornières.

E. Galets de frottement.

F. Traverse haute, rigide, à emboîtement.

G. Volant à manette, pour l'enroulement de la corde de soulèvement autour du tambour H.

H. Tambour d'enroulement.

I. Contrepoids, courant dans une gaîne.

J. Poulies des contrepoids.

K. K'. Consoles, paliers, porteurs des poulies.

L. Grande poulie pour la corde de soulèvement de la porte.

M. Corde métallique, fixée à la traverse F, destinée à la manœuvre de la porte.

N. Corde des contrepoids.

O. Support du coussinet avec cliquet d'arrêt. (Échelle 1/50.)

*Fig.* 3. Porte métallique, système hydraulique.

A. Corps de pompe avec entrée et sortie de l'eau, contenant le piston de manœuvre. L'entrée est munie d'un robinet d'arrêt.

B. Piston de manœuvre, actionné par le levier L, ouvre ou ferme à volonté l'arrivée de l'eau.

C. Conduit d'alimentation amenant l'eau dans la boule de distribution.

D. Conduit de distribution amenant l'eau sous les pistons.

E. Boule nourrice distribuant l'eau à pression égale dans les conduits D.

F. Porte métallique à cadre en fer à ⊔, tirants fer à T, traverse basse en fer, cornières, traverse haute fer à ⊔ et emboîtements, panneaux tôle à lames cintrées.

G. Partie de porte privée de panneaux.

H. Bélier hydraulique.

H'. Section verticale du bélier hydraulique H.

I. Patte-oreille fixée sur la tête du piston.

J. Couronnement creux communiquant avec le cadre et avec la distribution d'eau, muni de bouchons fusibles, en cas d'incendie. (Échelle 1/50.)

*Fig.* 4. Rideau en tôle ondulée, avec contrepoids.

A. Rideau abaissé, monté sur des tirants ⊥.

B. B. Tirants du rideau.

C. Cadre creux où circule l'eau.

D. Bouchons fusibles, montés sur la traverse rigide L.

E. Bélier hydraulique, actionnant le piston du contrepoids.

F. Poulie du contrepoids I.

G. Piston actionnant le câble H du contrepoids.

H. Câble du contrepoids I.

I. Contrepoids.

J. J. J. Poulies où roulent les câbles supportant le rideau.

K. Câble des poulies.

L. Traverse rigide.

## *Pl.* 52-53. — *Construction extérieure.*

*Fig.* 1-2. — Théâtre-Lyrique à Paris. (Plan d'ensemble, pl. 59-60, fig. 9.)

Plan de la salle, au niveau du balcon du premier étage, et coupe transversale sur la salle, à l'échelle de $0^m,005$.

Exemple de construction de solivage, au moyen de solives rayonnantes et en bascule ; c'est le système employé dans les théâtres construits par la ville de Paris. S'il offre l'avantage de mieux répartir les pressions, d'assurer la résistance des solivages des grandes saillies de balcons, comme ceux du Châtelet, par exemple, il nécessite, par contre, un plus grand poids de métal employé par suite du rapprochement des solives vers le centre ; chaque solive étant en réalité une petite ferme qui ne peut être amincie proportionnellement, suivant une section variable avec la résistance, au fur et à mesure de l'allongement comme un solide d'égale résistance, qu'à la condition d'être exécutée en tôle et cornière, c'es-à-dire, au prix d'une main-d'œuvre minutieuse, très coûteuse ; aussi a-t-on préféré les fers laminés, à section constante, pour économiser la façon, au risque d'augmenter les poids.

La charpente du comble, à couverture convexe, mais beaucoup plus plate que celle du Théâtre-Français que nous avons donnée pl. 22, est la même que celle du Châtelet, l'occupation du vide entre le plafond et la couverture, par les appareils d'éclairage et de réflexion au dessus du plafond lumineux et ceux de la ventilation, n'ayant pas permis un autre emploi.

Le constructeur a donné aux fermes du comble une structure spéciale sans doute de grande résistance, mais encombrante, par suite de la multiplicité des pièces.

*Fig.* 3. — Coupe sur la scène du Théâtre-Lyrique et du Châtelet donnée comme exemple de la construction des combles des scènes, au moyen de fermes et de remplissage ; à comparer avec le comble du théâtre de Reims, donné planche 39-40 et celui de l'Opéra que nous avons décrit en deux mots, page 116.

La grande arcade du fond n'existe qu'au Châtelet pour l'ouverture sur la cour couverte qui, dans les pièces à déploiement de scènes militaires, sert à allonger la perspective.

On remarquera que cette forme de comble convexe et aplatie, si elle économise la surface de couverture, zinc ou plomb, augmente la pression latérale et, par conséquent, le poids des fers employés dans la construction.

*Fig.* 4-5-6. — Théâtre de Reims. Plans et coupes de la salle à l'échelle de $0^m,005$ pour mètre.

Plan du solivage, exemple de construction des poutres rayonnantes, formant fermes et par solives intermédiaires.

Dans cette combinaison, les poutres ou fermes, dont nous donnons le détail pl. 54-55, sont construites en tôle et cornière à section variable suivant la nécessité de la résistance, sont seules en bascule, pour porter les saillies des balcons, les solives qui sont d'inégales longueurs, pouvant différer de hauteur, de poids, c'est-à-dire de prix suivant leur longueur, et les charges; c'est le plus économique.

Le comble de la salle étant élevé sur plan demi-circulaire, nous indiquons la position des fermes dont les entraits servent de poutres, soulagées par les colonnes de la salle, pour porter le solivage de l'atelier qui recouvre tout le bâtiment de la salle et le plan de l'armature de la coupole circulaire qui bute contre ces mêmes colonnes.

La coupe transversale sur la salle montre l'ensemble de ces dispositions, et la section du bâtiment des escaliers latéraux de sortie.

*Pl. 54-55. — Théâtre-Lyrique et théâtre de Reims, coupes comparatives.*

Coupes comparatives à l'échelle de $0^m,02$ par mètre sur les balcons et les loges de la salle, complétant les plans et les coupes de la planche précédente.

Au Théâtre-Lyrique, par suite de la grande saillie des balcons à chaque étage, la façade de la salle, c'est-à-dire, les arcades, ne commencent qu'au troisième étage, tandis qu'à Reims, grâce aux encorbellements en corbeille entre les colonnes, celles-ci partent du fond; il y a réellement une façade et elle a une base visible qui est la façade même des baignoires.

La figure 3 montre les assemblages des fermes et des ceintures de corbeilles sur la colonne vue de face.

*Pl. 56. — Théâtre de Reims, détails du comble de la salle.*

*Fig.* 1. Plan du comble, à l'échelle de $0^m,001$.
— 2-4. Détails de la ferme, à l'échelle de $0^m,025$.
— 3. Plan de la lanterne, à l'échelle de $0^m,025$.
— 5. Détail de la lanterne, échelle de 0,10.

## Pl. 57-58. — THÉATRES DE PREMIER ORDRE

*Fig. 1. — Théâtre de la Scala, à Milan.*

Il fut construit en 1776 par l'architecte Pierre Marini sur l'emplacement de l'église Santa-Maria *à Scala*, d'où lui vient son nom, pour une société d'amateurs, c'est-à-dire par l'industrie privée, dirait-on aujourd'hui.

Aussi ne peut-on trop admirer ses vastes proportions, son ampleur et la hardiesse de l'entreprise.

Primitivement, dégagé seulement sur trois côtés, il ne fut isolé complètement qu'en 1814.

Le terrain forme un rectangle de 100 mètres compris le porche, sur $40^m,00$.

La surface du bâtiment est de 3,800 mètres dans laquelle la salle, avec ses accès et ses annexes, occupe les six dixièmes.

Cette salle (1) célèbre qui contient 3,000 personnes et 240 loges réparties aux six étages, est la plus vaste de l'Europe. Ses mesures sont : largeur entre les appuis des loges, 22 mètres; largeur au fond des loges, $26^m,75$; longueur du rideau au fond des loges, $31^m,75$.

La largeur de l'ouverture de la scène est de 16 mètres; quant à la scène, elle a : largeur, 26 mètres, compris les remises pour les tas, 37 mètres.

Si les accès de la salle : porche, vestibule, salles d'attente, sont spacieux et commodes, leur disposition architecturale manque de simplicité et de grandeur; on peut dire qu'elle contraste avec la décision (preuve d'un talent mûr, sûr de lui), dont l'architecte a fait preuve dans la composition de la salle.

Pour répondre aux mœurs du pays, et permettre l'habitude des visites au théâtre, les loges ont un salon de l'autre côté du couloir et loué avec celle-ci.

*Fig 2. — Théâtre de Bordeaux.*

Construit par V. Louis de 1777 à 1780, il fut, comme nous l'avons dit précédemment, le premier théâtre monumental, réellement complet, amplement pourvu de tous accès, dégagements, accompagnements et annexes désirables.

Bien dégagé et isolé sur une place publique et sur trois belles rues, il occupe un terrain de 3,780 mètres, formant un rectangle de $46^m,50$ sur 85 mètres.

Il est entouré d'un beau portique sous lequel s'ouvrent des magasins, des cafés, des cabinets de lecture et dont l'anima-

1. Voir plan et coupe, pl. 6-7.

tion est tellement nécessaire, surtout le soir, que l'on ne comprend pas pourquoi la tradition n'en a pas été continuée autour des théâtres qui sont des édifices de récréation. Car, avec la substitution des voûtes aux planchers, des charpentes en fer à celles en bois, des carrelages aux parquets, le danger d'incendie peut être considérablement diminué.

Grâce à ces magasins (qui occupent les parties hachées en gris sur le plan), le problème toujours embarrassant, dans un théâtre ordinaire, de la décoration des façades latérales, peut être agréablement résolu pour le public.

Les dimensions de la salle sont :

Ouverture de l'avant-scène, 12 m.; largeur prise au-devant des loges, 14m,20; largeur au fond, 19 m.; longueur du rideau, au-devant des loges, 17m,50; longueur au fond des loges, 20 m.

Celles de la scène, sont : largeur, 24m50; profondeur, 22 m.

Grâce à sa disposition, à la noblesse et à la beauté caractéristique de l'architecture, le théâtre de Bordeaux a été un enseignement et il est resté un de ces types dont on peut dire en présence de ceux élevés depuis : *que l'on a pu faire autrement et bien, sans faire mieux.*

La dépense n'a été que de 2,406,523 livres, quoique la construction, qui est très remarquable, ait été faite avec beaucoup de soins et exécutée en matériaux magnifiques, les voûtes elles-mêmes étant en pierre de taille.

Cette dépense, tout en tenant compte de la différence de la valeur relative de l'argent, n'est encore pas considérable par rapport aux dimensions de l'édifice et à la beauté de l'exécution.

### *Fig. 3. — Théâtre d'Oriente, à Madrid.*

Construit en 1818 sur la place d'Oriente, d'où lui vient son nom, d'après les plans de Don Antonio Lopez Aguado, mais terminé seulement en 1850 après plusieurs interruptions.

Il est élevé sur un terrain irrégulier couvrant une surface de 6,500 mètres; son architecte s'est astreint à en respecter la singularité, bien que l'obligation de placer l'entrée sur le plus petit côté de cet hexagone irrégulier fût une difficulté de plus.

La salle est précédée d'un portique sous lequel passent les voitures, d'un vaste vestibule, de 6 grands escaliers, elle est accompagnée de couloirs et de pièces de service. L'intérieur est disposé et distribué suivant le système italien; la profondeur de la salle étant moins grande, car elle a 20 mètres sur 20 mètres, les angles des séparations présentent moins d'angles aigus; les spectateurs y sont mieux à l'aise.

La scène est vaste et pourvue d'amples dégagements, de larges escaliers, etc.

La salle et la scène occupent dans l'ensemble une surface de 1,860 mètres.

La partie postérieure, qui est plus large que la façade principale, est occupée au rez-de-chaussée par un vestibule et au premier étage par une salle de bal.

### *Théâtre de Carlo-Felice, à Gênes.*

Élevé en 1825 par le roi de Sardaigne de ce nom, sur les plans de l'architecte Louis Canonica, de Milan

L'un des plus complets de l'Italie avec San-Carlo de Naples, et la Scala.

Il occupe un rectangle de 90 mètres sur 50. Soit une surface de 4,500 mètres.

La salle, dont la forme en plan est analogue à celle de la Scala, mesure : largeur devant les loges, 18m,80; longueur, 27 m.; largeur de l'avant-scène, 14m,50.

Le nombre des places est de 2,660, réparties dans la platea et les 6 étages de loges.

Elle est précédée de tous les accès désirables : portique, porche latéral pour la descente des voitures à couvert, grand et magnifique vestibule à colonnades, dont nous avons donné le plan particulier, planches 6-7. Plusieurs salles d'attente, café, corps de garde, grands escaliers, mais, par contre, elle est entourée de couloirs étroits, insuffisants.

Au point de vue architectural, l'entrée offre une belle perspective, du portique à la platea, grâce à la gradation des effets, à la succession des plans, aux perrons, à l'antichambre octogonale qui précède l'entrée de la platea et aux belles proportions de la porte de celle-ci.

La scène est vaste, haute et pourvue des dégagements suffisants.

### *Théâtre de Parme.*

Construit sous le gouvernement Grand-Ducal, par l'architecte Nicolas Bettoli et inauguré en 1829, il est, par son importance, digne d'une capitale. Il couvre un rectangle de 86 mètres sur 40.

La salle, qui est précédée d'un beau vestibule dont nous avons donné le plan, pl. 6-7, est construite sur un plan en forme d'ellipse tronquée, suivant une courbe élargie sur l'avant-scène, ce qui, avec la grande profondeur, facilite la vision des places de côté; mais est moins favorable à l'acoustique.

Elle mesure : en largeur au-devant des loges, 17m,25; profondeur au-devant des loges, 22m,25; l'ouverture du cadre du rideau est de 14m,25.

De chaque côté des couloirs, à chaque étage, sont des cabinets-salons comme à la Scala.

La scène, avec ses remises à décors, est large de 34 m.; avec une profondeur de 22 mètres.

L'édifice, élevé dans le style simple et froid du commencement du siècle, est placé près le palais Ducal, dit Royal, auquel il est réuni par une galerie; il a eu les honneurs d'une publication gravée par Toschi, le célèbre graveur du Corrège et des peintres de l'école dite *de Parme*.

### *Théâtre Alexandra, à Saint-Pétersbourg.*

Élevé en 1830 aux frais de l'État par l'architecte Rossi, sur un terrain de plus de 4,000 mètres, d'après les idées dominantes en Russie, avec des façades monumentales, d'une architecture pompeuse, comprenant même une Loggia, mais trois descentes à couvert, plus appréciables dans ce pays.

La salle, qui contient 1,800 places, dont nous avons donné le plan et la coupe pl. 10, a : largeur devant les loges, 17m,20; longueur du devant des dites au rideau, 22m,35; ouverture du cadre de celui-ci, 16 m. Elle est construite avec des planchers en pente suivant la rampe de la platea; présentant ainsi une dernière tentative de ce genre de disposition originale imaginée par Seghezzi, dont nous avons rendu compte précédemment dans l'historique de la formation de l'architecture théâtrale (page 10).

La scène, qui est vaste, a 23 m. sur 26 m. avec les remises à décors; sa largeur est de 31 m.

### *Théâtre royal de Covent-Garden, à Londres.*

Élevé en 1855-1858 sur les plans de l'architecte E. Barry, le fils de l'éminent architecte du Parlement britannique, par l'industrie privée, sur un terrain de 68 m. sur 38 m., appartenant au duc de Bedfort, d'après un bail spécial, comme pour la plupart des constructions de Londres; ce qui explique l'exiguïté des accès, des vestibules, des cages d'escaliers, des couloirs et des dépendances, par conséquent la nature de l'entreprise.

La salle, dont nous avons donné la coupe pl. 8, a été édifiée spécialement pour les représentations de l'opéra italien; mais, pendant les intervalles qui sont de 8 à 9 mois, son propriétaire la loue à d'autres troupes, même pour des concerts-promenades. Très vaste, de 2,300 à 2,500 places (pour l'Opéra), grâce aux vastes amphithéâtres supérieurs qui contiennent 1,380 places à prix réduit, elle se transforme complètement pour les concerts-promenades par le relèvement de la platea au niveau de la scène, l'enlèvement des sièges, des séparations des loges, des cloisons de couloirs pour établir à chaque étage un amphithéâtre provisoire, comme ceux du théâtre Britannia (voir planche 8); ce qui permet d'y recevoir le double de monde et par conséquent, dans une cité aussi populeuse, de doubler la recette. Cette transformation d'un théâtre aristocratique en une vaste agglomération de spectateurs, est de nature à faciliter, par le doublement des places, sans trop de pertes pour le budget, le problème, insoluble à Paris, des représentations populaires à bon marché.

Elle contient, comme nous l'avons dit précédemment, deux parties distinctes : celle de l'aristocratie qui occupe la platea et les trois étages de premières loges, tendues en soie rouge; puis celle des places à bon marché relatif dans les galeries supérieures, très simplement décorées.

La courbe du plan est en forme de fer à cheval très élargi; les mesures de cette salle sont : largeur au-devant des loges, 19 m.; largeur du cadre de l'avant-scène, 15m,25; longueur au-devant des loges, 24m,60.

La scène est aussi très vaste, elle a, non compris les remises latérales : largeur, 24m,50; longueur, 27 m.

Réédifié à la suite d'un incendie, les précautions les plus judicieuses furent prises pour le rendre incombustible; solivages en fer, fonte et hourdis en briques, substitution des carrelages et dallages aux planchers; escaliers complètement en pierre, réduction au minimum des espaces perdus dans les combles, par la substitution des petits combles à l'anglaise, posés transversalement à l'édifice, aux combles à grande portée longitudinale. Disposition très peu monumentale empruntée à la construction des ateliers industriels, mais très pratique, qui a permis néanmoins, au-dessus de la salle, l'établissement d'un atelier pour les décorateurs.

Malgré l'étendue de la salle, la construction, *dit-on*, n'a coûté que 2,000,000 fr. (d'après Constant et Filippi, *Parallèle des théâtres*, Paris, Lévy, ce qui nous paraît à vérifier.)

### *Grand-Opéra de Paris.*

L'une des conceptions de l'empire, dont les Parisiens et les Français s'enorgueillissent le plus, unique en son genre, d'une magnificence qui restera typique, sans égale, comme le fut autrefois, parmi les palais royaux et impériaux, le Versailles de Louis XIV. Aussi son architecte, Ch. Garnier, s'adressant aux musiciens et aux acteurs, écrivait-il dernièrement à propos du déficit de la dernière régie : « A vous maintenant d'attirer la foule payante, mon architecture vous aide et vous aidera encore longtemps ! »

La surface couverte par le monument est de 11,000 mètres.

La salle mesure, largeur devant les loges, 20m,50; profondeur au rideau, 28m,35; largeur du cadre d'avant-scène, 16m,60.

Chaque loge des trois premiers étages est accompagnée d'une avant-loge dite salon (tendue de soie comme celle-ci et meublée), utile comme dégagement ainsi que pour les visites pendant les entr'actes.

Quant aux accès et aux dégagements, ils sont incomparables, nous renvoyons aux descriptions données précédemment.

La scène est aussi extrêmement remarquable dans toutes ses dispositions et dimensions qui sont de :

Largeur, compris les remises à décors, 52 mètres, non compris, celle-ci 32 mètres.

Longueur jusqu'au couloir, 27 mètres.

Elle est munie de tous les accompagnements possibles et de tous les moyens de machinerie connus jusqu'alors; on peut cependant regretter que l'administration ait reculé devant l'installation de la machinerie hydraulique de M. Quéruel, dont nous avons rendu compte page 84. Mis en présence de l'exécution, cet ingénieur eût résolu les difficultés reprochées à son système.

*Opéra de Vienne.*

Né d'un double mouvement général, provoqué en Europe par l'édification de l'Opéra de Paris; et donné comme conséquence des immenses travaux qui dans la seconde moitié du siècle ont agrandi, embelli et renouvelé la vieille capitale de l'Allemagne du sud.

Élevé sur les plans des architectes Van der Nüll et Siccardsburg, à la suite d'un concours, dans lequel ils ont obtenu le premier prix.

Le plan, inspiré visiblement par celui de Ch. Garnier, en répète, dans le même ordre, les divisions principales, mais plus exigués et sans l'ampleur et la magnificence de l'architecture et de la décoration.

La surface couverte est de 8.560 mètres.

La salle, d'une disposition italienne élevée sur une courbe elliptique, est excellente pour l'acoustique et, chose unique, elle jouit en toutes saisons d'une température agréable, grâce à la ventilation excellente que nous avons décrit précédemment. (Page 61, planche 31.)

Elle a en largeur au-dessus des loges, 19$^{m}$,10; en longueur, 26 mètres.

La scène a de très grandes dimensions et, comme le montre le plan, elle est accompagnée de deux immenses magasins à décors.

---

## Pl. 59-60. — THÉATRES DE SECOND ORDRE

### 1° Théâtres sur terrains irréguliers.

*Fig. 1. — Ancien Théâtre-Lyrique.*

Originairement Montpensier, construit en 1846-47, sur le boulevard du Temple ,par l'industrie privée et par l'architecte de Dreux, en collaboration avec le décorateur Séchan, le peintre d'architecture scénique, sur l'ancien boulevard du Temple, pittoresquement dénommé « du Crime. »

Malgré les difficultés sans pareilles d'un terrain, exigu, irrégulier, en pente, cette salle fut une des meilleures de Paris pour le drame et la comédie, elle ne fut que plus tard consacrée à la musique.

Elle n'avait qu'un inconvénient pour les spectateurs des secondes places, c'était d'être logés dans des soupentes trop profondes, sombres, d'où ils n'apercevaient la scène qu'entre deux bandes noires (le plancher et le plafond) ingéniosité d'architecte pour créer des places en profondeur, qui a trop fait école depuis (1).

Cette salle, de forme ..iptique, coupée suivant le grand axe, avait 20 mètres sur 16 seulement de profondeur, aussi était-elle éclairée par 2 lustres.

Les quatre étages de loges, précédés de balcons saillants qui s'élevaient en retraites successives en montant, étaient approfondies au milieu par des petits amphithéâtres figurés en plan qui permettaient d'augmenter sensiblement le nombre des spectateurs.

*Fig. 2. — Théâtre du Vaudeville, à Paris.*

Élevé à l'angle du boulevard des Capucines et de la Chaussée-d'Antin, lors du remaniement de ce quartier pour la construction de l'Opéra, par la ville de Paris, sous l'administration du célèbre édile Hausmann, pour remplacer le théâtre de la place de la Bourse.

Le très haut prix du terrain dans ce quartier a amené la ville, qui cependant construisait magnifiquement, avec luxe, à mesurer le terrain avec une parcimonie excessive, comme si elle avait voulu créer à plaisir des difficultés à l'architecte A. Magne, ainsi amené à noyer l'édifice dans un massif de maisons d'habitation et à placer l'entrée dans un angle de celui-ci ; par conséquent condamné à se raccorder aux lignes de l'architecture de ces maisons monumentales.

Le vestibule, ainsi disposé en rotonde, introduit le public dans un angle du rectangle enveloppant la salle, séparé du vestibule par une cage d'escalier également circulaire, mais elliptique en plan, autour de laquelle montent deux rampes élégantes qui conduisent à l'étage du foyer.

Le théâtre proprement dit forme un rectangle de 23 mètres sur 38; il comprend successivement la salle, la scène et le bâtiment de loges d'acteurs.

1. Voir nos observations précédentes, à propos des théâtres anglais.

La salle, destinée au public mondain, luxueux, a été construite pour 900 à 1.000 personnes, elle est décorée et meublée avec un goût élégant et distingué, en rapport avec les habitudes de ses spectateurs.

Le parti architectural est le motif dit de l'Opéra, mais agrémenté de motifs en rapport avec la Muse du lieu, la Comédie légère, qui lui donnent son originalité.

Les étages sont commodément desservis par le grand escalier circulaire, deux escaliers d'angles et ceux des loges d'avant-scène.

Comme nous l'avons dit plus haut, cette salle marque l'histoire de la construction des théâtres par la substitution d'un globe lumineux en cristaux habilement disposés pour les réflexions, aux plafonds lumineux en verres dépolis des salles de la place du Châtelet.

La scène, n'étant destinée qu'à des représentations de comédie, a 12 mèt. sur 22 mètres, elle sevait aussi à un essai de machinerie mécanique de M. Regnard, dont nous avons rendu compte précédemment (1).

Le bâtiment dit d'administration et des services où sont les loges des artistes et les vestiaires des figurants, est relativement très spacieux, toutes les pièces sont éclairées et aérées sur une cour suffisante pour Paris, la capitale où les habitations sont le plus entassées et où l'air des cours semble se payer.

### 2° Théâtres à façades circulaires.

*Fig.* 3. — *Théâtre de Mayence.*

Exemple de façade circulaire avec foyer concentrique à la salle, plan en largeur.

Élevé de 1820 à 1832, par Moller, architecte à Darmstadt, sur un plan que MM. Constant et Felippi, à l'ouvrage desquels nous l'empruntons (2), disent avoir été inspiré par un projet paru à Rome en 1821, sous le titre de : *Idea da un Teatro, adattato al locale della convertita,* par Piétro Scagiorgi, dont il serait même, disent-ils, une copie arrangée, sauf la diminution de la courbe extérieure qui est ainsi demi-circulaire, et la suppression des descentes à couvert que l'architecte romain avait ménagées à droite et à gauche du corps principal, et, dans la façade, la substitution de l'ordre dorique à l'ordre ionique.

Tandis que M. Semper qui, disent les mêmes auteurs (3), a aussi puisé dans le même ouvrage le plan de théâtre de Dresde, a conservé les deux portiques latéraux.

Ce plan permet de vérifier nos observations précédentes, page 36.

Cette disposition, séduisante pour la logique, l'est beaucoup moins dans la pratique, malgré la grande et incomparable facilité d'accès et de sortie, par l'impossibilité de la surveillance, du contrôle et de la direction à donner aux entrées, et de la promenade sur une surface annulaire

On voit en outre, irréfutablement, comment les deux escaliers latéraux, avec leurs grands paliers, divisent la foule pendant les entr'actes, l'éloignent au détriment de la sociabilité, beaucoup plus qu'un grand escalier central.

On remarque aussi la difficulté de raccorder cette forme avec le tracé des rues dans une ville; mais par contre, la largeur des dépendances de la scène où elles sont si utiles.

Les mesures de la salle sont : Largeur, 15 m.; profondeur, 22m,50; ouverture de la scène, 11 mètres.

Elle contient 1,675 places.

*Fig.* 4. — *Théâtre d'Anvers.*

Exemple de l'autre disposition de façade circulaire, sur un plan contraire, c'est-à-dire allongé (20 mètres sur 40), avec un foyer demi-circulaire, en demi-rotonde. Outre l'inconvénient signalé précédemment, page 36, de ne pouvoir avoir une hauteur proportionnelle à son diamètre, et de n'être possible pour la promenade qu'avec un grand diamètre, ce foyer présente celui de l'éloignement de la salle; il faut alors aux spectateurs cinq minutes pour regagner leur place.

La salle et la scène manquent des dépendances latérales nécessaires dans une grande ville, pour la scène surtout. Le ou les vestibules sont trop vastes, disproportionnés avec la salle, malgré l'importance locale de la buvette.

La disposition architecturale de la salle est du style français.

Les mesures sont :

Largeur de la salle prise au-devant des loges, 14m,44; profondeurs au fond, 20m,44; ouverture du rideau, 10m,71.

Nombre des places : 1,830.

1. Page 80.
2. Parallèle des principaux théâtres de l'Europe.
3. Ces Messieurs s'étonnent fort honnêtement : « qu'un projet repoussé dans le lieu qui l'a vu naître ait servi de base aux plus grands théâtres de l'Allemagne et à d'autres, comme si ce n'était pas un fait humain. » *Sic vos non vobis,* disait-on crûment à Rome, avant Jésus-Christ; et maintenant, plus poliment, en France : *On n'est pas prophète dans son pays.*

### 3° Théâtres souterrains rectangulaires.

*Fig. 5. — Théâtre de l'Odéon à Paris.*

Construit en 1780, par le comte de Provence, frère de Louis XVI, depuis Louis XVIII, sur les terrains de l'ancien hôtel de Condé, d'après les plans des architectes Peyre et de Vailly. La salle fut remaniée en 1794, époque où elle prit son nom d'Odéon, par imitation de l'antique (alors fort à la mode, quoique le théâtre d'Athènes qui ait porté ce nom, exclusivement consacré à la musique, fut en réalité une salle de concert).

Incendiée en 1799, elle fut restaurée par Delannoy en 1809, puis réincendiée en 1819 et reconstruite en 1819, où elle a pris la disposition actuelle.

L'édifice, complètement isolé, est entouré de portiques encore fort appréciés, malgré leur lourdeur, grâce aux libraires établis dans les enfoncements des piliers› qui y attirent le public. Il forme un rectangle de 66 mèt. sur 36 mètres.

Le vestibule, qui est assez vaste, est précédé de deux beaux escaliers en pierre, parallèles, d'une disposition ample et monumentale qui suffisent au premier étage. Les autres étages sont desservis par quatre escaliers à hélice en pierre, très solides, mais beaucoup moins commodes.

Le foyer est remplacé par les galeries entourant les rampes du grand escalier, et par le palier central, voûté en coupole, qui couvre le vestibule. La salle est à quatre étages, elle est divisée par des pilastres en onze arcades, arrêtées par le cadre du rideau.

Sa largeur au cadre du rideau est de 11$^{m}$,50; au-devant des loges, 15 m.

Sa longueur du devant des loges au rideau est de 19 mètres.

La scène n'est pas proportionnellement aussi vaste, on voit qu'elle n'était destinée qu'aux représentations de la tragédie et de la comédie.

Sa largeur maximum est de 24$^{m}$,50; sa profondeur est de 14 mètres.

Les dépendances, loges d'acteurs, vestiaires etc., et les services administratifs sont installés à l'étroit au-dessus du portique, qui est cependant large.

*Fig. 6. — Théâtre de l'Opéra-Comique, à Paris.*

Élevé originairement en 1783, pour le Théâtre Italien, par l'architecte Heurtier, inspecteur général des bâtiments de la Couronne, dans un terrain appartenant au duc de Choiseul, qui préféra occuper l'hôtel de la Couronne rue Grange-Batelière, dans le jardin duquel on construisit, en 1821, l'Opéra provisoire de la rue Le Peletier.

Successivement remanié dès 1784 pour augmenter le nombre de places par la création d'un vaste amphithéâtre supérieur, puis en 1797 et en 1825, elle fut incendiée en 1838; il ne subsista que la façade; puis reconstruite en 1839, sur les plans de l'architecte Charpentier, qui lui a donné sa disposition actuelle.

Le vestibule, qui est déjà exigu, n'étant pas précédé d'un portique, les entrées sont insuffisantes. La sortie, malgré les deux issues sur les rues latérales, est lente et incommode, surtout par la pluie : aucun espace pour le stationnement et l'attente.

Mais la salle, de forme circulaire, est relativement vaste (1,600 places) par rapport au terrain, commodément disposée, élégamment décorée; les loges sont précédées de salons; elle a quatre étages en retraite les uns sur les autres, de façon à éloigner le cadre de la coupole, c'est-à-dire à l'agrandir, aussi franchit-il les avant-scènes avec lesquelles il ne se raccorde pas.

Peinte par M. Lavastre, cette coupole offre une heureuse disposition décorative. (Voir le croquis, pl. 23-24, fig. 4.)

Les dimensions de ce théâtre sont :

Pour la salle : largeur au-devant des premières loges, 17$^{m}$,50; profondeur, 18 m.; largeur du cadre de l'avant-scène, 11 mètres; diamètre de la coupole, 17$^{m}$,50.

Pour la scène : largeur, 17 mèt.; profondeur, 15 mètres.

L'absence d'annexes la rend incommode, le terrain ayant été réduit mesquinement pour laisser une maison de rapport sur le boulevard, les loges d'artistes sont renvoyées sur les côtés, à droite et à gauche, divisant ainsi les services, c'est-à-dire compliquant l'administration.

*Fig. 7. — Théâtre d'Angoulême.*

Élevé par cette ville et sur les plans de son architecte M. Soudée, est donné comme exemple d'une bonne disposition de théâtre, élevé sur un terrain trop étroit, quoique isolé; mais comme *on ne peut donner que ce que l'on a*, l'architecte, malgré son talent, n'a pu donner à la scène une largeur suffisante pour le service des décorations, des machineries, de la figuration, c'est-à-dire de l'exploitation ainsi rendue plus difficile et par conséquent plus coûteuse.

Le diamètre de la salle pris au-devant des loges est de 12 mètres. Le cadre de l'avant-scène a 10 mètres, proportion excessive, mais nécessaire ici pour la mise en scène. La scène, qui en a 20, n'est accompagnée d'aucune des dépendances nécessaires.

### *Théâtre du Châtelet à Paris.*

Élevé en 1861 sous l'administration Haussmann, par l'architecte G. Davioud, en remplacement du théâtre du Cirque, boulevard du Temple, célèbre par ses féeries et ses pièces militaires; aussi fut-il amplement pourvu, surtout comme espace.

Il occupe un rect angle de 40$^{m}$,50 sur 88 mèt.; il est entouré de boutiques qui animent ses façades surtout le soir; celles qui flanquent la scène n'occupent que le rez-de-chaussée et l'entresol sous les remises à décors.

La salle est remarquable par le grand nombre de places qu'elle contient (3,600), et la scène l'est plus encore par son étendue et celle de ses dégagements qui permettent d'y disposer tous les trucs possibles, les grands praticables des montagnes et surtout d'y déployer des bataillons de figurants, et de les y faire mouvoir avec accompagnement de cavalerie et même d'artillerie.

Ce théâtre et son vis-à-vis, celui dit Lyrique, ou des Nations, ayant été l'objet d'une belle publication de leur auteur (1); dans laquelle sont données toutes les explications sur leur disposition et leur construction et gravés tous les détails, nous ne mentionnerons que les caractères principaux, nous ne pouvons qu'y renvoyer.

La fig. 2, pl. 13-14, montre la disposition des entrées et du vestibule, ainsi que celle des escaliers; le foyer, qui est au-dessus du vestibule, a la même surface, malheureusement insuffisante pour le nombre des spectateurs; il est précédé d'une loggia qui surmonte le portique.

La salle, disposée suivant le système désagréable, mais économique des amphithéâtres profonds, superposés en retraite, dans laquelle la moitié des spectateurs sont dans des soupentes, a des dimensions variables :

Largeur entre les appuis des galeries, au premier étage, 15$^{m}$,80; au deuxième, 16$^{m}$,60; au troisième, 17$^{m}$,60; enfin au quatrième, 18$^{m}$,20; diamètre du plafond porté par d'élégantes arcades. Profondeur depuis le rideau jusqu'aux appuis des loges, successivement de : 17$^{m}$,80; 18$^{m}$,20; 18$^{m}$,60; 19 mètres.

Les spectateurs sont donc aussi rapprochés que possible des acteurs, les avant-scènes ont été supprimées.

Quant à la scène, sa largeur est de 23$^{m}$,50, sans compter les remises latérales, pour une largeur du cadre du rideau de 12 m.; sa profondeur est de 22$^{m}$,50, pour les représentations ordinaires, mais elle peut être augmentée de moitié par l'adjonction de la cour couverte; la hauteur du plancher au gril est de 22$^{m}$,50; celle des dessous est en moyenne de 7$^{m}$,50.

Elle est pourvue d'une machinerie très complète et accompagnée de vastes dépendances qui occupent à tous les étages une surface de 2,000 mètres.

### *Théâtre-Lyrique, à Paris.*

Élevé en même temps que son vis-à-vis, le théâtre du Châtelet, par le même architecte, pour remplacer le théâtre du même nom au boulevard du Temple, dont nous donnons le plan, fig. 1.

L'un des moins favorisés dans la répartition des terrains, parmi les quatre théâtres construits par l'administration Haussmann.

Si sa largeur totale est de 40$^{m}$,50, sa profondeur n'est que de 44 m.; au grand détriment des vestibules et de la scène.

L'architecte ne pouvant sacrifier la salle, dans laquelle il fallait recevoir le plus grand nombre possible de spectateurs, a été forcé de réduire à l'indispensable, les entrées, vestibules, escaliers d'accès, couloirs, etc.

La scène se termine brusquement par un mur de façade (quoique tout ce quartier eût été remanié de fond en comble), sans accompagnements, aussi les services sont-ils divisés en deux.

La salle (17 à 1,800 places), d'une disposition analogue à celle du Châtelet, et circulaire, a les dimensions suivantes :

Largeur du cadre du rideau, 11$^{m}$,60.

Largeur comptée entre les appuis des loges : au premier étage, 16 m.; au deuxième, 16 m.; au troisième, 17$^{m}$,60; au quatrième, 18 mètres.

Largeur entre les appuis des balcons saillants, seulement 12$^{m}$,50.

Profondeur du rideau aux appuis des loges, 16 m. et 17$^{m}$,60. Hauteur 17 mètres.

Voir la coupe, pl. 54, 55 et 56.

Le mur du fond de la salle est décrit par deux quarts de cercle dont les centres sont écartés de 3$^{m}$,50, pour l'enfoncer davantage dans les angles du rectangle circonscrit et augmenter ainsi le nombre des places de face.

La disposition architecturale est semblable à celle du Châtelet, la salle est entourée d'une série d'arcades, reposant sur des colonnettes de fonte, qui portent une coupole plate, utilisée en très grande partie par le plafond lumineux.

La scène a une largeur de 22$^{m}$,70 et une profondeur de 14$^{m}$,25 et une hauteur de 22 m. du plancher au gril.

Tous les services ont dû être logés sur les côtés où ils occupent à tous les étages une surface totale relativement et proportionnellement considérable de 1,900 mètres.

1. Les *Théâtres de la place du Châtelet*, Paris, Ducher.

*Fig. 10. — Théâtre de Reims.*

Élevé par la ville, sur nos plans, à la suite d'un concours public en 1866 (1), qui nous décerna le premier prix. Les travaux, commencés en 1867, interrompus par l'invasion, repris en 1872, ne furent ainsi achevés qu'en mai 1873.

Il occupe un rectangle de 44 m. de largeur sur une longueur de 55 m., strictement nécessaire pour pouvoir disposer dans leur ordre logique toutes les parties de l'édifice, mais insuffisante pour leur donner un développement proportionnel du terrain.

Les plans que nous avons donnés, pl. 10-16, 18 ; 19-20, 25; 26-47, 28; tous ceux relatifs à la scène et à la construction, pl. 52-53; 54-55, 56, font connaître toutes les parties de cet édifice.

La salle, qui contient 1,250 places, a pour mesures :

Largeur du cadre du rideau, 11 mètres.

Diamètre entre les colonnes de façade des loges, 15 mètres.

Largeur entre les murs de l'amphithéâtre au milieu, 22$^{m}$,50.

Longueur de la façade des loges au rideau, 15$^{m}$,50.

Longueur du fond de l'amphithéâtre, 20 mètres.

Elle est précédée et accompagnée de toutes les dépendances nécessaires, dont on peut se rendre compte sur les plans précités.

La scène est profonde seulement de 14$^{m}$,30 par suite du refus de la ville, d'acheter la propriété qui forme la pointe indiquée sur le plan, telle que la nécessité en devient évidente quelques années après, mais alors *trop tard*.

Elle a par contre la largeur de 28 m.; rendue plus commode encore par les remises à décors, disposées de chaque côté sur les bâtiments en aide occupés, au rez-de-chaussée, en partie par des boutiques.

Les services sont répartis à la suite dans les cinq étages du bâtiment dit « d'Administration », où ils sont suffisamment pourvus.

A l'extérieur, chacune des parties du monument s'accuse par une forme rationnelle et par une hauteur proportionnée à son importance, de façon à éviter la lourdeur et la monotonie.

*Fig. 11. — Théâtre de Rouen.*

Élevé en 1878, par la ville et par son architecte M. L. Sauvageot, sur le beau quai qui borde la Seine, à l'angle de l'avenue du Pont-de-Pierre, sur un terrain en trapèze, n'ayant aussi qu'une profondeur strictement nécessaire pour un grand théâtre, mais heureusement une belle largeur, surtout dans la partie évasée, occupée par la scène; aussi l'édifice est-il en partie entouré de cafés et de magasins qui animent ses façades; toutes les dépendances de la salle et de la scène sont suffisantes et proportionnées.

La salle, dont la décoration est empruntée au célèbre motif de V. Louis, dit de l'Opéra, a une forme analogue à celui-ci, l'ellipse, moins l'allongement de la double avant-scène.

Elle a en largeur, au cadre du rideau, 10$^{m}$,50; entre les appuis des loges, 14 mètres, et en longueur, de ceux-ci au rideau, 17 mètres.

Les deux premiers étages sont occupés par un rang de loges, précédé d'un balcon, le quatrième est occupé par un vaste amphithéâtre pour les places à bon marché.

La scène a les dimensions suffisantes pour la mise en scène d'un grand opéra.

Sa largeur est de (en moyenne), 23$^{m}$,50; et sa profondeur, 16$^{m}$,50. Elle est accompagnée de vastes remises à décors et d'ateliers.

Le chauffage et la ventilation, bien étudiés, ont été l'objet de soins particuliers; les générateurs du chauffage par la vapeur sont installés en dehors du monument, de l'autre côté de la rue latérale, dans une propriété séparée, supprimant ainsi toute chance d'incendie et d'explosion.

Les précautions contre l'incendie ont été aussi bien étudiées et poussées assez loin.

Une canalisation spéciale, manœuvrée du dehors, munie d'orifices calculés *ad hoc* et disposés, dirigés sur les endroits les plus menacés, comme le cintre avec son magasin de toiles déployées, permettrait d'éteindre un incendie partiel ou de localiser le sinistre.

*Fig. 12. — Théâtre de Genève.*

Érigé de 1872 à 1879, par la ville, au moyen des fonds de la riche succession du duc de Brunswick, par l'architecte E. Goss, dans le quartier neuf du Musée, sur la place Neuve, sur un beau terrain, bien dégagé et d'une surface d'environ 2,700 mètres.

Formant un rectangle de 47 mètres sur 67 mètres.

1. Les membres du jury étaient : MM. Ballu, Duban, de Gisors, Lefuel, Questel, architectes, membres de l'Institut et du Conseil supérieur des Bâtiments civils.

Contrairement à ce qui a lieu dans la plupart des cas, *le fonds étant ce qui manquait le moins*, l'heureux architecte a pu se permettre l'ampleur des dispositions, le luxe des matériaux, et même, dans ses façades, bien des réminiscences de l'Opéra de Ch. Garnier, à Paris.

La salle offre une des dispositions originales dont nous avons parlé précédemment (page 42). La coupole reportant sur le mur circulaire du fond des loges, ce qui l'agrandit sensiblement, mais ne l'égaye pas, la salle est disposée *à la Française*, avec balcons saillants.

La salle a en largeur au cadre du rideau, 11m,50 ; au-devant des loges, 16 m. ; au mur du fond, 18m,50 ; et en profondeur, du devant des loges au cadre, 17 mètres ; au fond 19 mètres.

La scène, disposée et machinée pour les représentations du grand opéra, a en largeur 23m,70, en profondeur, 16 mètres.

Elle est accompagnée de vastes magasins de décors, ateliers, pièces de service, etc.

*Fig. 13. — Théâtre de Constantine (Algérie).*

Édifié de 1882 à 1883, aussi par la ville et par l'architecte P. Gion, de Paris, à la suite d'un concours, où il obtint le premier prix, sur un terrain exigu, en forme de trapèze irrégulier, près d'un rempart, par conséquent dans une position effacée, peu propice au point de vue de l'architecture monumentale, à en juger du moins par les plans publiés ; car, nous sommes excusable de parler, non pas *de visu*, mais d'après les plans complets publiés par l'*Encyclopédie d'architecture* (Paris, Ve Morel, 1884).

En pays encore musulman, un théâtre ne peut s'adresser qu'à la colonie ; aussi est-il relativement restreint pour un centre et ne peut-il être ouvert qu'en hiver.

Malgré l'exiguïté des dimensions du terrain, encore diminué par les boutiques qui le bordent, l'architecte a su donner satisfaction à toutes les exigences du programme de la construction d'un théâtre, dont toutes les parties se suivent et se développent logiquement à leur place, et suivant des dispositions et des formes architecturales régulières, monumentales et confortables.

La salle, bien précédée de deux vestibules spacieux, d'escaliers commodes, accompagnée d'un beau foyer, est disposée et distribuée suivant le motif de V. Louis, dit de l'Opéra, bel exemple effectivement à importer en pays conquis.

La largeur au cadre du rideau est de 8m,50 ; entre les appuis des loges, 11m,50.

La profondeur, des appuis au cadre, 14 mètres.

La scène a en largeur, 17m,50, et en profondeur, 12 mètres.

Le bâtiment dit : d'administration, qui termine la série, contient tous les services qui paraissent y être amplement logés.

---

## Pl. 61 et 61 *bis*. — EXTÉRIEUR DES THÉATRES

### EXEMPLE DES DEUX SYSTÈMES DES DISPOSITIONS DES FAÇADES

#### 1er Système. — De la concentration.

*Fig. 2. — Façade du Théâtre-Lyrique.*

Ce théâtre, comme ceux élevés au commencement du siècle, a été construit d'après la disposition du Théâtre-Français. La salle et ses escaliers, la scène, sont enveloppés dans un même bâtiment, couverts par un même toit qui s'élève au-dessus des annexes, alors couvertes en appentis qui préparent et étaient le centre.

Système unitaire simple, mais aspect lourd et monotone pour les grands théâtres, nécessaire cependant pour les petits théâtres qui ornent une place publique et, dans les villes, lorsque les maisons voisines contiguës ont une certaine hauteur, ce qui était le cas du Théâtre-Lyrique.

#### 2e Système. — Division des combles.

*Fig. 1. — Façade du Grand-Opéra de Paris.*

Exemple magnifique qui a consacré définitivement le système. Chacune des parties de l'édifice se détache d'une base unique, suivant son importance, au-dessus de l'entablement de la loggia, qui couronne aussi les ailes, s'élève successivement avec des formes de comble variées et logiques suivant celles des bases ; le foyer, la loge de l'escalier, la salle circulaire, enfin la scène, dont le fronton couronne et calme ces diverses silhouettes.

*Fig. 3. — Façade du Théâtre de Reims.*

Autre exemple du même système, mais en mode mineur ; la coupe longitudinale pl. 15-16, montre les différentes sections de chacune des parties de l'édifice.

## TROISIÈME PARTIE

# THÉATRES DE SOCIÉTÉ

La comédie de société, si fort en vogue au dernier siècle, est toujours, après la chasse, le divertissement le plus apprécié parmi les distractions de la villégiature, de la vie de château. Elle n'a pas cessé d'avoir un répertoire varié, d'inspirer une littérature, à laquelle les auteurs les plus renommés aiment à collaborer, et même à se distinguer.

La plupart des anciennes grandes résidences, châteaux ou grandes villas, avaient leur théâtre.

A la ville, ce plaisir est aussi très apprécié du monde, surtout des dames; quelques cercles et quelques grands amateurs riches aiment à ajouter une scène à leurs salons.

Ces théâtres, nécessairement très variables, en raison d'une foule de circonstances, peuvent être de véritables constructions, ou se réduire à une installation momentanée sur une estrade encadrée, sans toutefois pouvoir descendre au-delà d'un minimum, de l'espace nécessaire à un salon, une chambre, un cabinet, un bosquet de jardin, etc.

Ils se divisent en deux catégories, suivant qu'ils sont fixes, à demeure, ou provisoires.

Les premiers peuvent être de véritables petits édifices, complets, fidèles réductions des grands théâtres, en raison de leur machinerie et des facilités qu'ils offrent de varier les décorations de les changer en cours de représentation, de multiplier les situations scéniques, c'est-à-dire de pouvoir représenter des pièces plus étendues, plus mouvementées, prises dans un répertoire plus vaste; en un mot, d'augmenter l'attrait de la représentation.

Tandis que les seconds, établis beaucoup plus simplement, sans machinerie, ne se prêtant pas aux changements de décorations dans le cours de la soirée, n'en peuvent recevoir qu'une seule pour toute la représentation, à moins que cette décoration ne soit à transformation par rabattement, au moyen de charnières et de fils, ce qui exige encore de l'étendue et de la hauteur.

Le répertoire des pièces jouées sur ces scènes est donc forcément restreint.

Elles sont généralement ou annexées à un salon, à un hall, ou montées provisoirement dans une galerie, un atelier d'artistes, une bibliothèque, etc.

Les théâtres fixes, construits dans une aile de château, ou dans un avant-corps, pour se prêter aux changements de décors, de coulisses, de toiles de fond et de plafonds, doivent avoir les trois divisions réglementaires : *dessous*, *scène*, *dessus ou cintre* avec *gril.*

Ils doivent être construits et proportionnés suivant les règles exposées dans nos précédents chapitres sur les grandes scènes, d'après l'*ouverture*, le cadre. La scène doit avoir en largeur et en hauteur (au-dessus du plancher) le double du rideau, avec une profondeur supérieure à la largeur, pour pouvoir, 1° faire avancer ou reculer des chariots de coulisses; 2° représenter des apparitions ou des descentes; 3° enlever des toiles de fond, nuages, bandes d'air, etc., et ce au moyen de treuils, poulies, contrepoids, etc.

Les bonnes proportions d'une scène du genre de celles dont nous nous occupons, sont :

Un cadre de scène de 4$^{m}$,50 sur 4 mètres de hauteur, une surface de plancher de scène de huit à neuf mètres de largeur sur cinq à six de profondeur; sans préjudice des dégagements sur les côtés pour le service : magasins et accessoires, etc. La hauteur de scène, c'est-à-dire la distance entre le plancher de la scène et le gril doit être de sept à huit mètres de hauteur ; le dessous doit avoir deux mètres de profondeur à partir de la scène.

Des dimensions moindres, comme par exemple, 3m,50 sur 3m,50 à l'ouverture, nécessiteront une largeur de sept mètres sur quatre à cinq de profondeur, et même hauteur, à moins de rouler les toiles de fond et le rideau, ce qui permet de diminuer la hauteur du cintre de moitié. Mais en tous cas, il faut un *gril* avec pouliage, et au-dessus, un vide assez élevé pour permettre d'y aller, ne serait-ce qu'en rampant.

Ces scènes, montées à 1m,20 du parquet avec un *terrain* en pente de 0m,04 ou 0m,045 par mètre, sont construites comme les grandes scènes; le plancher y est divisé en grandes et petites rues, ou *trappes* et *trappillons*; il porte sur des fermes composées de jumelles avec jambettes de force ; seulement les rues peuvent n'avoir que 0m,80 de largeur, les petites à volonté.

Les rails en fer étant posés entre les jumelles, les chariots peuvent se mouvoir facilement par la manœuvre des châssis de coulisses.

Une hauteur de 2 mètres, dans le dessous, permet toutes les manœuvres, y compris l'équipe d'une ou deux trappes pour changements et apparitions.

Le service du dessous se fait, à défaut d'un escalier, par une trappe et une échelle de meunier, placées dans un angle.

Comme les fonctions de machiniste sont remplies par des amateurs, ou les gens du service ordinaire de la maison, et non pas par des gens du métier, il est important que les manœuvres soient faciles et simples; cependant, malgré les petites dimensions des décors, encore faut-il les équilibrer par des contrepoids qui en contrebalançant la charge à enlever, permettent la manœuvre à des personnes faibles et inexpérimentées; les contrepoids font donc partie de la machinerie nécessaire; il les faut organiser avec leurs accessoires nécessaires : cheminées, poulies de renvoi, moufles des fils, treuils, cordes à mains, chevillettes, etc.

Quand la hauteur du dessus le permet, on monte les rideaux d'une seule pièce, au cintre ; quand, au contraire, elle est insuffisante, on plie les rideaux en deux, quelquefois trois, au moyen de fils attachés à des perches placées à divisions égales derrière les rideaux, et montés sur les moufles pendues sous le plancher du gril et renvoyés par un fil sur une poulie d'un contrepoids.

Les plafonds, se composant d'une bande de toile, terminée aux deux bouts par une perche, se manœuvrent à la main ; leur fil de commande se guinde sur les chevillettes placées à hauteur d'appui, de chaque côté du corridor du dessus.

Pour les petits décors qui n'ont pas besoin du secours des mâts montés sur chariots, on les maintient en équilibre au moyen de crochets pointus dont une des extrémités s'engage dans des douilles placées aux cadres des châssis et dont l'autre s'enfonce dans le plancher de la scène.

Au-dessus de la scène proprement dite, à droite et à gauche du cadre de scène, se place le corridor. Il est porté par des consoles fixées aux murs, ou suspendu par des tringles en fer, au plancher du gril; sa largeur est de un mètre vingt centimètres.

Sur ces corridors, reliés dans le fond par une passerelle étroite, d'un déplacement facile, et appelée : *Pont du lointain,* sont installées les chevillettes pour les cordes de manœuvre, un ou plusieurs tambours ou treuils, selon l'importance et le nombre de toiles à manœuvrer ; ils communiquent avec le gril au moyen d'une échelle.

Le gril, plancher à claire-voie, couvrant la même surface que le plancher de la scène, reçoit, pendues en dessous, les moufles des manœuvres à main; en dessus, celles des manœuvres équipées avec contrepoids. Au-dessus du gril, un ou plusieurs tambours suivant l'importance du théâtre.

Toutes ces scènes doivent être précédées en bordure devant le public, d'une rampe, avec réflecteur et grillage, et d'un compartiment pour le souffleur.

Si par suite de leur ouverture sur un salon, cette rampe ne peut être saillante, il faut alors, ce qui se fait le plus souvent, la rapporter mobile. Le piano de l'accompagnateur cache le souffleur, les musiciens se placent à côté.

## EXPLICATION DE LA PLANCHE

### *Figures* 1, 2, 3. — *Scène complète.*

Nous avons supposé une scène contiguë à un grand salon de neuf mètres de largeur, s'ouvrant sur une face de celui-ci, le rideau serait ainsi une draperie, comprise dans un panneau de la décoration générale.

L'ouverture a 4 mètres sur 4 mètres, mais elle peut être réduite par le manteau d'Arlequin, de telle sorte que la largeur du bâtiment, neuf mètres, est suffisante pour la manœuvre des châssis de coulisses, et les dégagements, etc.

Le dessous a 2 mètres de profondeur, soit $0^m,80$ centimètres en contrebas du parquet de la salle; il est occupé par les jumelles, les chariots de coulisses, un tambour de changement, et les cheminées des contrepoids.

Le plancher de la scène, autrement dit : *le terrain*, est divisé en deux grandes rues et deux petites, qui laissent derrière le dernier trappillon un espace libre d'un mètre; les murs latéraux sont percés de portes pour les dégagements.

Le cintre, qui commence à 4 mètres au-dessus du plancher de l'avant-scène, a de $3^m,50$ à 4 mètres de hauteur, laquelle est suffisante pour relever d'une pièce le rideau et les toiles de fond.

Il est occupé latéralement par le corridor, dont la largeur varie entre un mètre vingt et un mètre cinquante centimètres.

En dehors de la hauteur indiquée plus haut, cette dernière n'est facultative qu'à la condition de rouler les toiles.

Une scène ainsi machinée peut servir à des spectacles à mises en scène variées et composées de plusieurs décorations, même les plus diverses, avec enlèvements et apparitions, voire même des trucs; en un mot à jouer la comédie et la tragédie.

### *Figures* 4 et 5. — *Scène provisoire ou demi-fixe.*

Nous supposons une de ces petites scènes élevées, une ou plusieurs fois l'an, à l'extrémité de la galerie d'un château, où le plancher peut être mobile et facilement démontable. La façade peut être faite à l'instar des cloisons mobiles usitées dans les salles de fêtes pour les rétrécir ou les convertir, le cas échéant, en salon, et, comme celles-ci, composée d'un décor simulant le fond de la galerie, de façon à ne pas couper l'architecture.

Celle du plan n° 5 étant supposée de huit mètres de largeur, laisse à la scène une ouverture de quatre mètres facile à rétrécir par des drapreries, de façon à laisser de chaque côté de l'ouverture de scène un espace libre de 2 mètres à $2^m,50$; la hauteur étant supposée de 6 à 7 mètres, il reste au-dessus du plafond une distance de 3 mètres à $3^m,50$, suffisante pour des manœuvres de cintre, relèvements, etc.

En enlevant le plancher, on peut trouver dessous $0^m,50$ à $0^m,60$ de profondeur; on a, alors, avec l'élévation du terrain (plancher de la scène) la hauteur suffisante pour un petit dessous, servant à placer les chariots où pourront se planter les mâts de châssis, préparer une trappe, faire surgir du sol, un meuble, une haie, etc.

Les coulisses étant garnies de chevilles pour recevoir des poignées, on peut, au moyen de poulies fixées au plafond, enlever quelques toiles légères et le rideau; par conséquent suffire à la mise en scène d'une comédie, d'une opérette.

### *Théâtres de Salon.*

Quant aux scènes improvisées sur lesquelles on ne joue que des comédies à deux ou trois personnages, des Proverbes, des Saynettes et des Dialogues, montées uniquement pour la circonstance, leur installation est des plus ordinaires. Un simple plancher fixé sur des traverses posées sur des tréteaux reliés par des crochets en fer.

Devant ce plancher une boiserie de soubassement et une façade d'encadrement d'ouverture de scène, en menuiserie.

Sans dessous, ni dessus; les décorations sur toiles, telles que les frises, bandes d'air, etc., sont suspendues à des traverses posées sur des montants placés de chaque côté de la scène, lesquels sont fixés au plancher par des crochets d'entretoisements en fer. Le rideau de fond s'enroule sur une perche à laquelle le mouvement de rotation est imprimé par une poulie sur laquelle roule une corde à main ; les châssis, faits en paravents, se replient en plusieurs parties ; ils sont maintenus en équilibre, soit au moyen de mâts plantés sur de petits chariots placés entre le plancher de la scène et celui de la salle, soit au moyen de crochets en fer.

Dans certaines de ces scènes minuscules le rideau de fond est lui-même articulé, ce qui lui procure l'avantage de présenter un décor sur chacune de ses faces.

Enfin le rideau de scène est fait de deux pièces, s'ouvrant au milieu comme des rideaux ordinaires.

Ces décors, peints à la détrempe, sont souvent dus à des amateurs, ou à des artistes amis de la société qui aiment à leur donner une grande originalité; aussi doivent-ils se prêter à tous les emplacements et peuvent-ils sortir des règles ordinaires.

# TABLE DES MATIÈRES

## PREMIÈRE PARTIE

### HISTORIQUE DE LA CONSTRUCTION DES THÉATRES



## DEUXIÈME PARTIE

### PRINCIPES GÉNÉRAUX DE LA CONSTRUCTION DES THÉATRES MODERNES



## TROISIÈME PARTIE

### THÉATRES DE SOCIÉTÉ

# TABLE GÉNÉRALE DES PLANCHES

ANGERS, IMPRIMERIE BURDIN ET Cie, RUE GARNIER, 4.

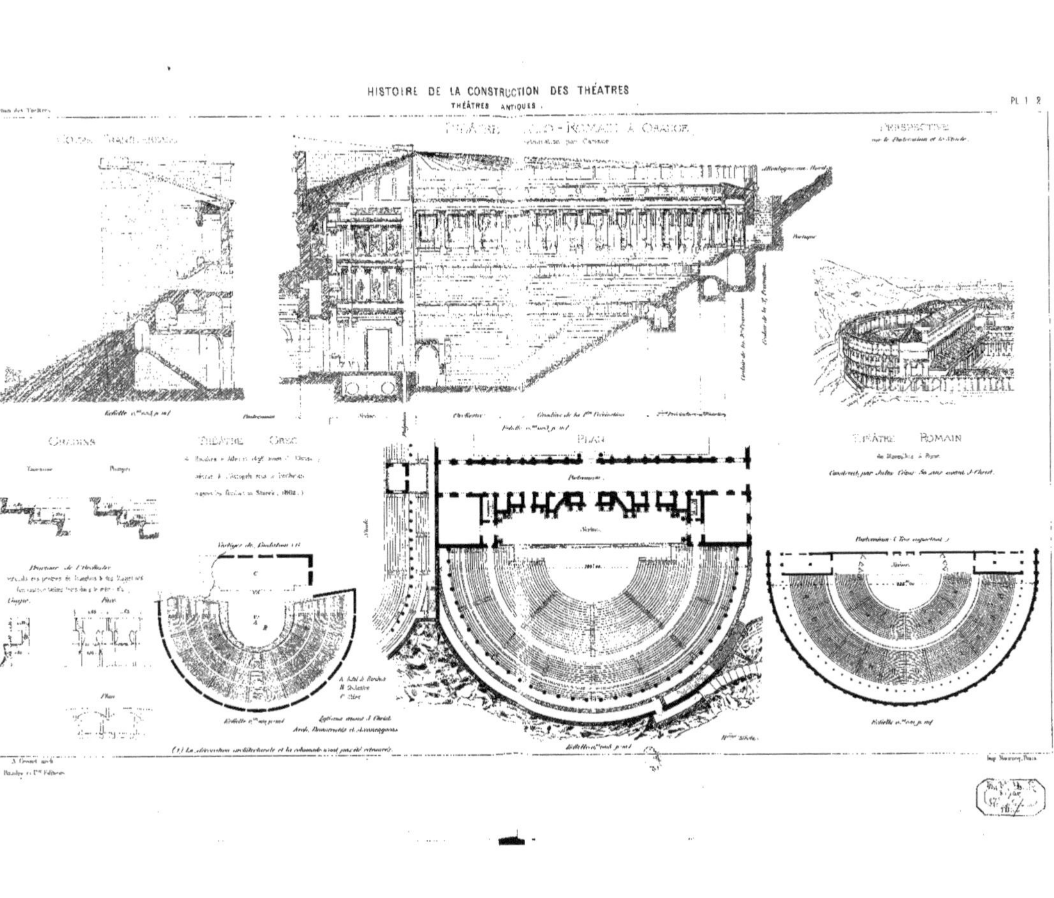
HISTOIRE DE LA CONSTRUCTION DES THÉATRES
THÉATRES ANTIQUES.
PL. I. 2
PERSPECTIVE
THÉÂTRE ROMAIN
Constr. par Jules César 55 ans avant J. Christ.
Skène
Orchestre
Plan

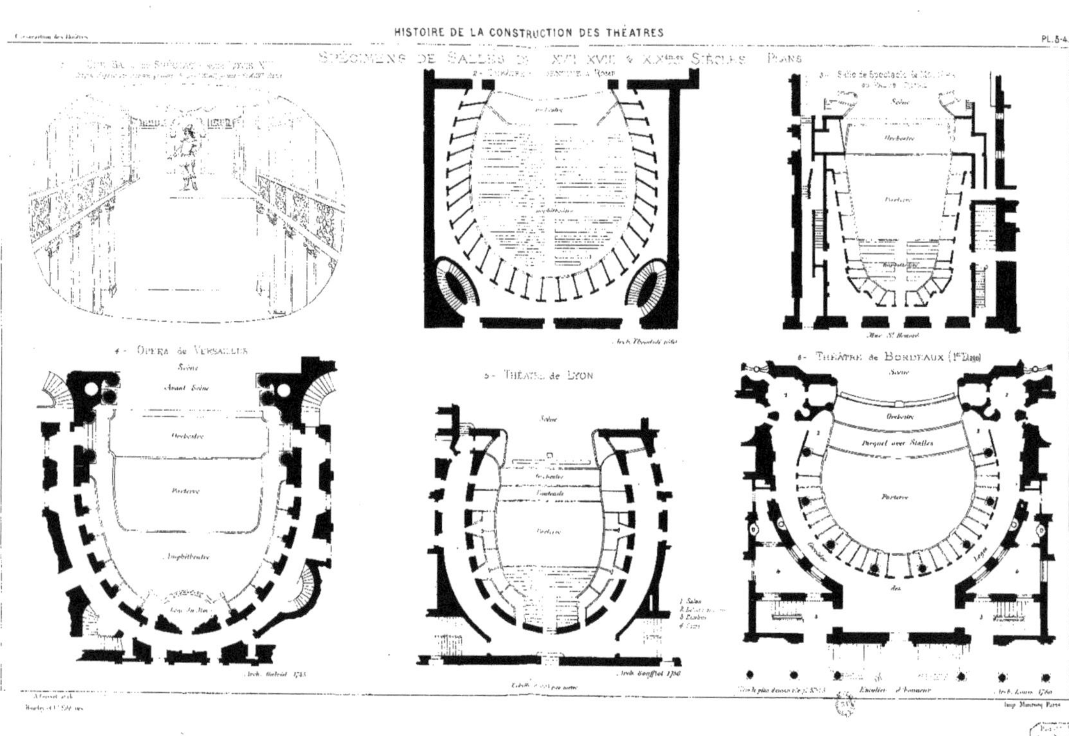
SPÉCIMENS DE SALLES DES XVI, XVII & XVIIIme SIÈCLES — PLANS
4 - OPÉRA de VERSAILLES
Scène
Avant Scène
Orchestre
Parterre
Amphithéâtre
5 - THÉATRE de LYON
Scène
Orchestre
Parterre
6 - THÉATRE de BORDEAUX (1er Étage)
Scène
Orchestre
Parquet avec Stalles
Parterre
Escalier d'honneur

SPÉCIMENS DE SALLES DES XVII^e XVIII^e ET XIX^e SIÈCLES. PLANS

THÉÂTRE LYRIQUE — PARIS

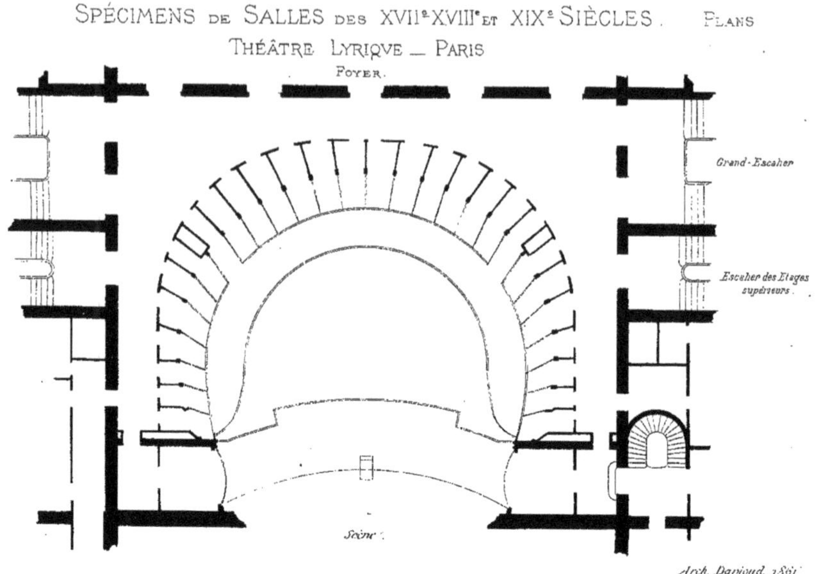


THÉÂTRE FRANÇAIS (Avant les modifications de 1862)

1^er ETAGE.

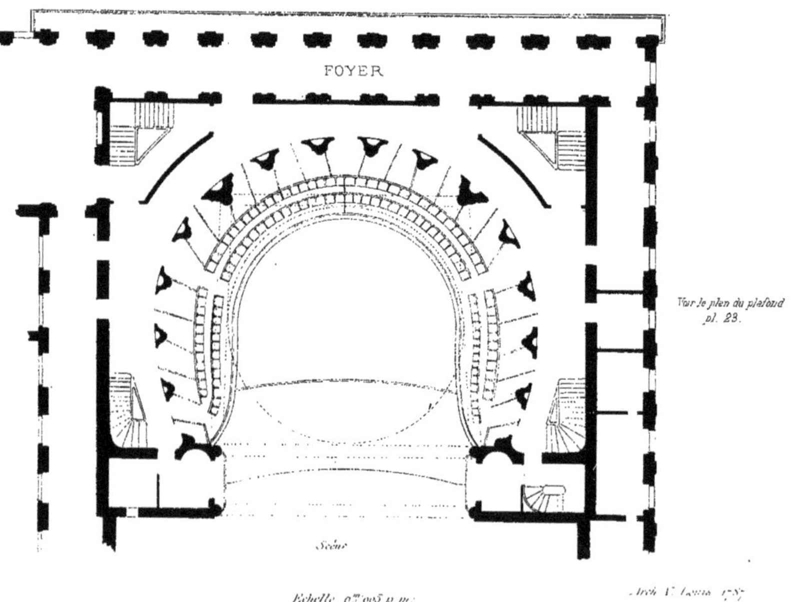


Echelle 0^m.005 p m/

Arch. V. Louis 1787

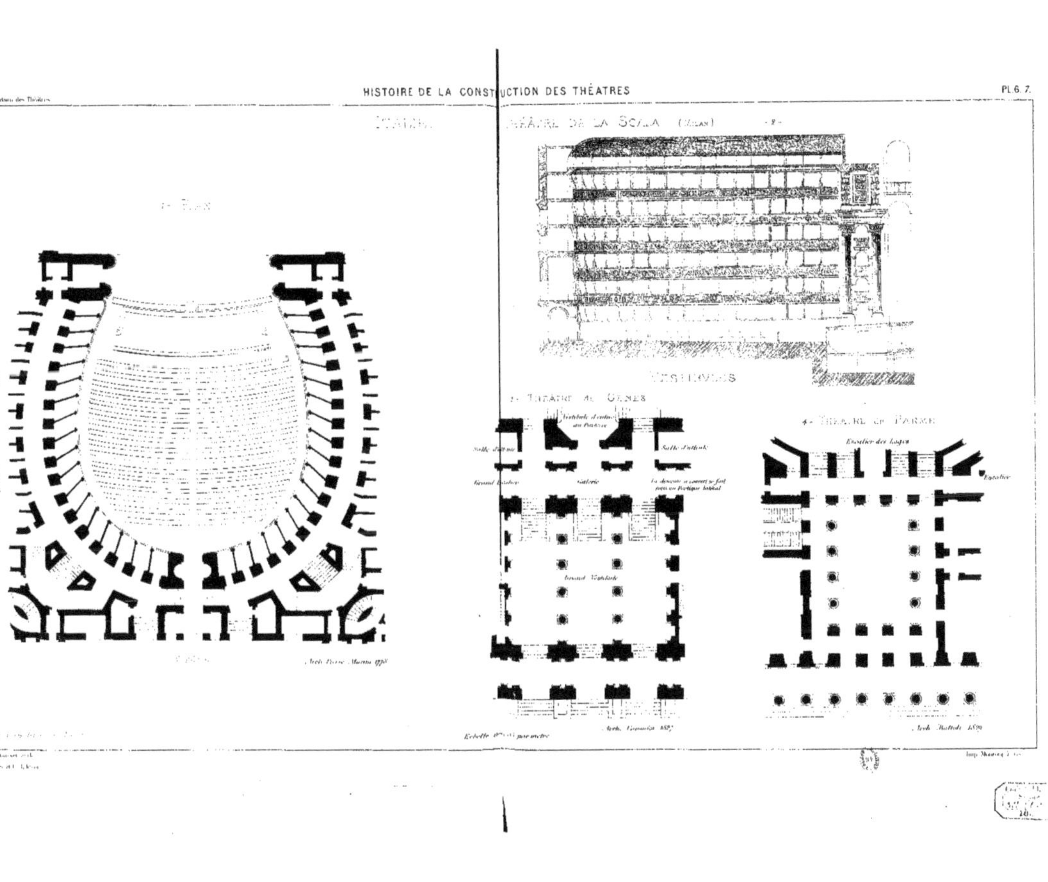
Escalier des Loges
Escalier
Galerie
La descente à couvert se fait dans un Portique latéral

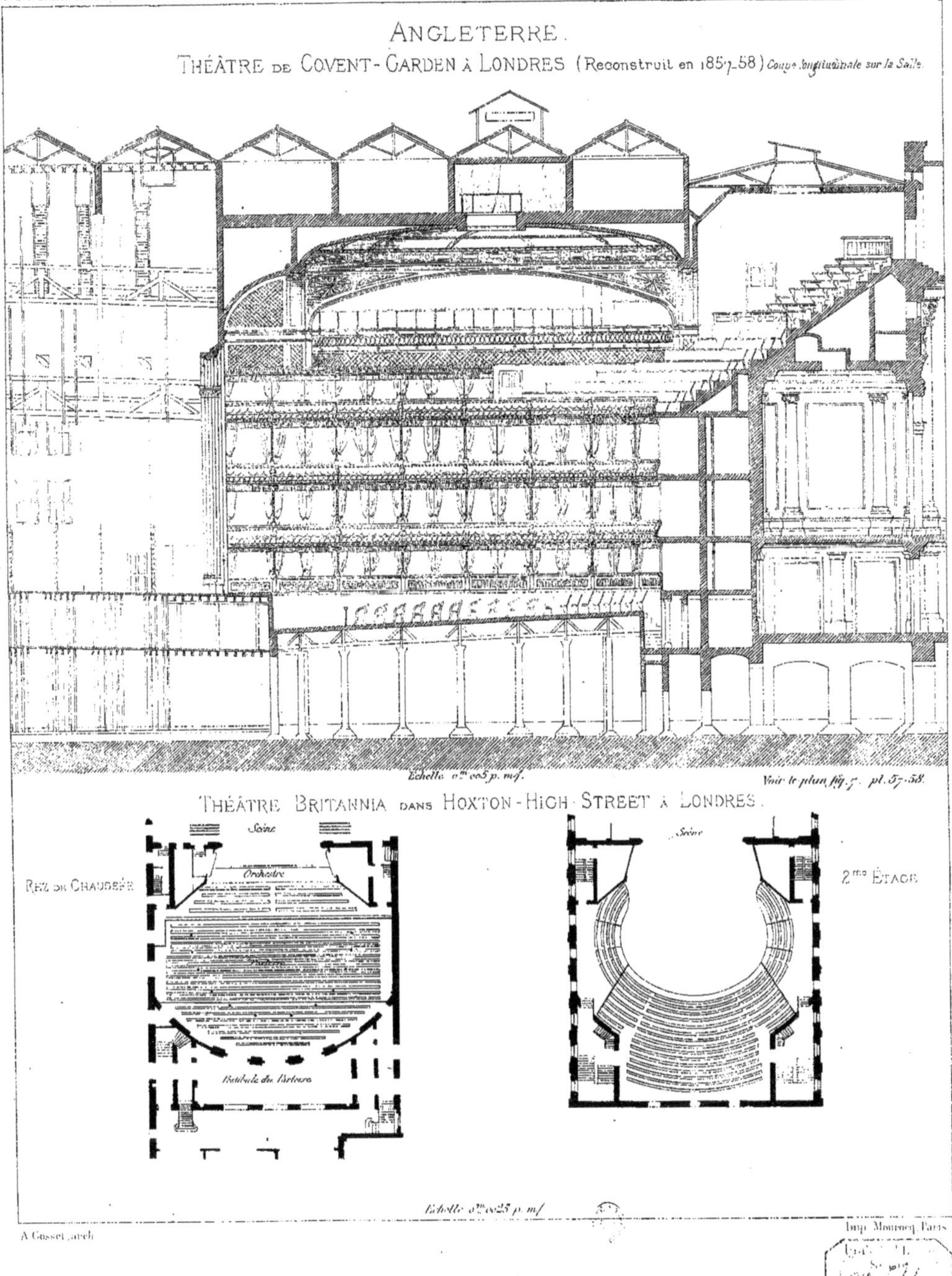


A. Gosset, arch.

Imp. Monrocq, Paris

Baudry et Cie Editeurs

# ALLEMAGNE

## THÉATRE DE BAYREUTH (BAVIÈRE)

Élevé en 1871, sur les plans de Richard Wagner, pour ses opéras.

VUE PERSPECTIVE DE LA SALLE

*Exemple de disposition en amphithéâtre, favorable pour la vue.*
*Cette salle qui a 28 mètres sur 32, contient 1544 places.*
*Les loges du fond sont réservées aux Princes et aux Souverains.*

PLAN

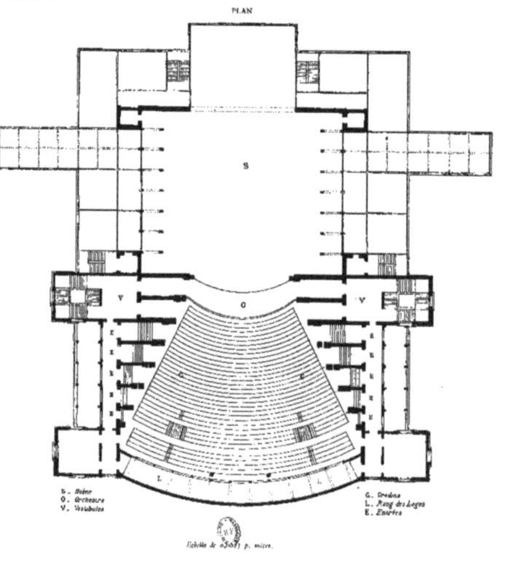


S. *Scène*
O. *Orchestre*
V. *Vestibules*

G. *Gradins*
L. *Rang des Loges*
E. *Entrées*

*Échelle de 0,005 p. mètre.*

A. Gosset.

Baudry et Cie, Éditeurs.

Imp. Burdin et Cie, Angers.

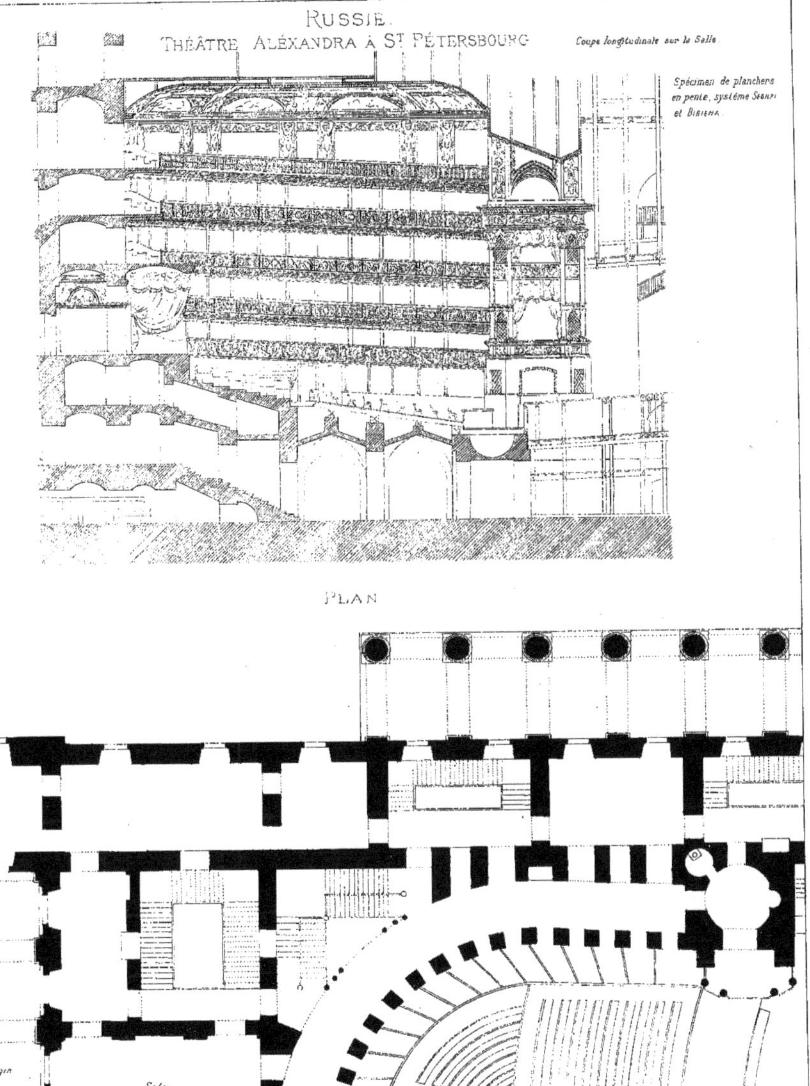


Echelle 0m 005 p. m/.

A. Gosset, arch.

Imp. Monrocq, Paris

Baudry et Cie Editeurs

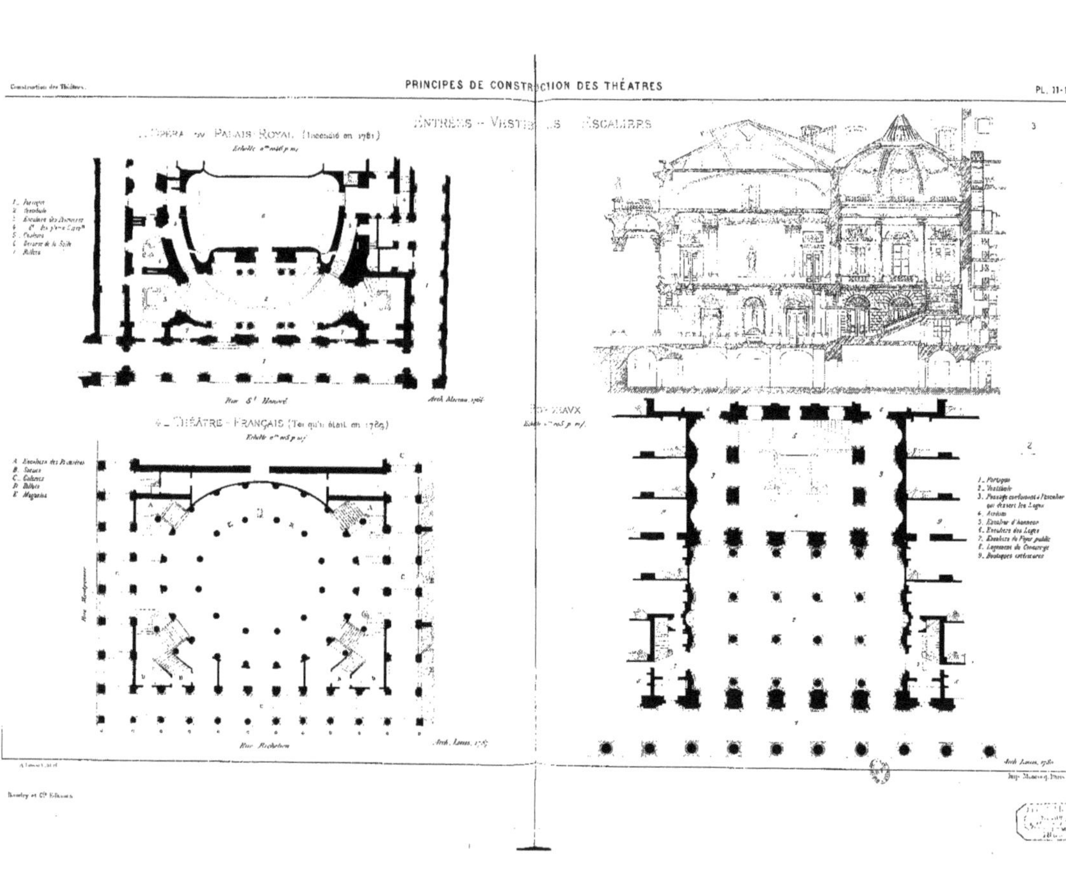
PRINCIPES DE CONSTRUCTION DES THÉATRES
PL. 11-12.
PALAIS-ROYAL (Incendié en 1781)
1. Portique
2. Vestibule
3. Escaliers des Premières
5. Couloirs
7. Foyers
Rue St Honoré
THÉATRE - FRANÇAIS (Tel qu'il était en 1789)
A. Escaliers des Premières
B. Statues
C. Galeries
D. Billets
E. Magasins
1. Portique
2. Vestibule
3. Passage conduisant à l'escalier qui dessert les Loges
4. Atrium
5. Escalier d'honneur
6. Escaliers des Loges
7. Escaliers du Foyer public
8. Logement du Concierge
9. Boutiques extérieures

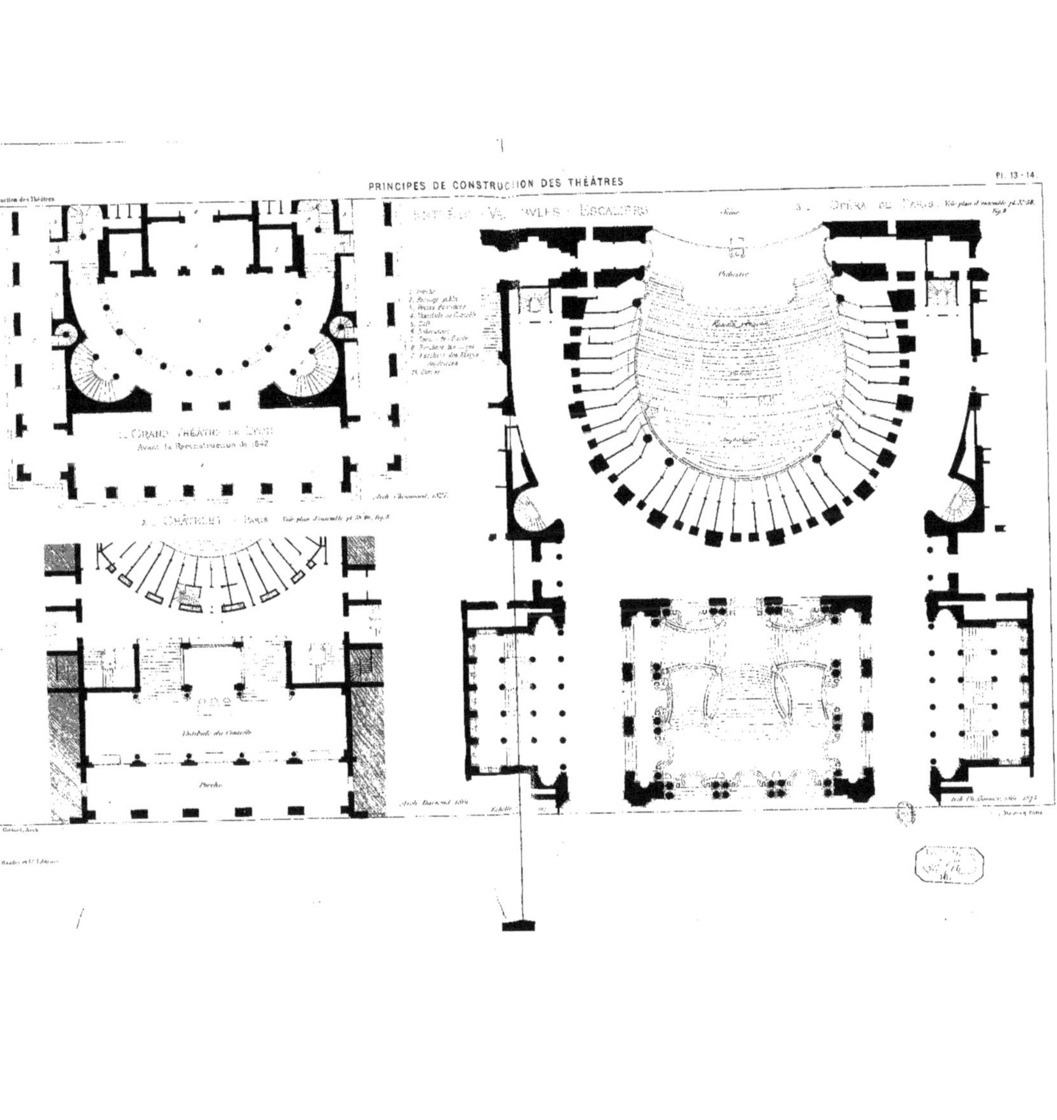
Construction des Théâtres
Scène
Orchestre
Avant la Reconstruction de 1842
Arch. Chenavard, 1827.
Vestibule du Contrôle
Porche

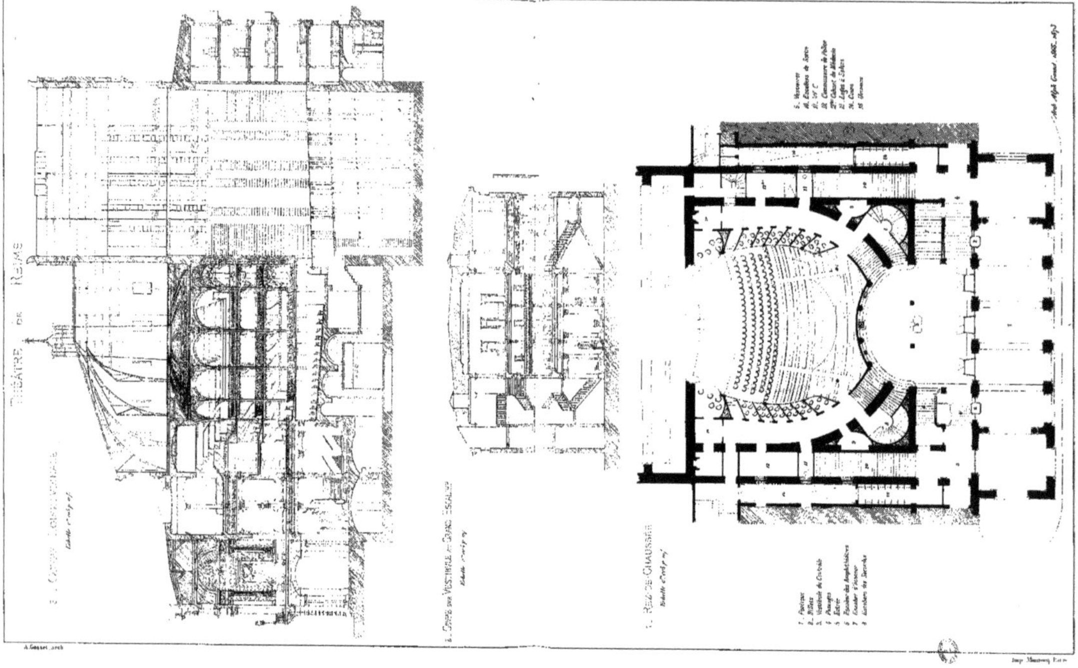

THÉATRE DE REIMS

1. COUPE LONGITUDINALE

2. COUPE SUR VESTIBULE ET GRAND ESCALIER

3. REZ-DE-CHAUSSÉE

A. Gosset, arch.

Baudry et Cie Éditeurs

Imp. Monrocq, Paris

A. Gosset, arch.

Imp. Monrocq, Paris.

Baudry et Cie Editeurs

FOYER DU THÉÂTRE DE REIMS (Arch. Alph. Gosset)

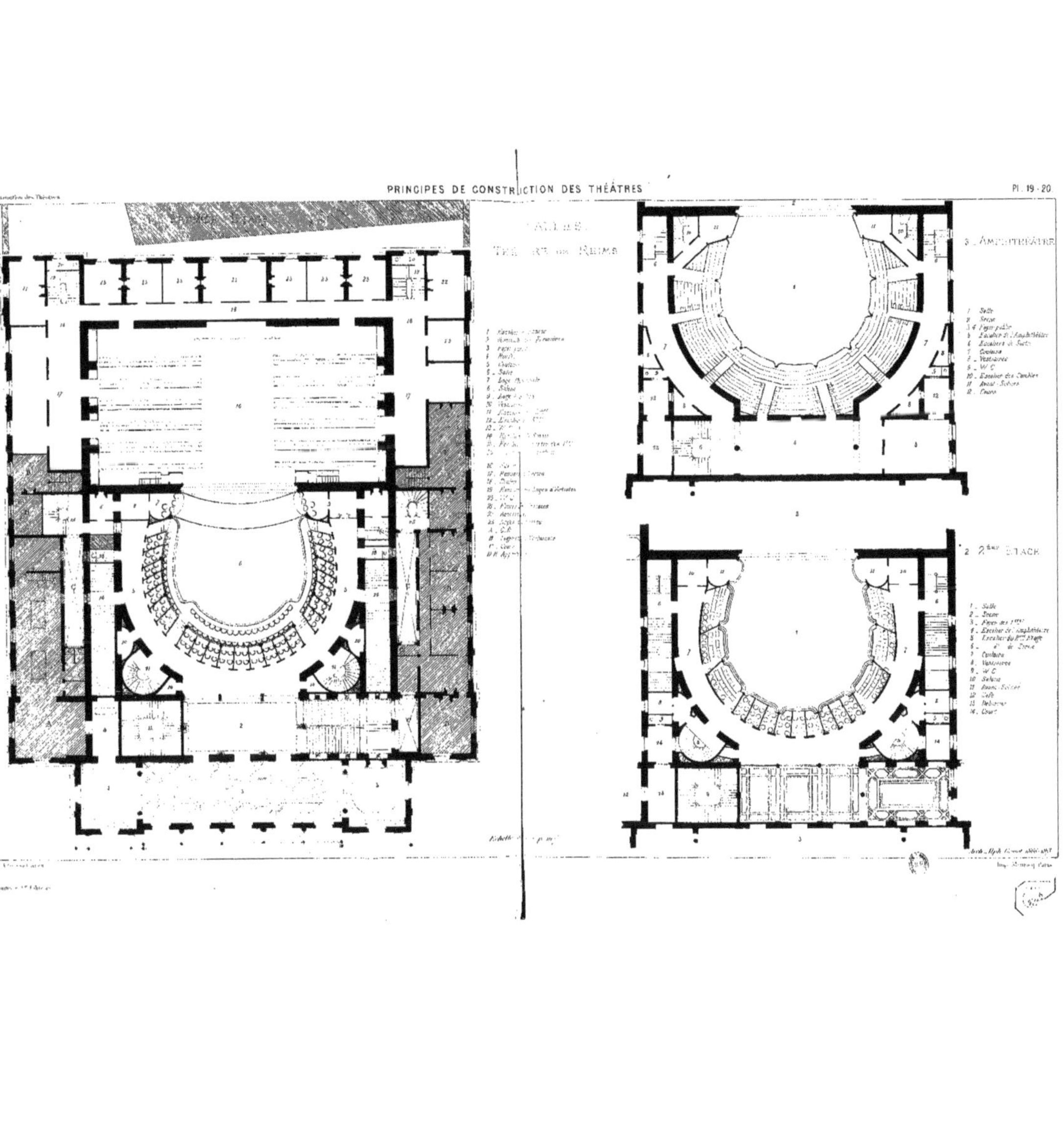
2 2ème ÉTAGE
1 . Salle
2 . Scene
7 Couloirs
9 . W C
14 . Cour

# SALLES — ACOUSTIQUE

## PLAN

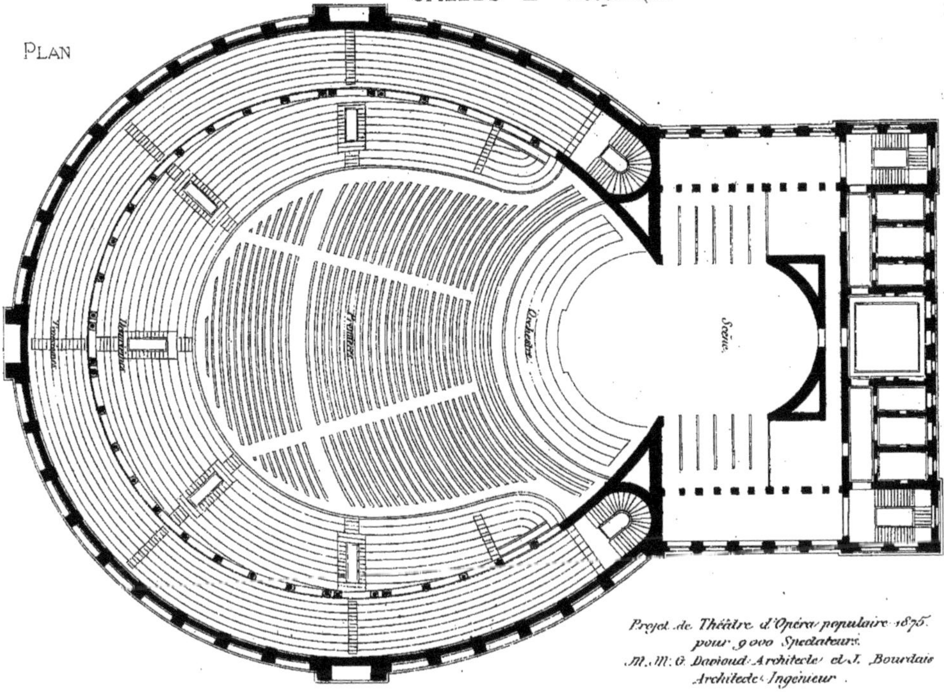

Orchestre.

Premières.

Scène.

Projet de Théâtre d'Opéra populaire 1875.
pour 9000 Spectateurs.
MM. G. Davioud Architecte et J. Bourdais
Architecte Ingénieur.

## COUPE.

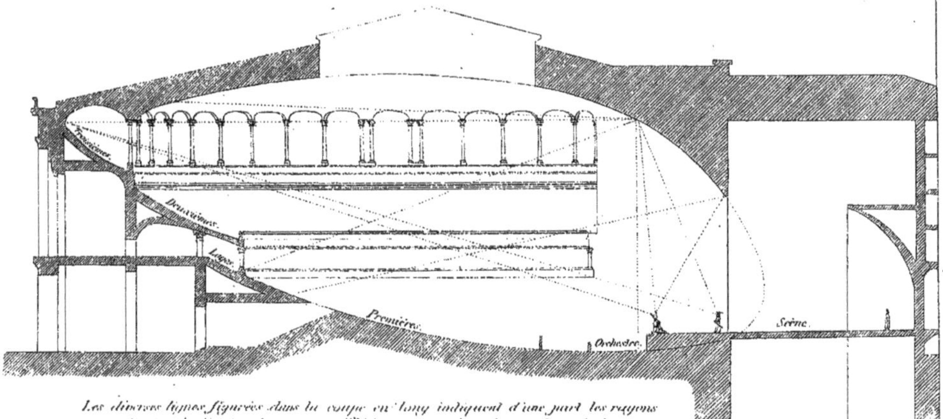

Premières.

Orchestre.

Scène.

Les diverses lignes figurées dans la coupe en long indiquent d'une part les rayons sonores directs, de l'autre les rayons réfléchis tant sur le cadre, partant de la scène que sur la surface de révolution curviligne, placée au fond de celle-ci.

On conçoit tout l'effet sonore que l'on peut attendre de ces dispositions particulières.

A. Gosset arch.

Imp. Monrocq, Paris.

Baudry et C^ie Éditeurs

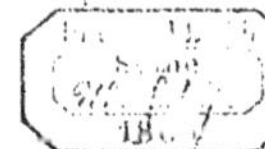

SALLES

DÉCORATION

THÉÂTRE FRANÇAIS

Tel qu'il était en 1859.

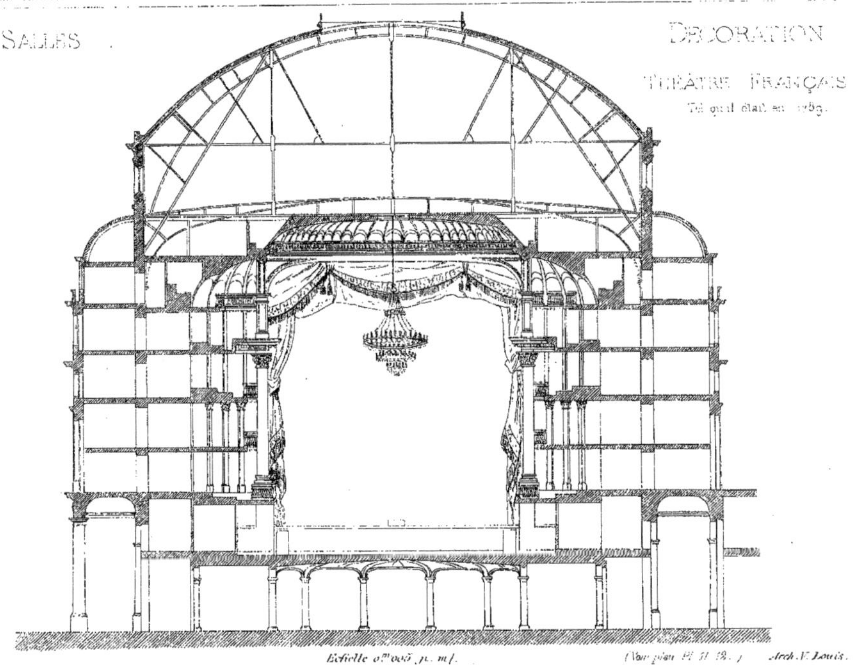

Echelle 0.m005 p. m.

(Voir plan Pl. 11-12.)

Arch. V. Louis.

OPÉRA DE PARIS

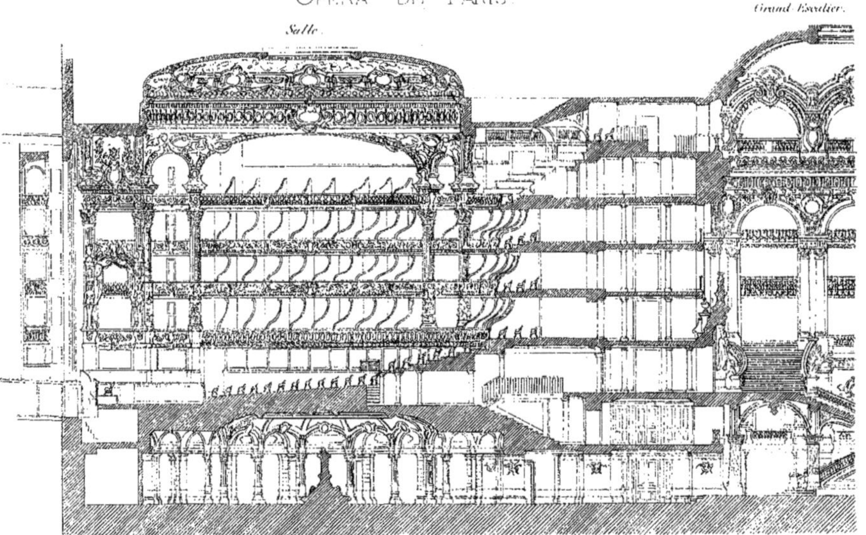


Echelle 0.m004 p. m.

Ch. Garnier, Arch.

(Voir Pl. 57-58.)

A. Gosset, arch.
Baudry et Cie Editeurs.
Imp. Monrocq Paris

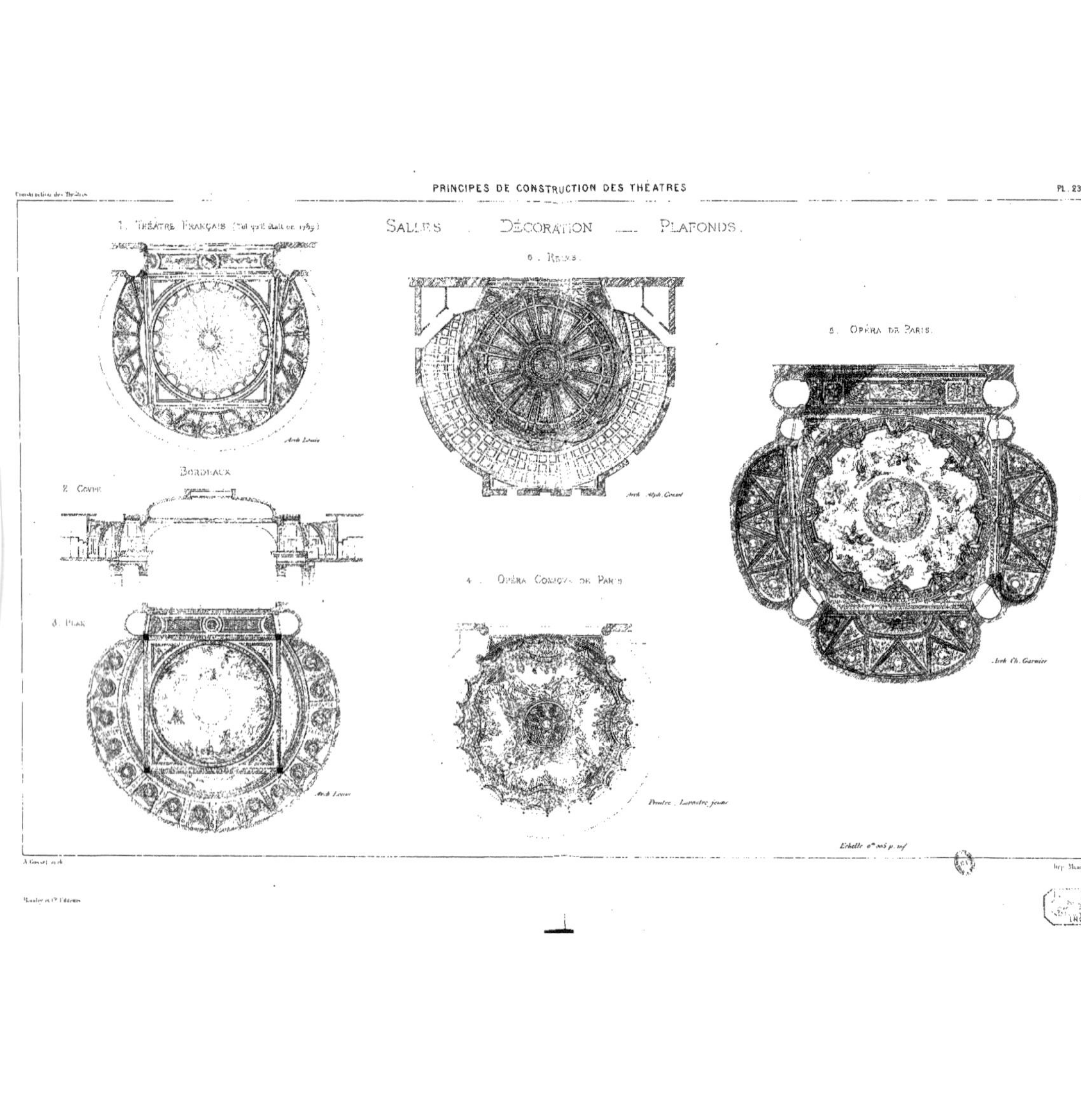
PRINCIPES DE CONSTRUCTION DES THÉATRES
PL. 23-24
SALLES . DÉCORATION — PLAFONDS.
1. THÉATRE FRANÇAIS
6. REIMS
5. OPÉRA DE PARIS
BORDEAUX
2. COUPE
3. PLAN
4. OPÉRA COMIQUE DE PARIS
Arch. Louis
Arch. Alph. Gosset
Arch. Ch. Garnier

# SALLES — DÉCORATION

*Élévation d'une Travée de la Salle de Reims.*

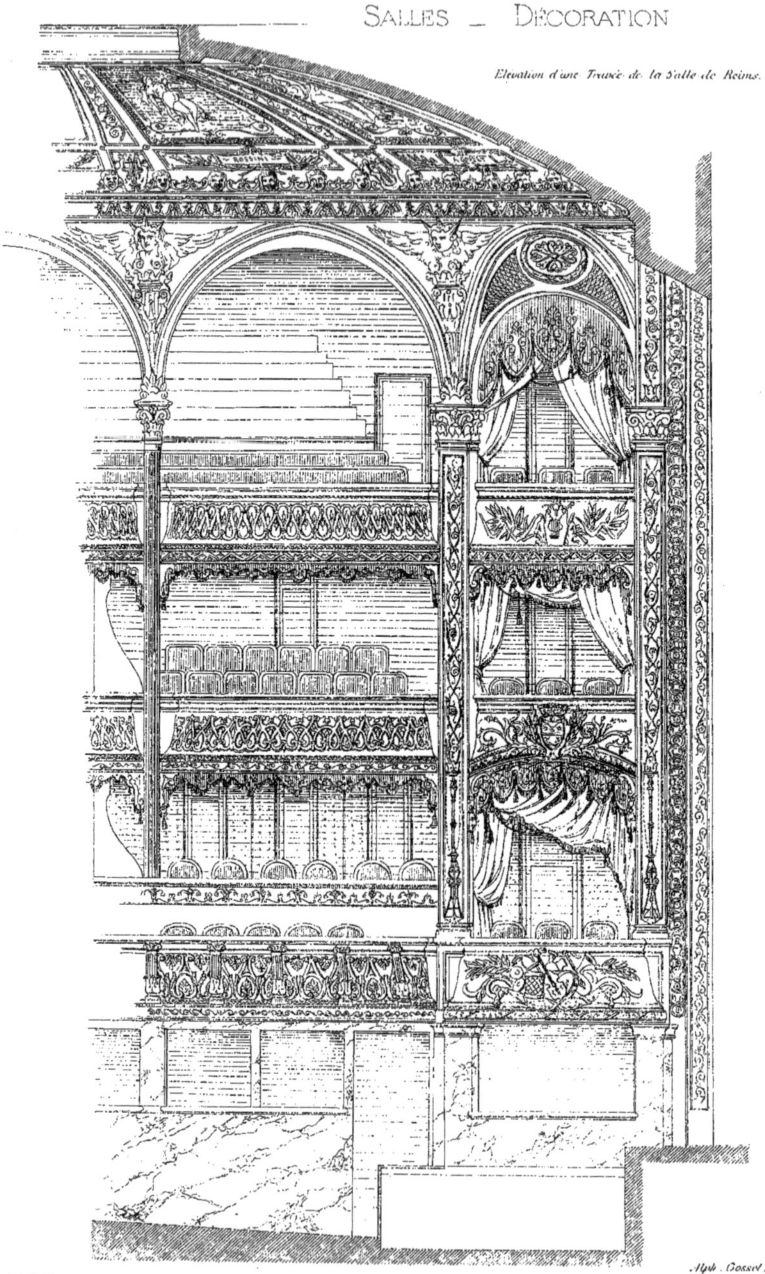

*Alph. Gosset, Arch.*

*Echelle 0$^{m}$02 p. m.*

A. Gosset, arch.
Baudry et Cie Éditeurs.
Imp. Monrocq, Paris.

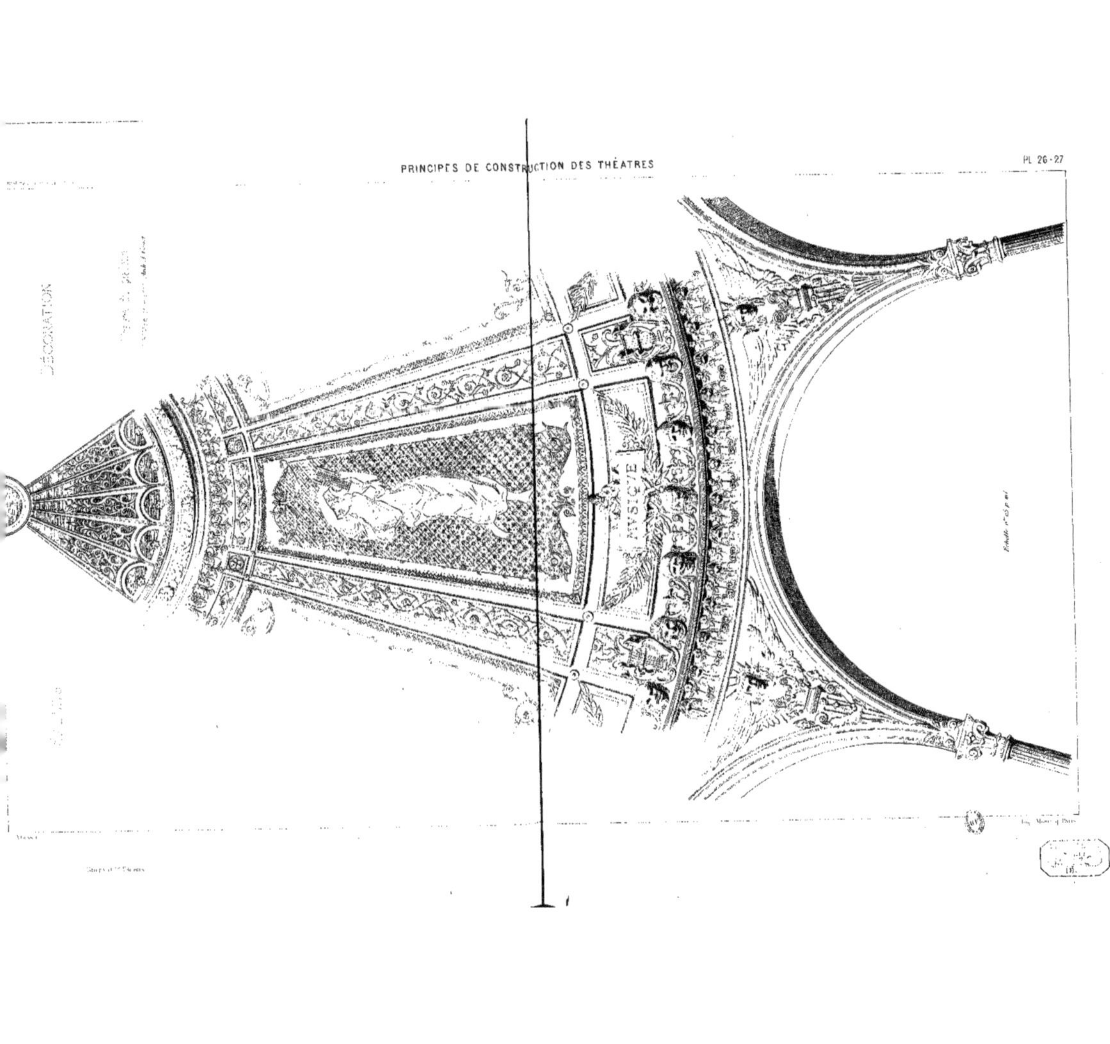

## BALCONS _ Premier Système _ Théâtre de Reims

1. 2. Balcon de Galerie
*Arch. A. Gosset*
*Echelle 0m.05 p.m/*

Lambrequin

3. Balcons des 2mes Loges
*Echelle 0m.05 p.m/*

## Balcons 2me Système

Equerre en fer

5. 6. Théâtre du Vaudeville. *Arch. A. Magne.*
*Echelle 0m.05 p.m/*

4. Théâtre du Châtelet. *Arch. A. Davioud.*
*Echelle 0m.05 p.m/*

## Construction des Voussures.

Théâtre de Reims

Foyer

HAYDN

9. 10. Voussure du Foyer

7. 8. Voussure de la Salle.

A. Gosset

Imp. Monrocq, Paris.

# SALLES _ DÉTAILS.

Baudry et Cie Editeurs

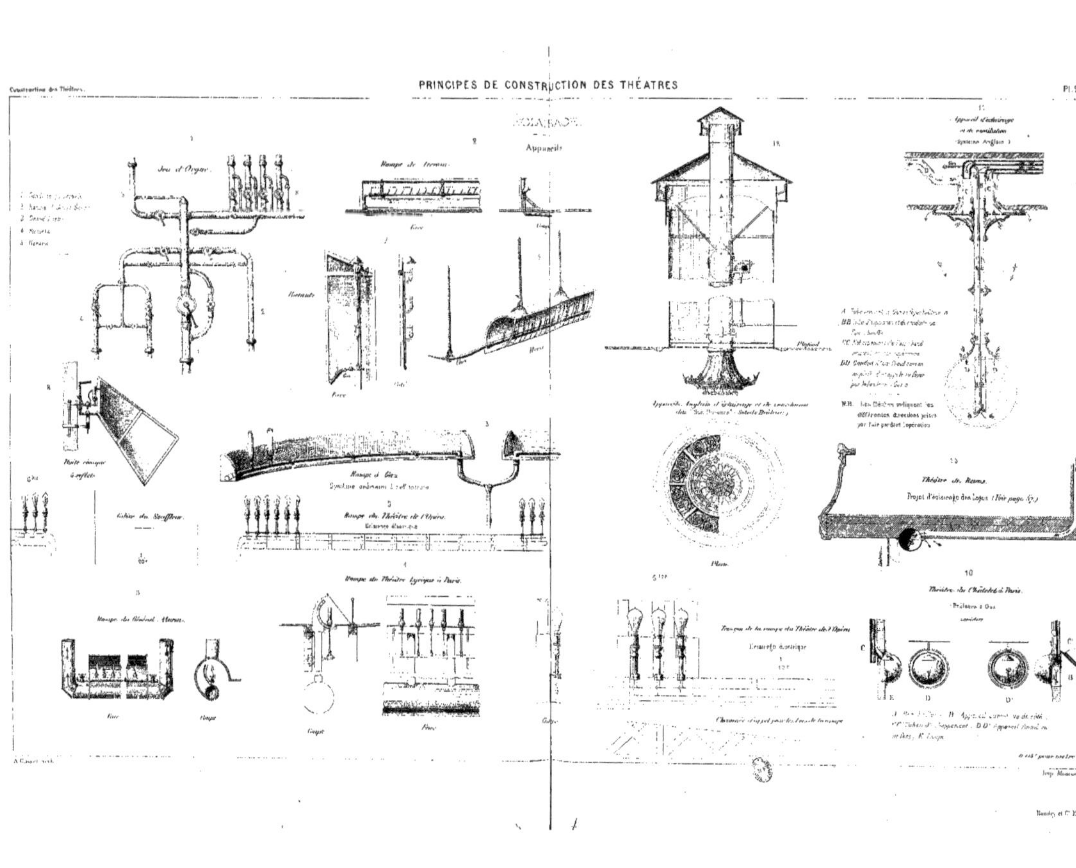
Construction des Théâtres.
PRINCIPES DE CONSTRUCTION DES THÉATRES
Pl. 29.30
Appareils
Jeu d'Orgue
Rampe de Terrain
Rampe à Gaz
Système ordinaire
Rampe du Théâtre de l'Opéra
Rampe du Théâtre Lyrique à Paris
Théâtre de Reims
Projet d'éclairage des Loges
Théâtre du Châtelet à Paris
Plan

CHAUFFAGE & VENTILATION



## OPÉRA DE VIENNE (Coupe sur la Salle)

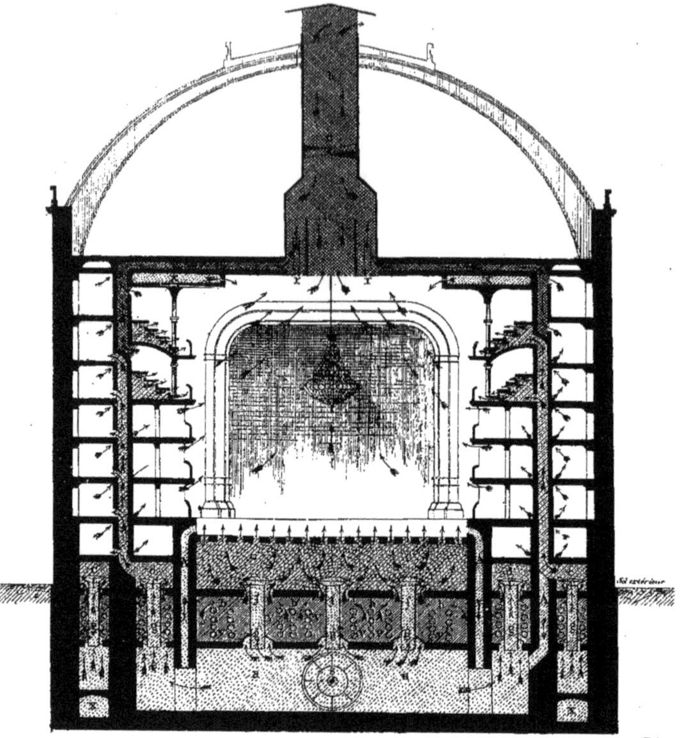


Coupe Transversale

Teintes Conventionnelles

Air pur froid

Air pur chaud

Air pur mélangé

Air vicié

## LÉGENDE

a. *Chambres d'air pur froid occupant les dessous de la salle.*
b. *Chambres de chauffe.*
c. *Chambre de mélange pour le parterre.*
d. » » *pour les couloirs.*
e. » » *pour les amphithéâtres.*
f. *Cloches mobiles servant à l'introduction de l'air froid.*
g. *Gaines directes d'air pur froid* (servant l'hiver au mélange).
h. *Evacuation d'air vicié.*
r. *Réflecteurs à brûleurs spéciaux* (Aidant, par appel, à la ventilation).

s. *Hélice d'insufflation.*
u. » *d'évacuation.*
v. *Surfaces de chauffe.*
x. *Galeries et gaines d'air pur froid pour la ventilation additionnelle d'été.*
AAA. *Prises d'air pur froid.*

Directions prises par l'air pendant les diverses opérations : *Introduction, Chauffage, Mélange, Distribution et Evacuation.*

A Gosset, arch.

Imp. Monrocq, Paris



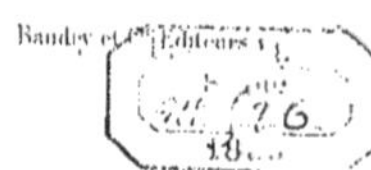

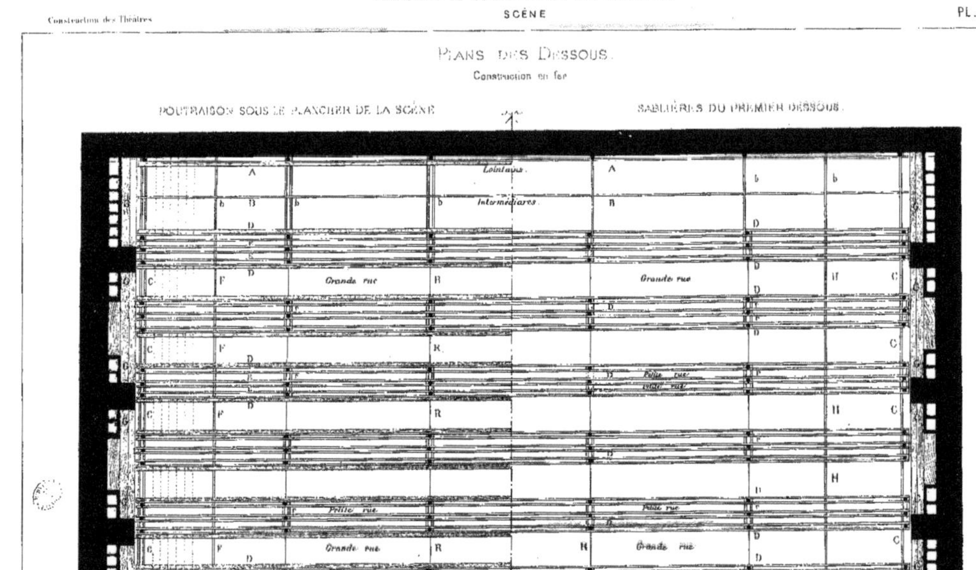


A. Chapeaux de fermes fixes, [illegible] les parties fixes du plancher (Avant-Scène, Lointains, Côtés latéraux), B. Chapeau intermédiaire, b. Entretoises fixes, C. Sablières fixes latérales, D. Chapeaux de fermes des rues avec lambourdes [illegible] pour trappes. E. Chapeaux de fermes des petites rues (Trappillons); H. Crochets d'écartement en fer, r. Entretoises mobiles avec crochets.

A. Sablières des fermes fixes (Avant-Scène, Lointains), B. Sablière intermédiaire, b. Entretoises fixes; C. Sablière fixe latérale, D. Sablières du Premier Dessous, H. Crochets d'écartement en fer, r. Entretoises mobiles, avec crochets en fer, G. Cheminées des Contre poids (Dans les 3 plans), H. Sablière fixe de consolidation

A. Gosset, Arch.

Imp. Monrocq, Paris.
Baudry et Cie Editeurs.

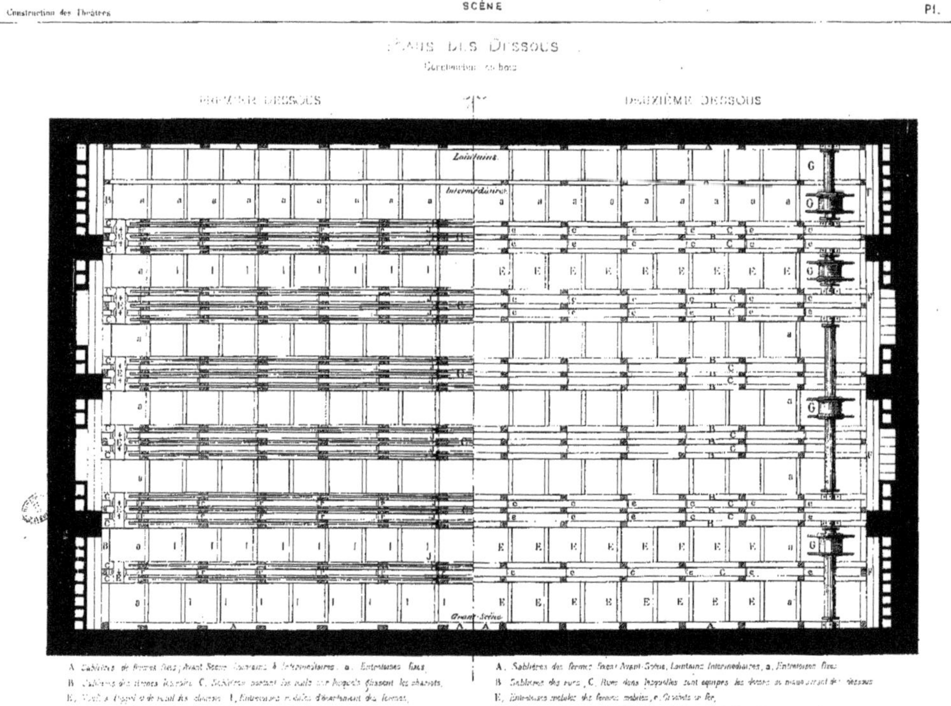


Échelle de 0,01 p. mètre

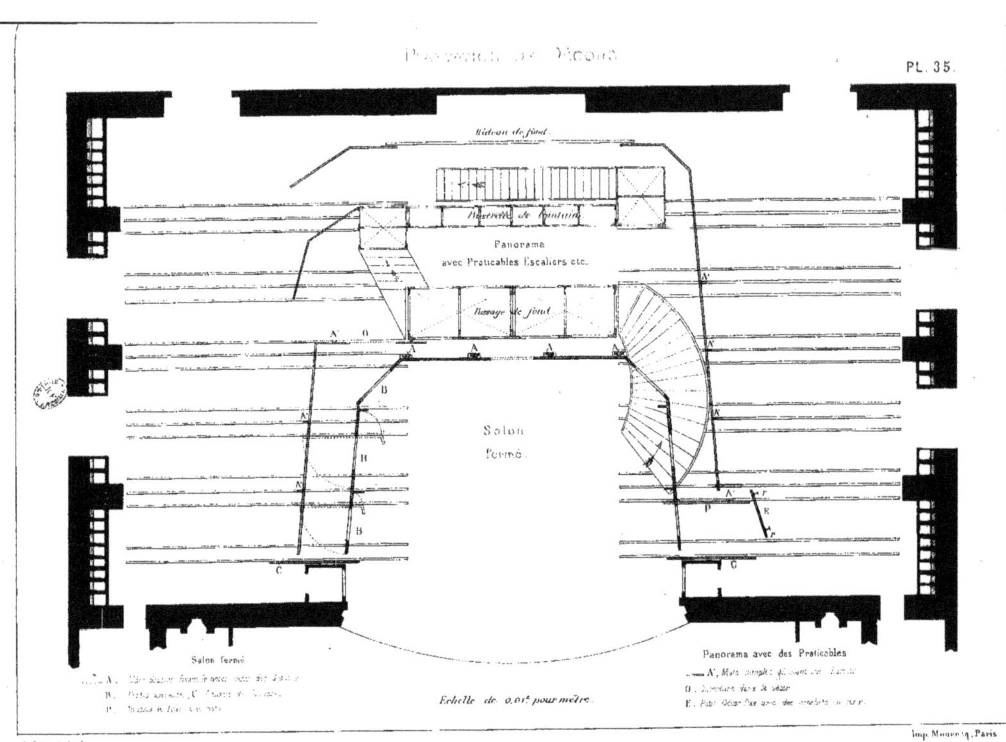
PL. 35.
Rideau de fond.
Passerelle de lointain
Panorama
avec Praticables Escaliers etc.
Passage de fond
Salon
fermé.
Salon fermé
Panorama avec des Praticables
Echelle de 0,01 pour mètre.
A. Gosset, Arch.
Imp. Monrocq, Paris
Baudry et Cie Editeurs.

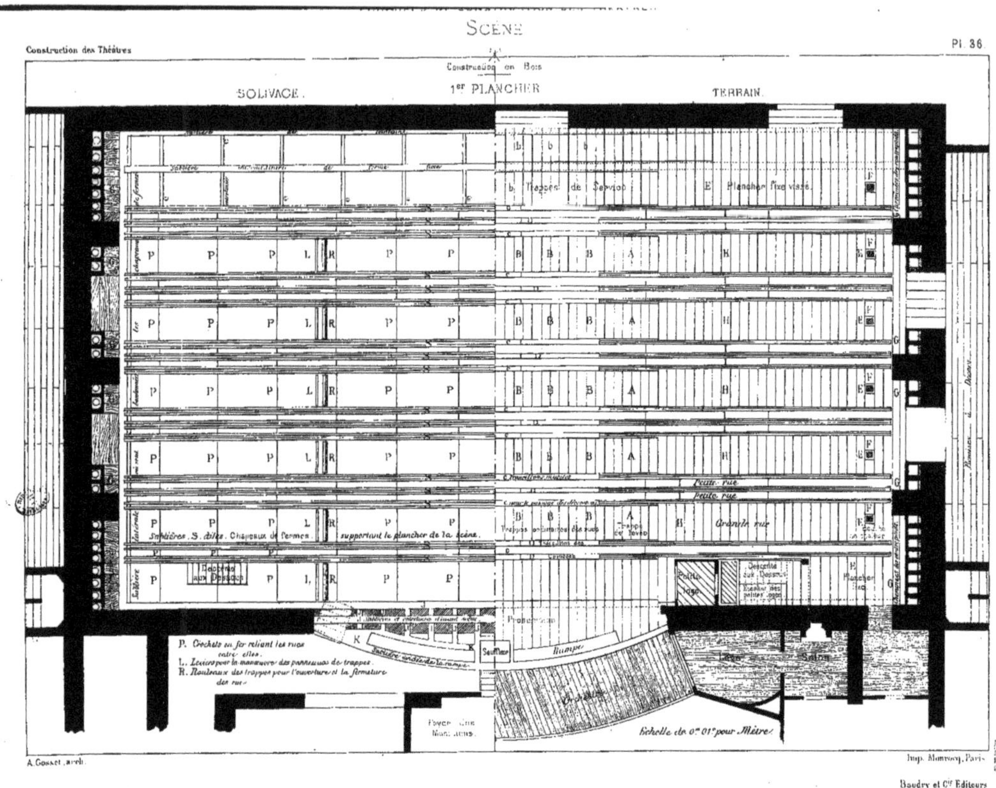
Construction des Théâtres
Scène
Pl. 36.
Construction en Bois
SOLIVAGE.
1er PLANCHER
TERRAIN.
Trappes de Service
Plancher fixe vissé
Petite rue
Petite rue
Grande rue
Sablières. S. dites. Chapeaux de fermes.
supportant le plancher de la scène.
Descente aux Dessous
Petite loge
Descente aux Dessous
Escalier des petites loges
Plancher fixe
Proscenium
Souffleur
Rampe
Orchestre
Loge
Salon
P. Crochets en fer reliant les rues entre elles.
L. Leviers pour la manœuvre des panneaux de trappes.
R. Rouleaux des trappes pour l'ouverture et la fermeture des rues.
Foyer des Musiciens.
Echelle de 0m 01c pour Mètre.
A. Gosset, arch.
Imp. Monrocq, Paris
Baudry et Cie Editeurs

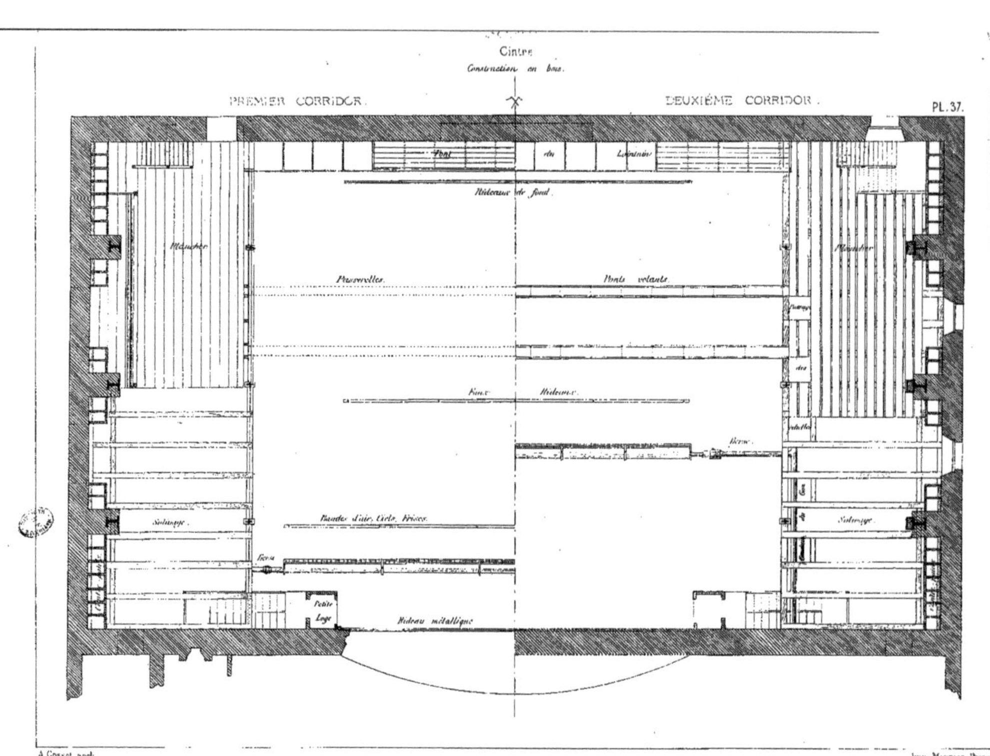
Cintre
Construction en bois.
PREMIER CORRIDOR.
DEUXIÈME CORRIDOR.
PL. 37.
Rideaux de fond.
Plancher
Passerelles.
Ponts volants.
Faux Rideaux.
Bandes d'air, Ciels, Frises.
Petite Loge
Rideau métallique
Soluage.
A. Gosset, arch.
Imp. Monrocq Paris.
Baudry et Cie Éditeurs.

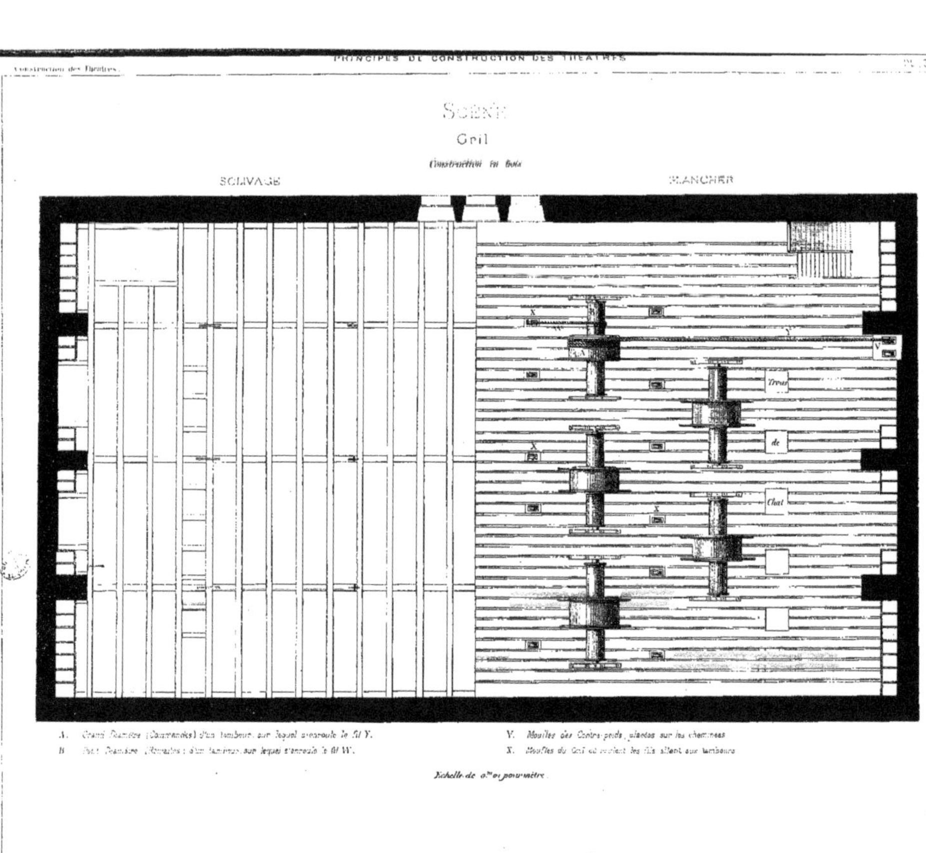
Construction des Théâtres.
PRINCIPES DE CONSTRUCTION DES THÉÂTRES
Pl. 38
Scène
Gril
Construction en bois
SOLIVAGE
PLANCHER
X
V
Y
Trou
de
Chat
A. Grand Diamètre (Commandes) d'un tambour, sur lequel s'enroule le fil Y.
B. Petit Diamètre (Retraites) d'un tambour, sur lequel s'enroule le fil W.
V. Moufles des Contre-poids, placées sur les cheminées
X. Moufles du Gril où roulent les fils allant aux tambours
Echelle de 0.m01 pour mètre.

# SCÈNE.

(Reims)

1.1. Dégagements de la scène. 2. Porte des dessous. 3. Dégagements des corridors.

A. Ferme équipée d'un salon fermé, en place sur la scène côté avec châssis

a. Même ferme [illegible] dans le dessous, manœuvrée par des tambours

B. Plafond plat [illegible] du cintre

c.c. [illegible] glissant sur chariots, [illegible] appuyant les châssis c.c. [illegible] de la ferme équipée

D. Mât simple [illegible]

E. Mât double, [illegible]

F. [illegible]

G. [illegible]

H. [illegible]

I. [illegible]

J. [illegible]

KKKK. Cassettes sur lesquelles glissent les âmes.

ffff. Fils de commande des âmes, montés sur tambours

L. Cordages des chariots montés sur tambours.

M. Treuil des contre-poids ; P. Petit treuil

N. Tambour des changements à vue ; O O. Tambours des fermes

Q. Contre-poids ayant monté la ferme ; R. Contre-poids du rideau au cintre.

S. Contre-poids du rideau abaissé.

T. Moufles et poulies des contre-poids et guides des fils.

U. Tambour du Gril.

V. Moufles des contre-poids, au Gril, [illegible]

X. Id. des fils, posées sur le Gril.

Y. Retraites à la main des tambours et des contre-poids

Z. [illegible] des tambours aux contre-poids

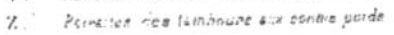

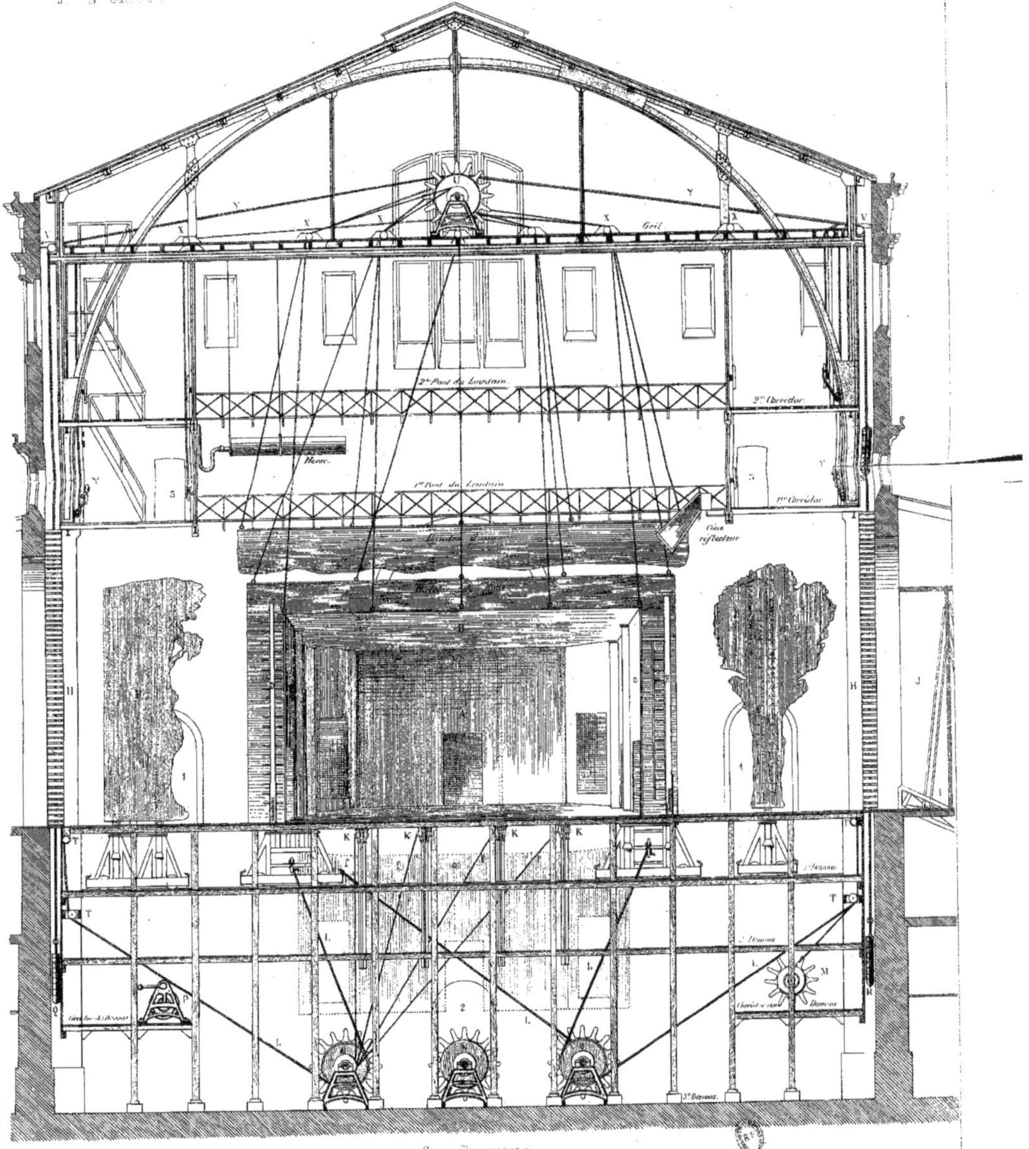

Coupe Transversale.

10 Mètres.

Imp. Monrocq, Paris.

A. Gosset, arch.

Baudey et Cie Editeurs.

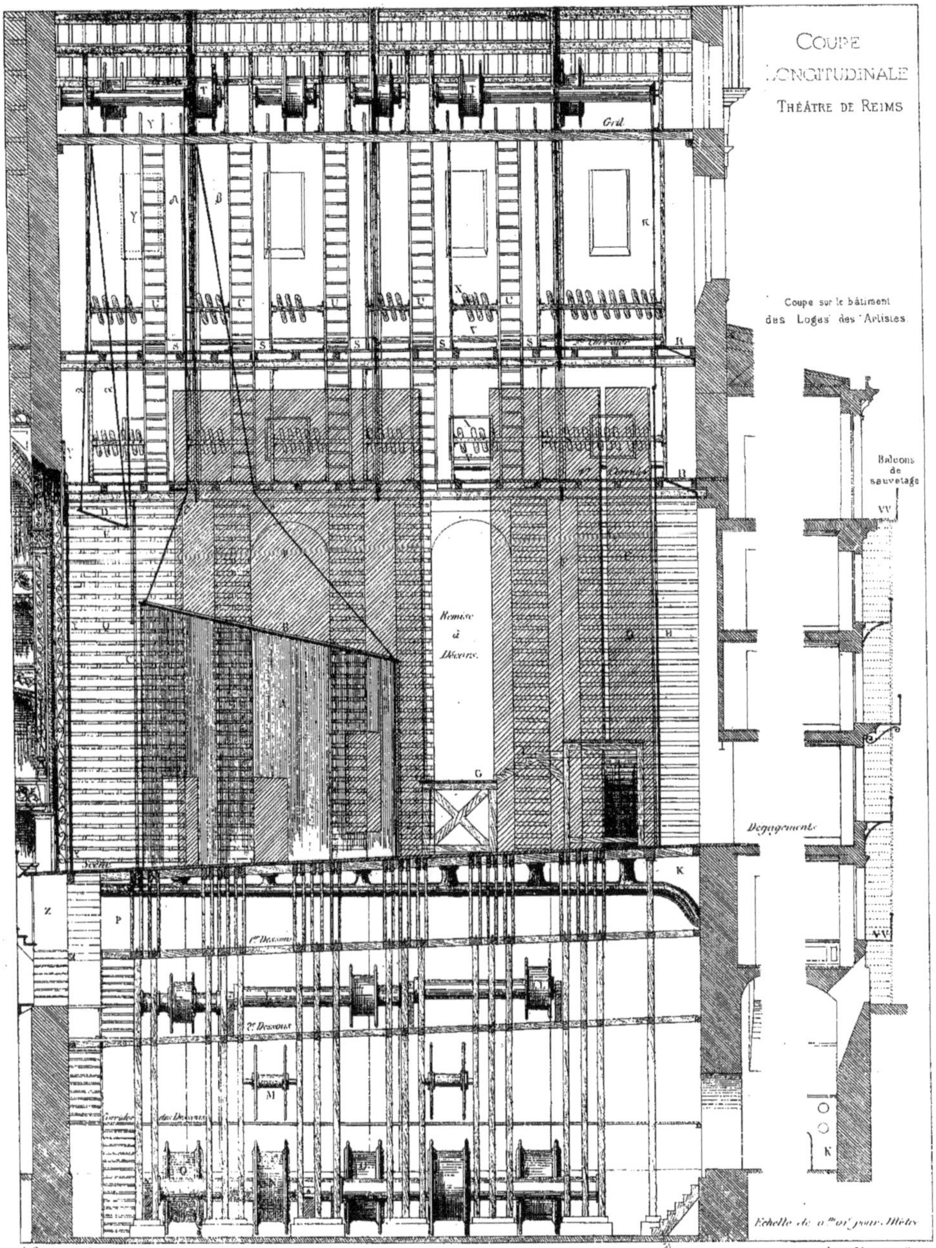

SCÈNE._CONSTRUCTION EN BOIS

# COUPE LONGITUDINALE

## THÉÂTRE DE REIMS

Coupe sur le bâtiment des Loges des Artistes

Gril

Balcons de sauvetage

Remise à Décors

Scène

Dégagements

1er Dessous

2e Dessous

Corridor des Dessous

Echelle de 0m01 pour Mètre

A Gosset, arch.

Imp. Monrocq, Paris

Baudry et Cie Editeurs

# LÉGENDE

A. *Ferme équipée du salon fermé sur la scène.*
B. *Plafond manœuvré du cintre par les fils* ∂, β.
C. *Châssis à décors manœuvré du dessous.*
D. *Plafond en pente dit porte-voix d'avant-scène.*
E. *Lisse ou draperie mobile* *id.*
Y. *Manteau d'Arlequin.*
F, F′, F″. *Grands châssis de panorama.*
G. *Praticable avec plancher (passage).*
H. *Rideau de fond.*
I. *Escalier, en vue, du praticable.*
J. *id.* *descente dérobée, du praticable.*
K. *Calorifère.*
L. *Tambours des dessous.*
M. *Treuils des contrepoids.*
N. *Tambours des changements à vue.*
O. *id.* *des fermes.*
P. *Escaliers des dessous.*
Q. *Cheminées des contrepoids.*
RR. *Ponts des lointains.*
S. *Ponts volants.*
T. *Tambours du gril.*
U. *Echelles du cintre.*
V. *Rouleaux des retraites à main.*
X. *Chevilles des retraites à main.*
Z. *Escalier du foyer des musiciens.*
VV. *Paliers et échelles de sauvetage (en fer).*
x x′. *Fils du porte-voix.*
β. *id. d'arrière du plafond.*
∂. *id. d'avant* *id.*
γ. *id. de la frise.*
π. *id. du rideau de fond.*

# Scène

## Comble en fer (Théâtre de Reims)

Machinerie en bois

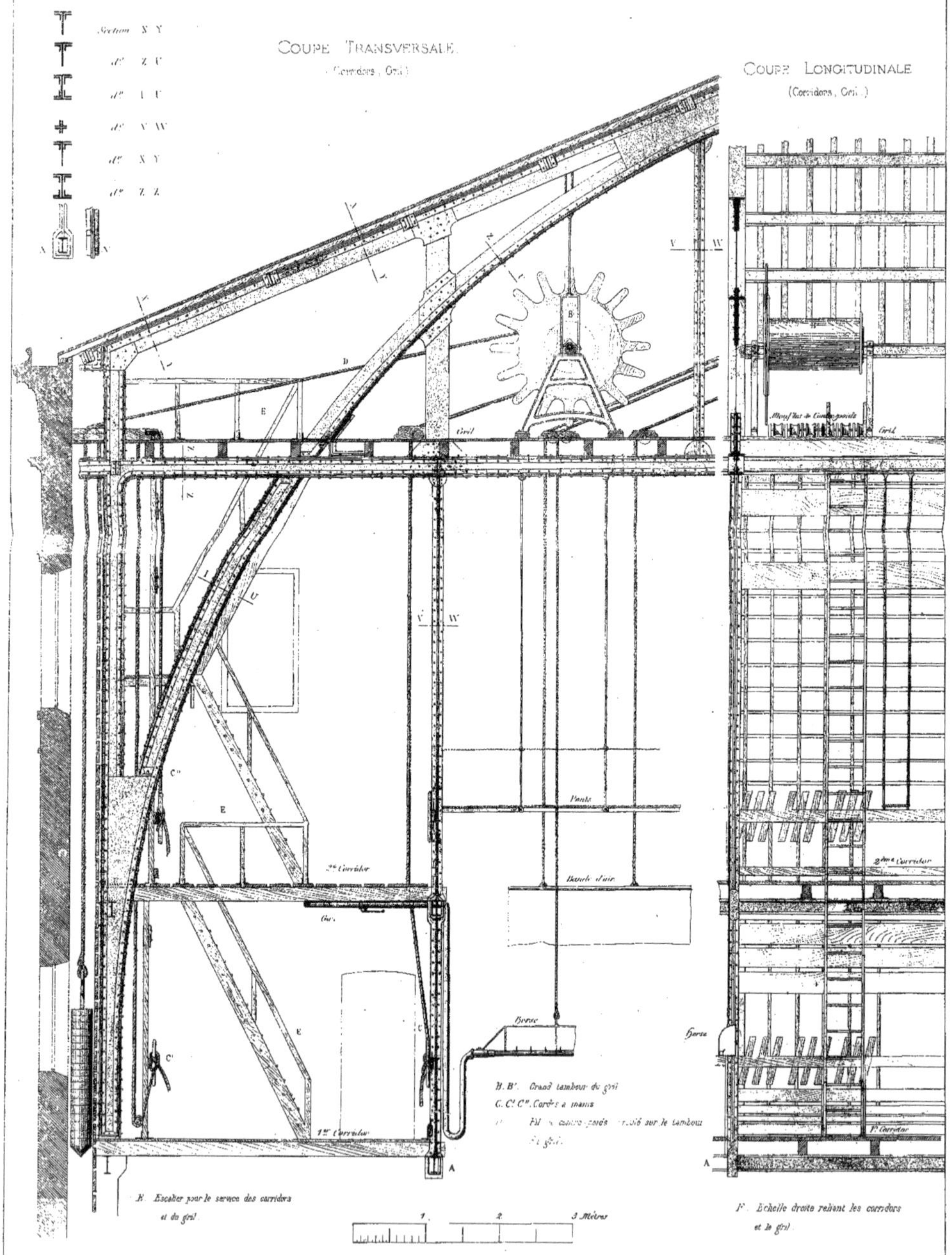

Section X Y
d° Z U
d° I U
d° V W
d° X Y
d° Z Z

### Coupe transversale
(Corridors, Gril)

Gril
Ponts
2e Corridor
Bande d'air
Herse
1er Corridor

B. B'. Grand tambour du gril
C. C'. C''. Cordes à mains
D. Fil à quatre poids enroulé sur le tambour du gril.

E. Escalier pour le service des corridors et du gril.

1 2 3 Mètres

### Coupe longitudinale
(Corridors, Gril)

Moufles de Contre-poids
Gril
2ème Corridor
Herse
1er Corridor

F. Échelle droite reliant les corridors et le gril.

A. Gosset archt

Imp. Monrocq Paris
Baudry et Cie Éditeurs

# PRINCIPES DE CONSTRUCTION DES THÉATRES

SCÈNE _ DESSOUS _ MACHINERIE EN BOIS

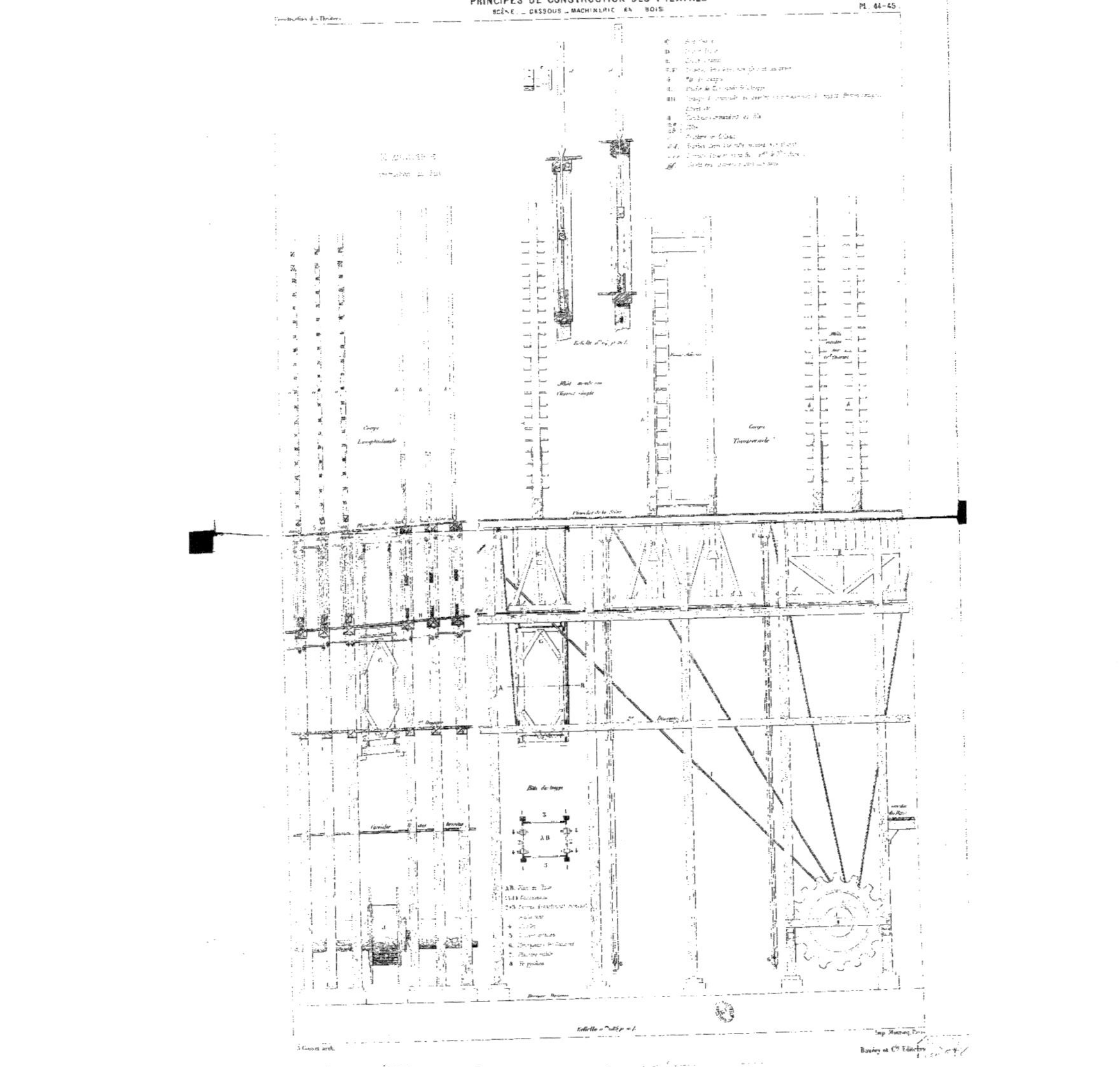

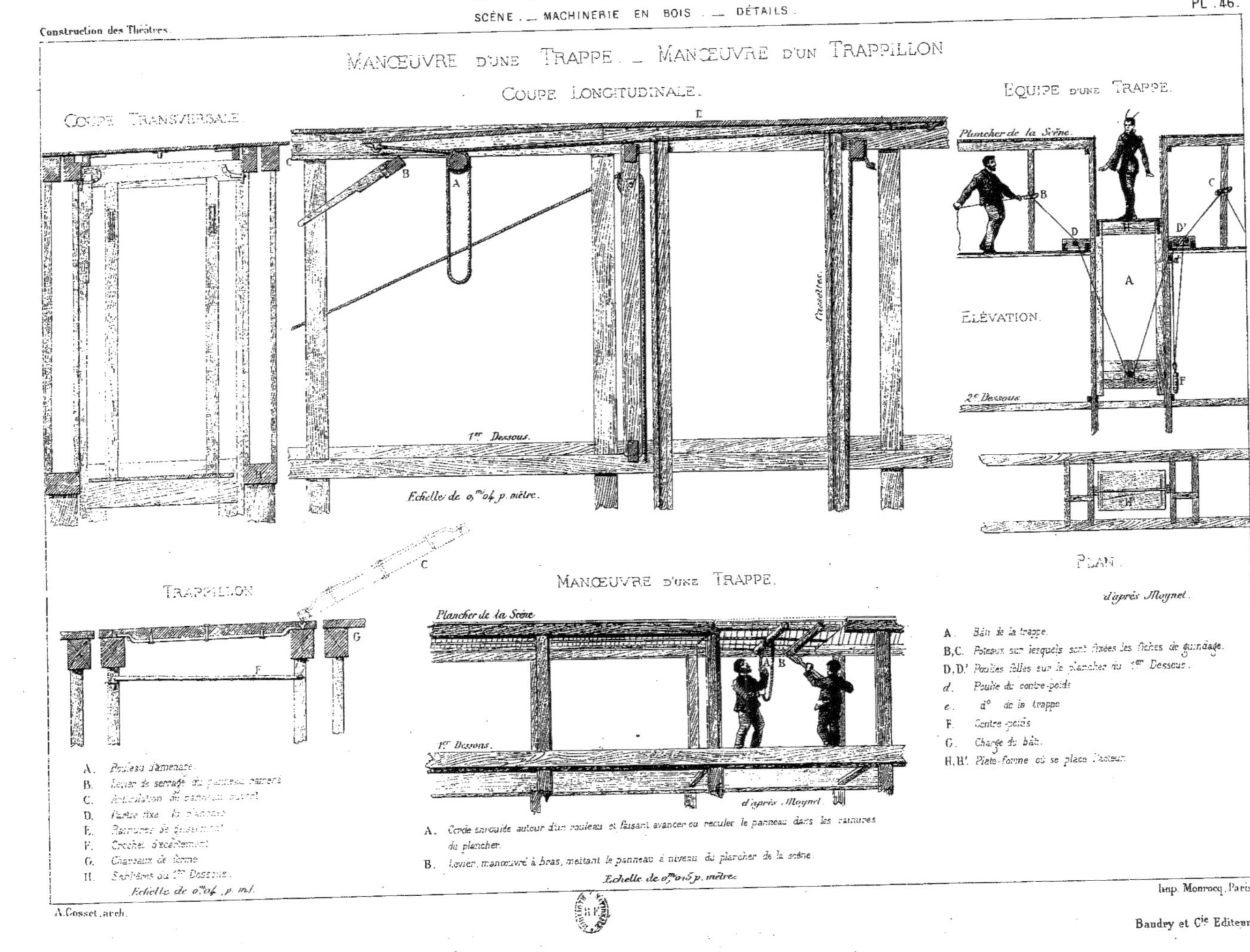


A. Gosset, arch.

Imp. Monrocq, Paris.

Baudry et Cie Editeurs.

## CONSTRUCTION EN FER DES DESSOUS
COUPE TRANSVERSALE

A. Colonnes en fonte de fer.
B. Poutrelles d°
C. Fer à T ...
D. Tambour.
E. Contre-poids de la Trappe

COUPE TRANSVERSALE

# SCÈNE.

## Machine Hydraulique. (Système Quéruel.)



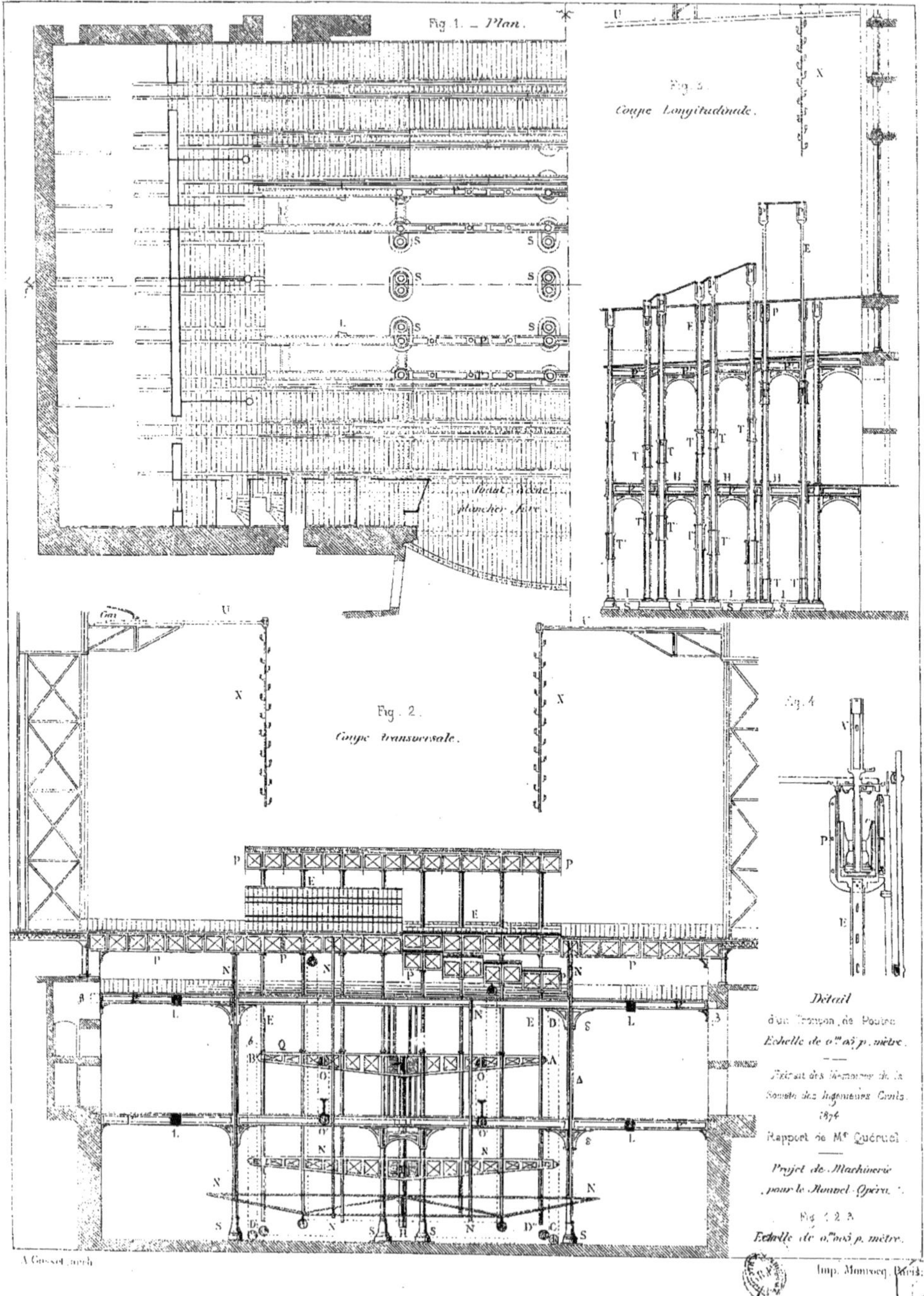


A. Gosset, arch.

Imp. Monrocq, Paris.

Baudry et Cie Editeurs

# VESTIAIRES. (Théatre de l'Opéra.)

Coupe A B.

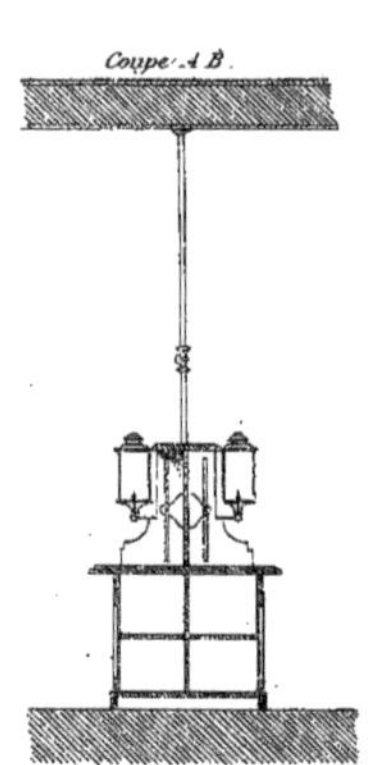

Face C D.

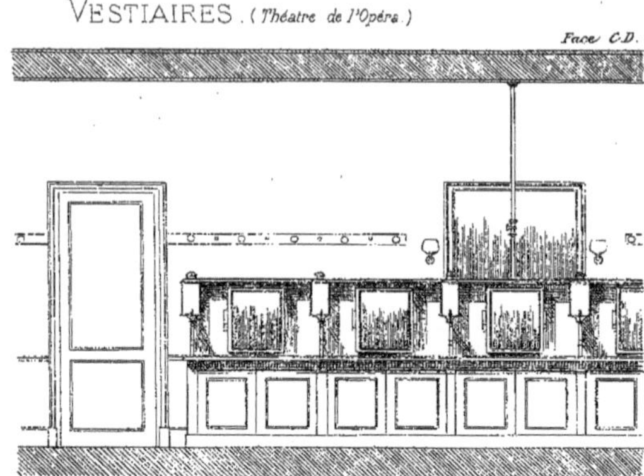

Echelle de 0,m025 p. m/.

## SALLE DES CHORISTES-DAMES, d'après le Nouvel Opéra.

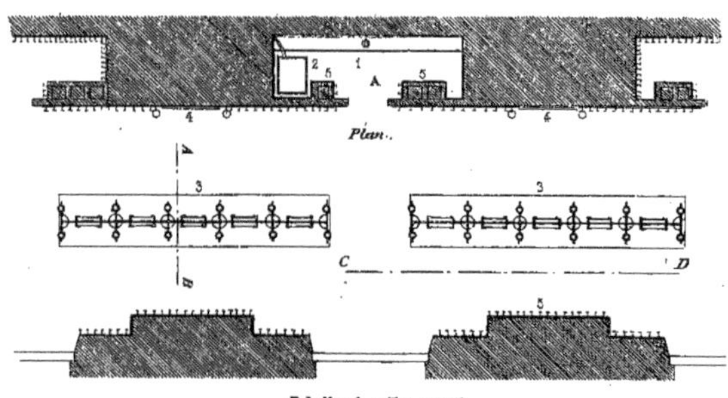


A. _ Cabinets de Toilette
1. _ Lavabo.
2. _ Réservoir.
3. _ Armoires Toilettes.
4. _ Grande glace.
5. _ Tuyaux divers.

Echelle de 0,m01 p. m/.

## LOGES DES ARTISTES, d'après le Nouvel Opéra.

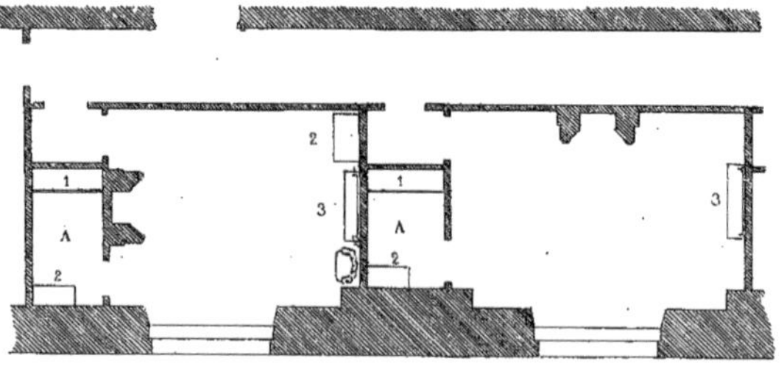


A. _ Cabinets de Toilette.
1. _ Armoires.
2. _ Tables.
3. _ Grandes Glaces.

Echelle de 0,m01 p. m/.

A. Gosset, arch.
Imp. Monrocq, Paris
Baudry et Cie Editeurs.

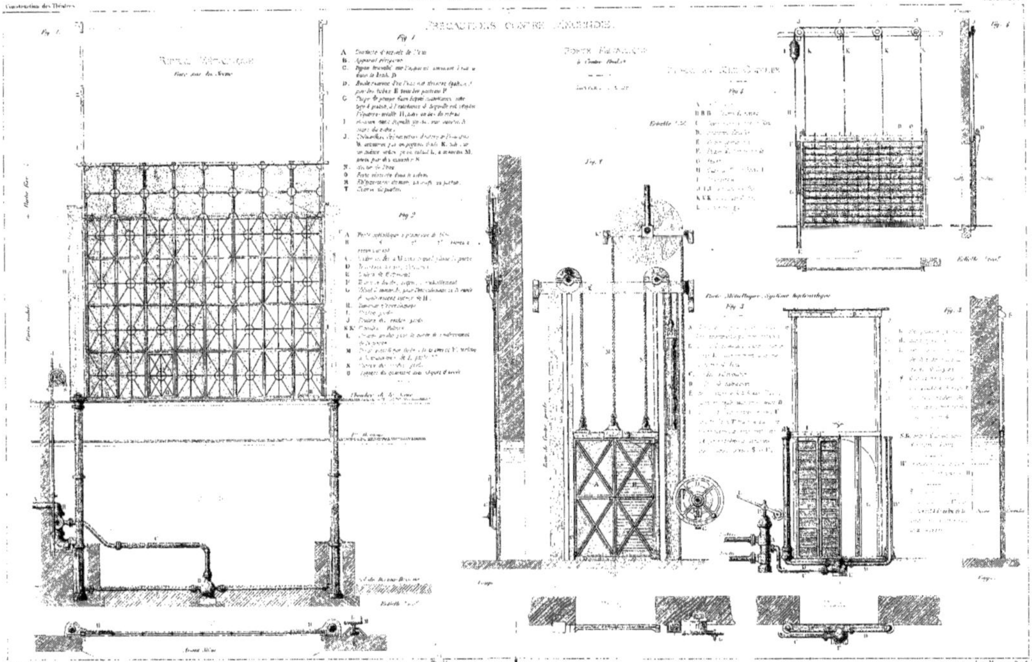

PRÉCAUTIONS CONTRE L'INCENDIE.

Fig. 1

Rideau Métallique

Fig. 2

Porte Métallique

Porte Métallique, Système hydraulique

Fig. 3

Fig. 4

Fig. 5

Fig. 6

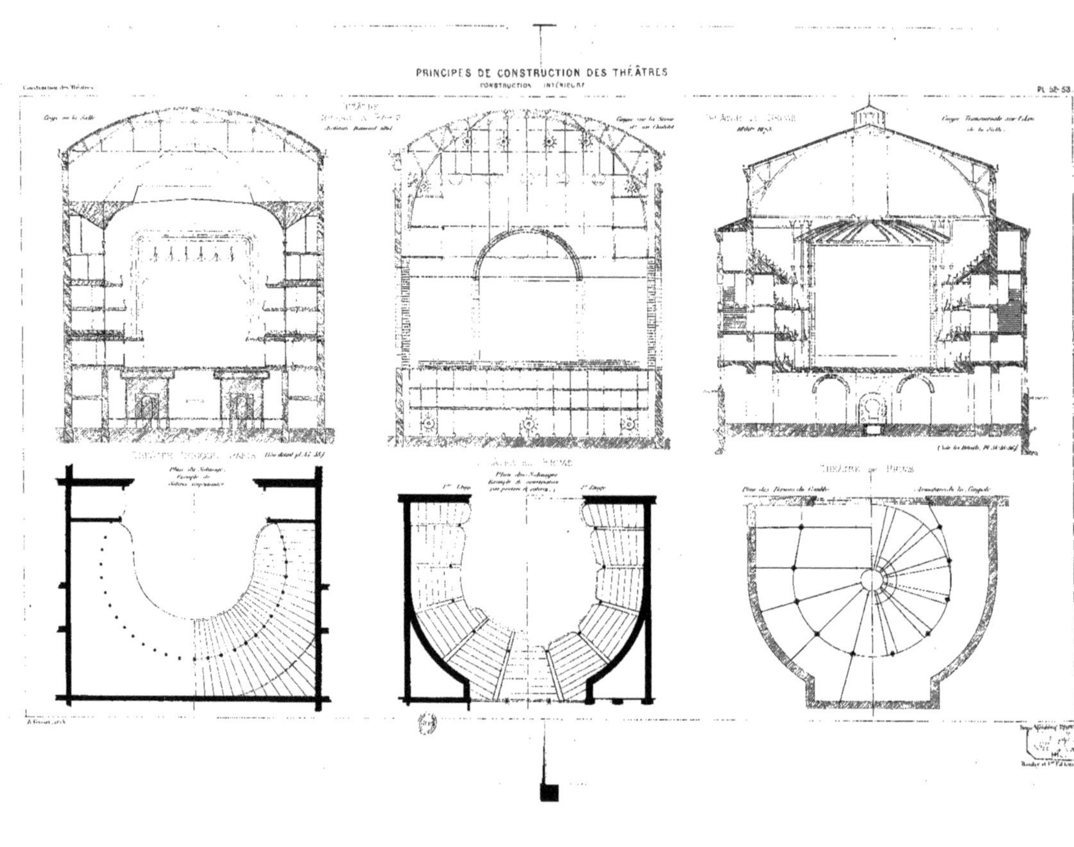
PRINCIPES DE CONSTRUCTION DES THÉÂTRES
CONSTRUCTION INTÉRIEURE
Construction des Théâtres
Pl. 52-53.

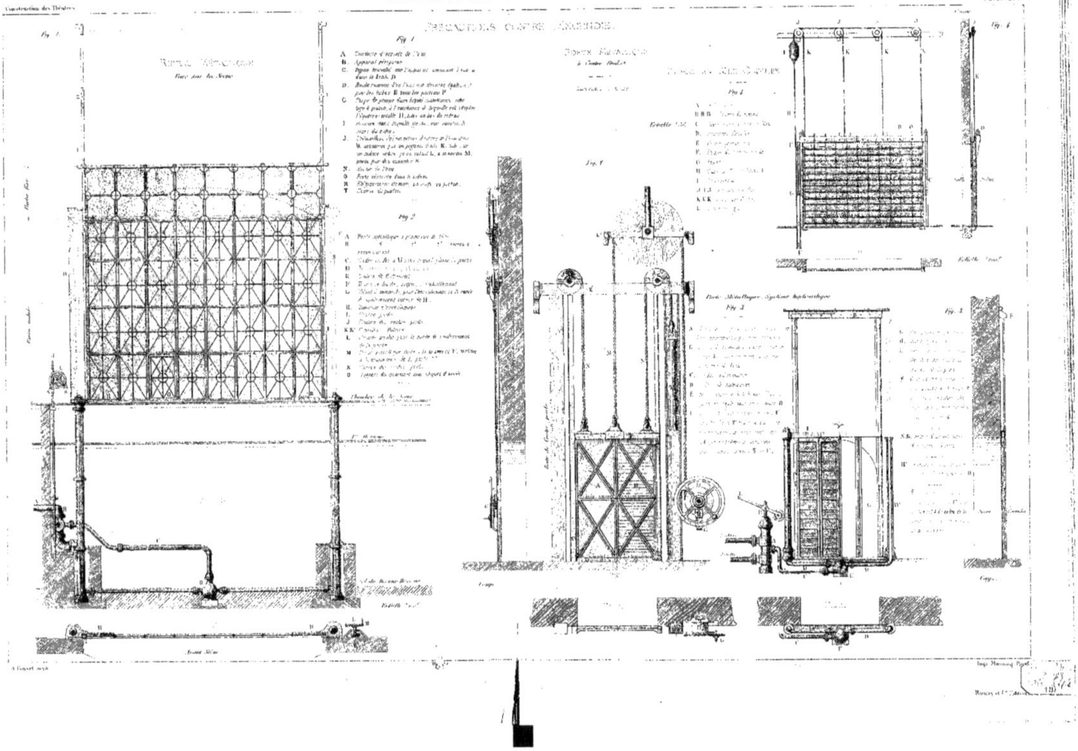

# PRÉCAUTIONS CONTRE L'INCENDIE

Rideau Métallique

Porte Métallique

Fig. 1

A. [illegible]
B. Appareil [illegible]
C. [illegible] D
D. [illegible] par les tubes E [illegible] P
G. [illegible] H [illegible]
I. [illegible]
J. [illegible] B [illegible] K [illegible] L [illegible] M [illegible] S
N. [illegible]
O. [illegible]
R. [illegible]
T. [illegible]

Fig. 2

A. Porte métallique [illegible]
B. [illegible]
C. [illegible] M [illegible] porte
D. [illegible]
E. [illegible]
F. [illegible]
G. [illegible] H
H. [illegible]
I. [illegible]
J. [illegible]
KK'. [illegible]
L. [illegible]
M. [illegible] V [illegible]
N. [illegible]
O. [illegible]

Echelle [illegible]

Fig. 3

Fig. 4

Coupe

Plan

Plancher de la Scène

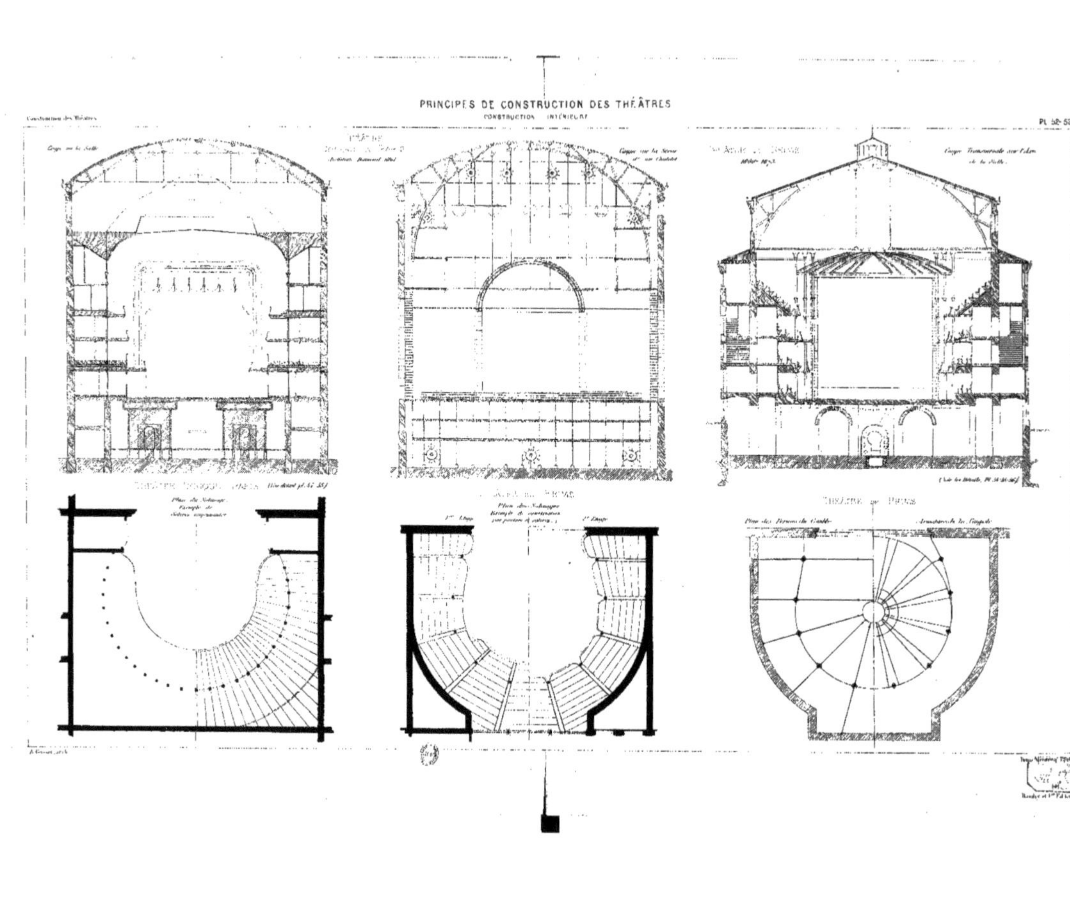
Construction des Théâtres
PRINCIPES DE CONSTRUCTION DES THÉÂTRES
CONSTRUCTION INTÉRIEURE
PL 52-53.

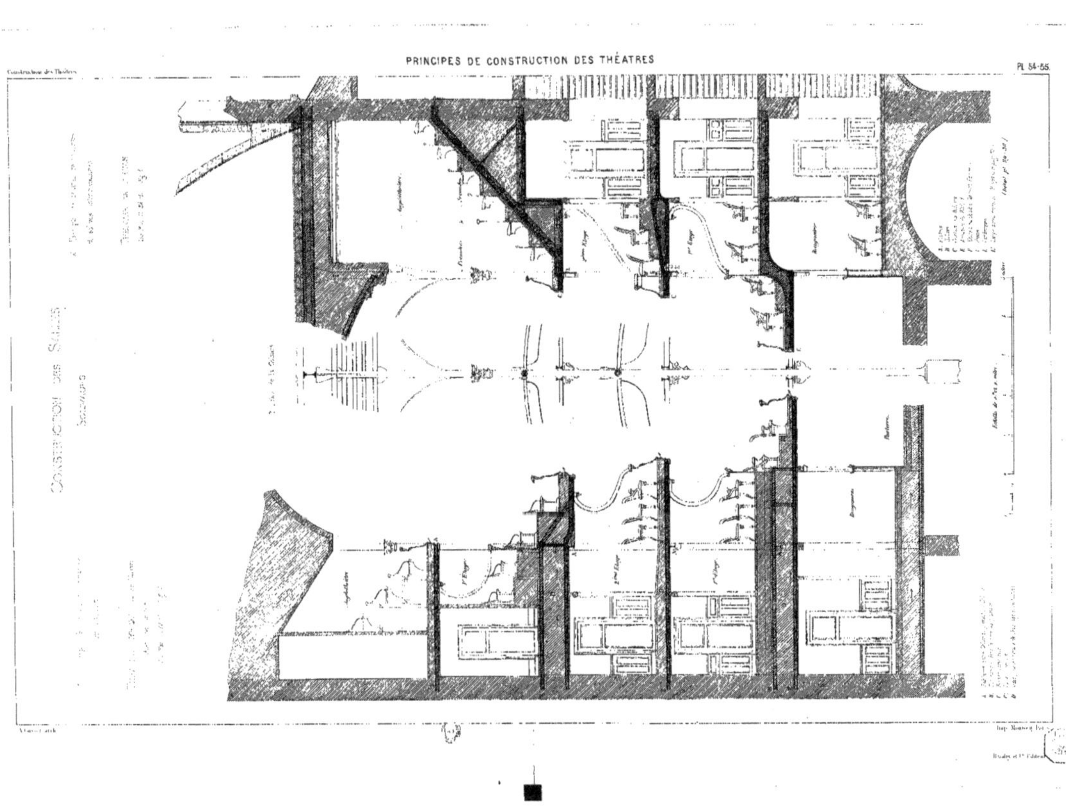

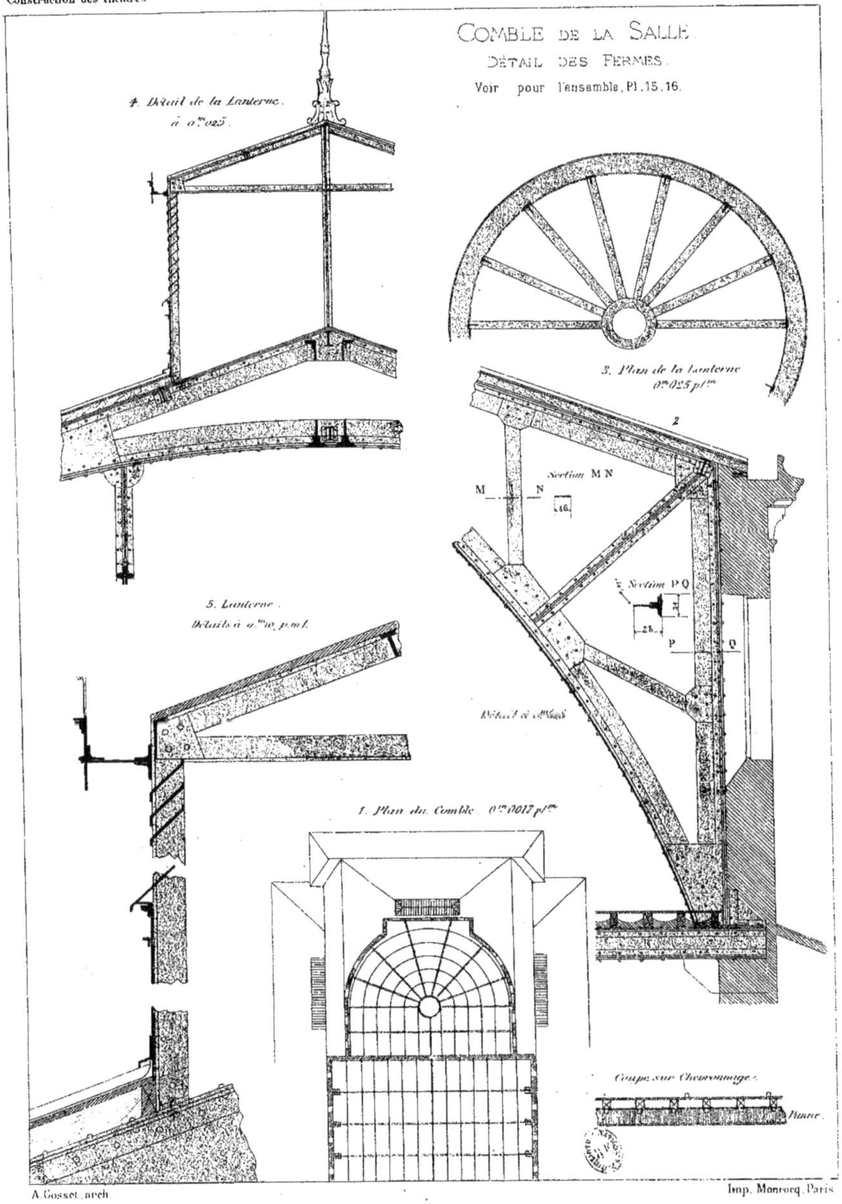

PRINCIPES DE CONSTRUCTION DES THÉÂTRES.

THEATRE DE REIMS.



## Comble de la Salle.

Détail des Fermes.

Voir pour l'ensemble, Pl. 15. 16.

4. Détail de la Lanterne. à 0m.025.

3. Plan de la Lanterne 0m.025 p.m.

2

Section M N

M N

46

Section P Q

34

28

P Q

5. Lanterne. Détails à 0m.10 p.m.

1. Plan du Comble. 0m.0017 p.m.

Coupe sur Chevronnage.

Panne.

A. Gosset, arch.

Imp. Monrocq, Paris.

# PARALLÈLE DES PLANS DE THÉÂTRES SUIVANT LEUR DATE DE CONSTRUCTION.

1er ORDRE.

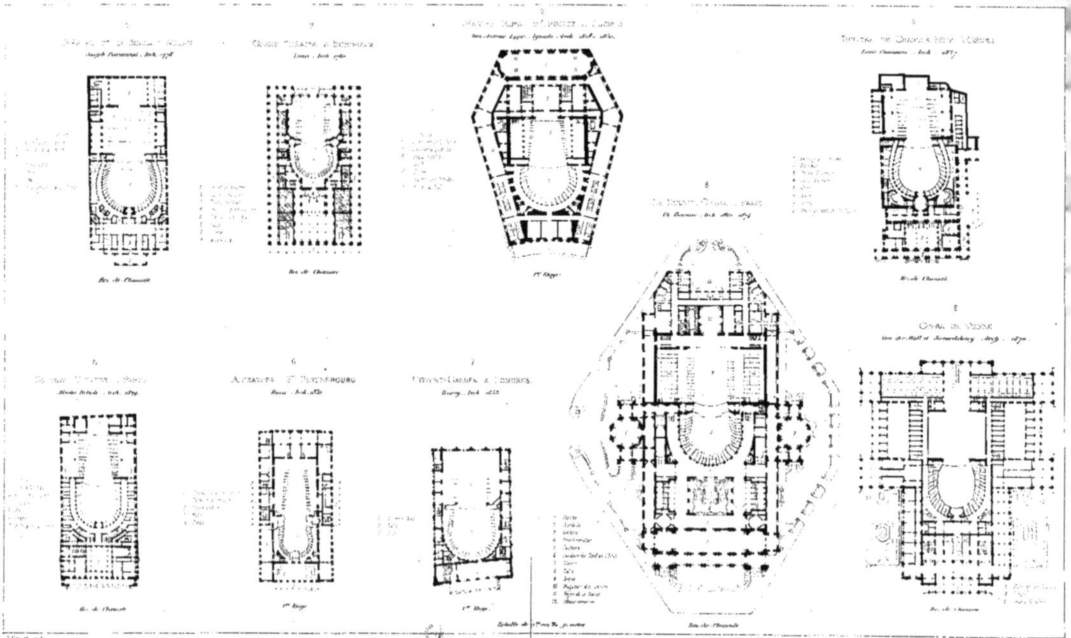

Rez-de-Chaussée

Rez-de-Chaussée

1er Étage

Rez-de-Chaussée

8

Opéra de Vienne

Van der Null et Sicardsburg, Arch. 1870.

6

Alexandra à St Pétersbourg

1er Étage

7

Covent-Garden à Londres

1er Étage

Rez-de-Chaussée

Rez-de-Chaussée

# PARALLÈLE DES PLANS DE THÉATRES SUIVANT LEUR DATE DE CONSTRUCTION

2e ORDRE.



THÉATRES SUR TERRAINS IRRÉGULIERS

THÉATRES A FAÇADES CIRCULAIRES

1. ANCIEN LYRIQUE — Arch. de Dreux. 1847. — Rez-de-Chaussée.

2. VAUDEVILLE — Magne. Arch. 1866 — Bd des Capucines — 1er Étage.

3. MAYENCE — Moller. Arch. 1832 — 1er Étage.

4. ANVERS — construit vers 1840 — 1er Étage.

5. ODÉON _ PARIS. — Peyre et Vailly. Arch. 1780. — Rez-de-Chaussée.

6. OPÉRA-COMIQUE PARIS. — Heurtier. Arch. 1782. — 1er Étage.

7. ANGOULÊME — A. Soudée. — Rez-de-Chaussée.

8. THÉATRE DU CHATELET — Davioud. Arch. 1861 — 1er Étage. Voir le Rez-de-Chaussée pl. 23-24

9. THÉATRE LYRIQUE — Davioud. Arch. 1861 — 1er Étage.

10. REIMS — Alph. Gosset 1867-1873 — 1er Étage. Voir le Rez-de-Chaussée pl. 45-46

11. ROUEN — Sauvageot. Arch. 1878 — Rez-de-Chaussée.

12. GENÈVE — E. Goss. Arch. 1879 — 1er Étage.

13. CONSTANTINE — P. Gion. Arch. 1883 — Rez-de-Chaussée.

Échelle de 0m,001 p. mètre.

A. Gosset arch.

Imp. Monrocq, Paris.

Baudry et Cie Éditeurs

Fig. 1.

GRAND OPÉRA DE PARIS

*Arch. Ch. Garnier*

*1861-1874*

Voir plan pl. 57-58.
Fig. 8.

*Construction une trentaine de millions*

2e Système
Division des Combles

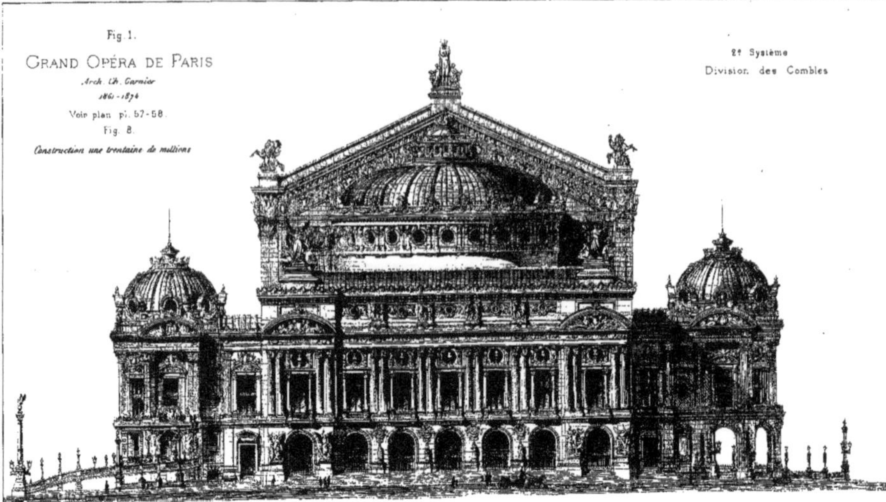

Fig. 2

FAÇADE DU THÉÂTRE LYRIQUE
A PARIS.

*Arch. G. Daviond, 1861.*

Voir plan pl. 59-60.
Fig. 7

*Construction 2.247.815 f*

1er Système
Comble unique

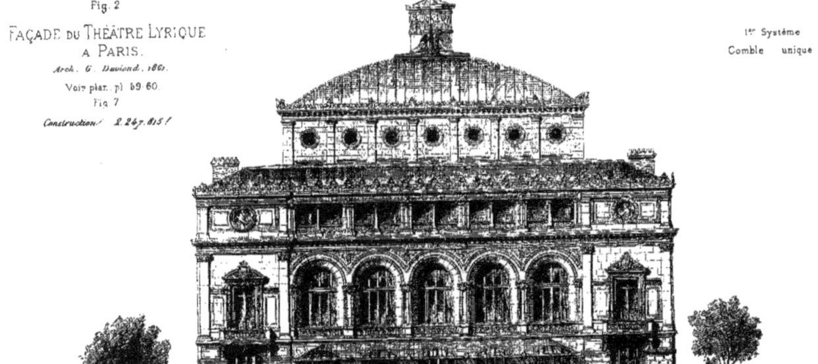

Fig. 3.

FAÇADE DU THÉÂTRE DE REIMS

*Arch. Alph. Gosset.*

*1866-1873.*

Voir plan pl 59-60, Fig. 10
pl. 15-16 et 19-20.

*Construction 2.305.000 f*

2e Système
Division des Combles

A. Gosset Arch.

Imp. Monrocq Paris

Baudry et Cie Editeurs

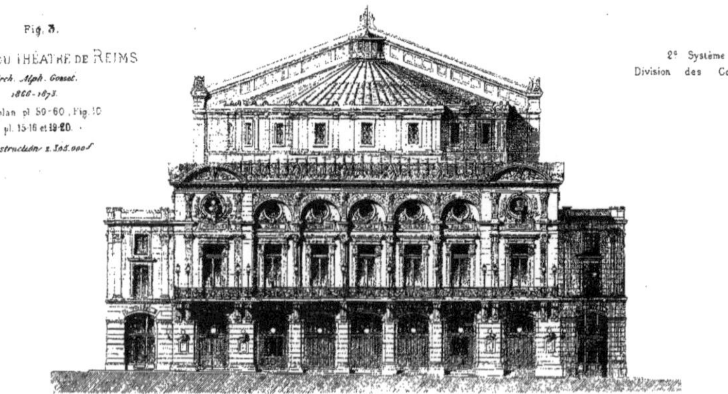

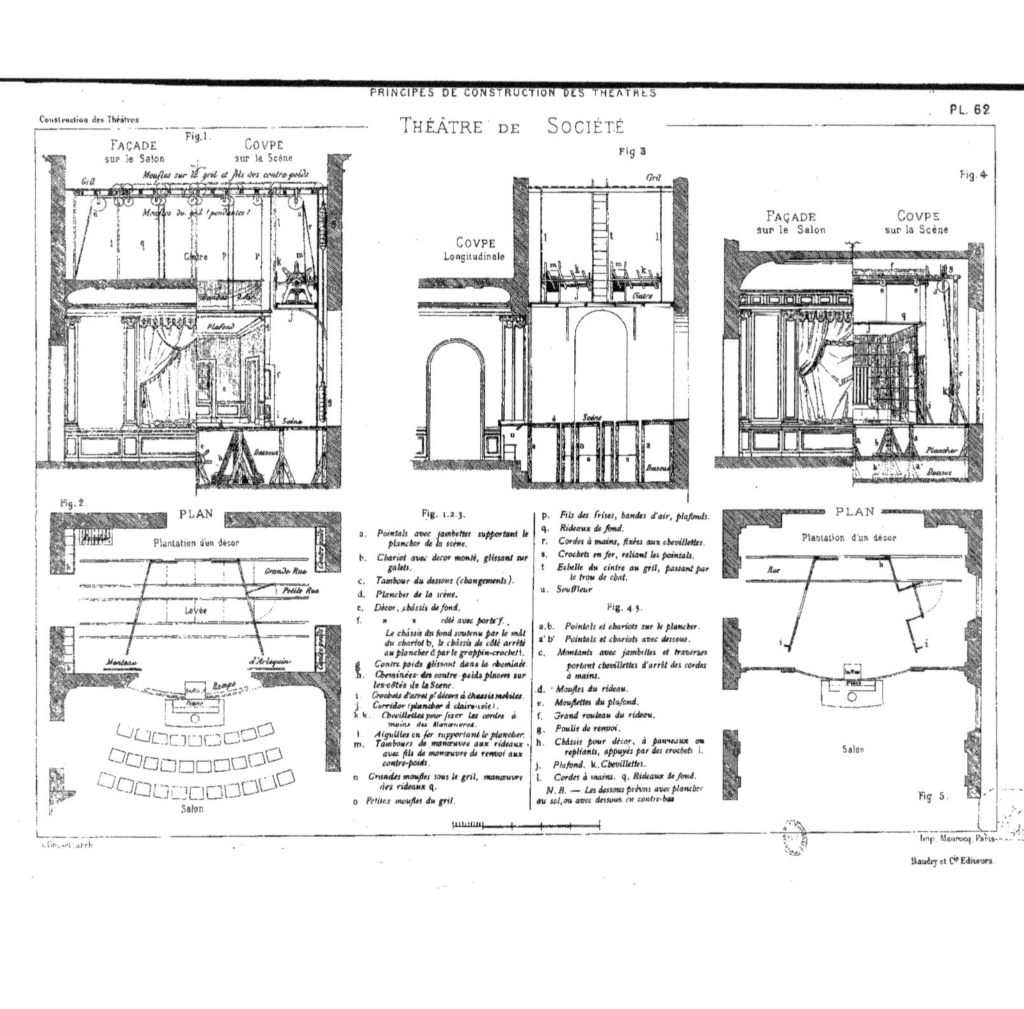


Imp. Monrocq, Paris.
Baudry et Cie Editeurs.

www.ingramcontent.com/pod-product-compliance
Ingram Content Group UK Ltd.
Pitfield, Milton Keynes, MK11 3LW, UK
UKHW020214250726
13967UKWH00003B/1457